JN194140

戦後首都の遠視法

テレビ越しの東京史

松山秀明

テレビ越しの東京史　目次

テレビ越しの東京史　戦後首都の遠視法

序論　東京の語りにくさ

1　はじめに

人には、人それぞれの東京がある。東京に長く住む人、東京にまだ行ったことがない人、東京から離れた人、外国から初めて東京を訪れた人では、それぞれ東京に対する見方は違う。ある人は、東京はおしゃれできれいな都市だと言うかもしれないし、ある人は、東京はどこへ行っても人で溢れ、ごみごみした都市だと言うかもしれない。またある人は、東京は孤独で、暗くて、知らない人たちが集まる冷たい都市だと言うかもしれない。東京と言われたとき、二三区か郊外かどこを想定するかによっても感じ方はもちろん違う。人には、人それぞれの東京がある。

思えば、これだけさまざまに語られる都市もめずらしい。もちろん他の都市も語られてきたが、「東京」という文字を見ると、何かすべてを吸収する魅惑な感じがする。われわれはそこに憧憬をもとうが、嫌悪をもとうが、無関心でいようが、つねに「東京」との距離感を問われながら生きている。東京は、TOKYO、トウキョウ、トーキョー、とも書く。それぞれ意味を使い分けられながら、書かれ、撮られ、唄われ、そして、描かれてきた。

こうした氾濫する東京観は、東京という都市のもつ「捉えにくさ」や「語りにくさ」の裏返しでもある。東京は無秩序に発展してきた都市のカオスである。明確な中心点はなく、多くの副都心が点在し、その全体像をはっきりと見定めることは難しい。東京では多くの人が点から点へと移動し、都市全体を俯瞰することはできず、たとえ高いビルに登って眼下の夜景を見たとしても、それは巨大都市の断片にすぎない。東京は語りにくく、掴みどころのない、茫漠とした都市である。それゆえに、この「語りにくさ」は、これまで多くの論者を悩ませてきた。

例えば多木浩二は、「異質な場所の断片のパッチワークのような、そしてそこに生きる人間の輪郭が曖昧この上ないような東京についてどんなイメージを抱いているか、と問われても答えようがない」（多木浩二 2000: 51）と述べているし、磯崎新は「（東京は）うごきまわり、とめどなく拡散し、いつまでも牢固な像を結ぶこともなく、広告や騒音の無限の増殖の渦中にある」（磯崎新［1967］2013: 177）と述べている。また、吉本隆明は「もはや得体の知れなくなった都市で、どこまで膨張していくのか全くわかりません」（吉本隆明 1989: 12）と嘆いていた。さらに古くを見てみても、例えば木村荘八は巧みな比喩を用いてこう評していた。「東京のやうに紙屑籠を、又は玩具箱を引つくり返したやうな殺風景な土地は、何処や行つてもあらうと思へない」（木村荘八［1949］1978: 5）。

これは海外の論者であっても変わらない。例えばブルーノ・タウトは「ここには性格の如きものは皆目見出せない。在るもの総てが、何の関連もなしに、ごった返しているだけである」（Taut

1936=1936: 236）と手厳しく、ロラン・バルトも「東京は意味論的観点からいっておよそ想像しうる最も入り組んだ都市複合体の一つを成している」（Barthes［1971］1984: 54）と評している。むしろ、多くの論者によって、東京の正体とは、無秩序な混沌そのものであると結論づけられてきた。「東京はいつでも、誰に対してもくっきりとした像を結ばせない。誰かが明確な定義を与えようとすれば、逆にまったく相反するような姿を浮かびあがらせたりもする。あらゆる意味づけの試みを平然と呑みこみ、それらの方向性を無化（ゼロ化）してしまう途方もないブラック・ボックス――それこそが東京の正体なのだ」（飯沢耕太郎 1995: 8）。

なかでも度々引用されてきたのが、夏目漱石『三四郎』（一九〇八）の一節である。熊本から上京してきた三四郎の驚きを、夏目漱石は次のように書いている。

三四郎が東京で驚いたものは沢山ある。第一電車のちんちん鳴るので驚いた。それからそのちんちん鳴る間に、非常に多くの人間が乗ったり降（おり）たりするので驚いた。次に丸の内で驚いた。尤も驚いたのは、どこまで行（いっ）ても東京がなくならないという事であった（夏目漱石［1908］1938: 24）。

この三四郎の驚きは、漱石の感懐にほかならないが（小沢信男 1986）、この二〇世紀初頭の漱石の驚きは、今日まで繰り返されてきた東京を語る物言いとまったく変わらない。漱石が描く三四郎の眼には、東京ではすべてのものが破壊され、そして、すべてのものが建設されつつあるように見えていた。むしろ、この一節を読んだとき、三四郎以来、依然として今日まで東京が混沌として語られ続けていることが「驚き」である。現代でもなお、例えば、東京は「多種多様な構造体の巨大な集塊（アグロメラシオン）」（貝島桃代ほか 2001: 10）などとやや気取った言い方で表現され、「複雑で語りにくい東京」は脈々とつむがれている。また、東京をテーマにした展覧会でも「もはや一つの概念で東京をまとめる（キュレーションする）ことはできず、複数の視点を通してしかこの都市を浮かび上がらせることはできません」と書かれていた（東京都現代美術館編 2015）。「東京とは何か」と問われたとき、このように東京の複雑さや巨大さを強調しておけば、まず反論されることはない。もちろん、これは間違いではない。しかし、語りにくいことを言い訳に、語ることを放棄していないだろうか。二度のオリンピックを経験する巨大都市に対して、われわれはどのような認識や歴史観をもつべきなのか、いま一度立ち止まって考えるときである。いつまでも三四郎の驚きを共有しているだけでは、東京の正体は掴めない。

本書は、この語りにくい東京を、テレビというメディアから論じる試みである。一九五三年に誕生した日本のテレビは、東京との関わりのなかで発展してきた。とくに戦後東京をテレビの歴史から捉えてみると、この都市のカオスの本質が見えてくる。敗戦、高度経済成長、バブル経済、そして平成から令和へといたる巨大都市の歴史は、テレビの歴史と明確に重なっている。本書は、とくに戦後東京史をテレビ史から考えることで、新しい東京論を示すことを目的とする。

以下、序論では、これまでの東京に関する研究群をまとめ、本書でそれらをどう乗り越えようとしているのか、そして、なぜテレビに着目するのかを学術的に書いていく。やや抽象的な記述となるため、具体的にテレビと東京の関係を知りたい読者は、序論は読み飛ばしていただいても構わない。第1章から時代順に「テレビ越しの東京史」を記している。さらに番組から見える東京に関心のある読者は、各章の2節と3節で、テレビ番組の内容を扱っている。これらを読むだけでも、「テレビ越しの東京史」を辿ることができるはずである。

2　東京の語り方

2-1　戦後首都学

これまで東京が学術的にどのように論じられてきたのかを確認しながら、本書の立ち位置を明確にしていきたい。語りにくいとは言え、とりわけ戦後に入ってから、東京は社会科学や人文科学を中心に、さまざまなアプローチから解読されてきた。これをいま大別すれば、(1)一九五〇年代から七〇年代の「戦後首都学」、(2)一九八〇年代から二〇一〇年代の「東京空間論」、の二つの時期に分けることができる。それぞれ複雑で語りにくい都市東京を記述しようと試みた、アカデミズムの実践であった。

まず、一九五〇年代から七〇年代に勃興した戦後首都学で目的とされたのは、東京を「近代都市」と捉え、その発展史を描くことであった。この立場では主に明治期以降の東京、より正確に言えば、一八八八年の東京市区改正条例の公布から東京の近代化が始まったとみなし、関東大震災、東京大空襲、高度経済成長など、近代都市として発展を遂げる東京の歩みを編年的に記述していく。この立場の共通認識としてあったのは、東京が敗戦後の廃墟から立ち直り、不死鳥のように甦った発展史観であり、それに至った都市の「構造」や「システム」を把握することであった。つまり、戦後首都学とは、近代都市・東京の都市としてのシステムを明らかにし、遡及して、東京の発展史を記述しようとする試みである。

戦後、早い段階で東京の構造を把握しようと試みたのが、矢崎武夫であった。矢崎は一九五四年に「東京の生態的形態」と題する論考のなかで、シカゴ学派の人間生態学に影響を受けつつ、当時の東京の生態的構造を明らかにした（矢崎武夫 1954）。その生態的形態とは、人口密度分布、性比分布、最高地価分布、最低地価分布、交通量などであり、当時の東京を支えるこれらの都市基盤を可視化することで、近代都市としての東京の構造やシステムを明らかにしようとした。

この矢崎の視線は一九六〇年代にも引き継がれ、例えば一九六一年に出版された磯村英一編『東京』では、冒頭に磯村が「世界の大都市で、わずか四半世紀の間に、これだけの興亡の歴史をくりかえしたところはないであろう。それ〔敗戦――引用者註〕から一六年、現在の東京のどこをさがしても戦禍の跡をみることはできない。焦土の不死鳥（フェニックス）は巨大な象（マンモス）となって再現した」（磯村英一編 1961: 1-2）と発展史観を語るように、東京の社会、経済、文化、政治、計画といった各テーマから、高度経済成長期の東京を支える都市システムの記述を試みていた。ここでも前提となっているのは巨大化した東京の都市構造の把握であり、敗戦から立ち上がり急速に人口膨張して発展した東京のシステムの解読であった。「戦後首都学」の問いとは、東京が首都としてなぜここまで発展することができたのかを解明することにほかならない。

こうして東京を支える都市の構造が輪切りにされ、積み重なったとき、これを遡及し、その構造史を記述しようとする都市史研究の試みが一九七〇年代以降に盛んになっていく。例えば石塚裕道『東京の社会経済史』（一九七七）では、東京市区改正条例から関東大震災までの五〇年間を東京の社会経済から五期に分けて論じ、富国強兵型の近代都市が資本主義化した東京へと発展する歴史を描いた（石塚裕道 1977）。この都市史研究は一九八〇年代半ばにさらに精緻化され、例えば石田頼房『日本近代都市計画の百年』（一九八七）では一八七〇年代から一九八〇年代までのおよそ一〇〇年間を対象に約一〇年単位で八つの時期に分け、東京の近代都市計画の発展史を機械的に分類していくことになる（石田頼房 1987）。

こうした戦後首都学の到達点が、一九七九年に刊行された『東京百年史』であった。全六巻（別冊一巻）から成り、各巻一五〇〇頁ほどのこの大著では、東京の発展史が累々とつづられた（東京都 1979）。各巻のタイトルは、「第一巻　江戸の生誕と発展（東京前史）」「第二巻　首都東京の成立（明治前期）」「第三巻　「東京人」の形成（明治後期）」「第四巻　大都市への成長（大正期）」「第五巻　復興から壊滅への東京（昭和期戦前）」「第六巻　東京の新生と発展（昭和期戦後）」で、これまでの戦後首都学を総括するような、単線的な東京の発展史観となっている。事実、第一巻の総論ではこう書かれている。

東京が、百数年前に、江戸から東京へとその名をかえて以来の住民の生活や、その基盤のうえで起こってきた歴史的な発展の道筋を明白にする必要があるであろうし、それが人々の生活であるかぎり、江戸の歴史はもとより、さらにさかのぼっての、古い「東国」の歴史をも顧みて、生活の基盤を明らかにする必要があるであろう。（東京都 1979a: 5）

さらに興味深いことに、『東京百年史』を編むにあたって整理された統計集の冒頭では、明確に東京百年史を編むことが近代史の把握として認識されていた。「東京百年史を編集するという事業は、まさに日本の近代史を明らかにすることである」（東京百年史編集委員会編 1971）。まさにここから、『東京百年史』を頂点とする戦後首都学が、東京という「近代都市史」を総覧しようとする思考枠組みにあったことが分かる。

以上に見てきた一九五〇年代から七〇年代における「戦後首都学」の目的を繰り返せば、東京を近代都市と捉え、首都発展の構造やその要因、さらには遡及して歴史的なシステムを明らかにすることで、東京の近代都市としての発展の歴史を編年的に記述することであった。とくに震災や敗戦から立ち上がり、なぜここまで発展することができたのか、焼け野原からの再出発をとげた近代都市・東京を時代別に描写し、その発展の経過をうまく分類して見せることが、大きな狙いとされていた。ゆえに、ここで変数となっているのは「時間」である。近代都市の発展の時間史から、東京という茫漠とした都市を捉えようとするアカデミズムの実践であった。

2-2　東京空間論

東京の発展史観を前提とした戦後首都学は、『東京百年史』（一九七九）の刊行を経て、しだいに勢いをなくし、これに代わって一九八〇年代から論じられるようになったのが「東京空間論」であった。東京空間論は、戦後首都学のもつ俯瞰的な視座からこぼれ落ちる部分に注目していくことになる。これは例えば、一九八六年に刊行された石塚裕道・成田龍一『東京都の百年』における東京史の記述の変化を見ても明らかで、同著ではそれまでの戦後首都学が扱ってこなかった「生きられる人びとからの歴史記述」へと視点が明確に変化していた（石塚裕道・成田龍一 1986）。つまり、戦後首都学にはなかった個々の人びとが生きる空間へと議論が更新されたのである。

東京空間論は、一九八〇年代の東京論ブームの呼び水となり、それまでの都市計画学や経済学だけでなく、社会学や文学、歴史学、建築学、記号論といった学際的な研究領域のなかで展開していくことになる。ここで東京空間論の前提としてあったのは、東京を「現代都市」と捉え、東京の空間を記号や意味から読み解こうとすることであった。こうして東京空間論ではさらに二つの研究領域へと分かれていくことになる。第一に、江戸との「空間」の連続性（時間の無化）の発見、第二に、現代都市・東京の微細な「空間」論であった。

第一の江戸との「空間」の連続性の発見は、例えば、陣内秀信『東京の空間人類学』（一九八五）が代表的な成果である。同著では現代の東京がいかに江戸の都市構造を受け継ぎ、土台としながら都市形成をしたのかに着目し、現代都市・東京が「水の都」であったことを明らかにした（陣内秀信 1985）。この江戸‐東京論は、その後、『江戸東京学事典』（一九八八）の刊行、一九九三年の江戸東京博物館の開館へとつながり、小木新造らによって「江戸東京学」へと発展していくことになった（小木新造 2005）。

これは一見すると、戦後首都学のように時間から東京を読み解いているように見えるが、ここで主張されているのは江戸と東京が「空間」において実はつながっていたという事実であり、むしろ時間を無化することに重きをおいていたため、ここに発展史観はない。この時間を無化した空間の連続性をさらに突き詰めていくと、例えば中沢新一『アースダイバー』（二〇〇五）のように、現代都市・東京の空間の起源を一万年以上前の縄文時代まで遡ることになる（中沢新一 2005）。

一方、東京空間論が目指した第二の点は、現代都市・東京の微細な「空間」論であった。例えば吉見俊哉『都市のドラマトゥルギー』（一九八七）では、一九二〇年代における「浅草」から「銀座」への移行と、一九七〇年代における「新宿」から「渋谷」への移行に同型性を見いだし、特定の盛り場の「空間」論の記述が試みられた（吉見俊哉 1987）。この東京における特定の「空間」を記述しようとする試みは、同著以降もさまざまな形で出版され、例えば「秋葉原」の成立を扱った森川嘉一郎『趣都の誕生』（二〇〇三）や建築雑誌『10＋1』三九号（二〇〇五）では「東京カタログ」として、東京をさまざまな空間に分化して切り取ったことも特筆すべきことであった。同特集では、例えば「皇居」「丸の内」に始まり、「環状一六号線・町田」「東京競馬場」「駅ビル」「表参道」など、特定の空間に注目して東京が解読されていた。その後も、丸の内論や新宿歌舞伎町論、中央線沿線論など、空間やコミュニティに関する論考は枚挙にいとまがない。

こうした東京の微細な「空間」論は、一九八〇年代に別のアプローチとしても噴出していた。それが一九八〇年代半ばより始まった、有名な「路上観察学」である。赤瀬川原平による「超芸術（トマソン）」、藤森照信による「東京建築探偵団」、南伸坊による「ハリガミ考現学」らの研究をもとに新しく結成された路上観察学は、一九八六年に「路上観察学会」を設立し、同年そのマニフェストとも言うべき『路上観察学入門』を刊行した（赤瀬川原平ほか 1986）。ここでは、今和次郎の『考現学』をヒントに、路上に出て、「無用の長物的物件」を観察することを目的とし、昇降運動以外の機能を剥奪された「純粋階段」などが有名な発見物として挙げられる。この超微視的な東京空間論は、路上観察学以降も継承され、例えば二〇一〇年代に入っても、皆川典久『東京「スリバチ」地形散歩』（二〇一二）や、雑誌『東京人』が「東京地形散歩」（二〇一二年八月号）や「東京の古道を歩く」（二〇一三年八月号）を特集するなど、東京における微視的な都市空間を発見し、楽しもうとする首都雑学的な東京散歩の系譜は続いている。

以上に見てきた一九八〇年代から二〇一〇年代における「東京空間論」の目的とは、東京を現代都市と捉え、戦後首都学のように東京という都市の全体像を把握しようとするのではなく、江戸との空間の連続性や、東京の微細な空間に注目することで、そこに生きる人びとや物件、残された風景を丹念に記述していくことであった。すなわち、東京空間論では、東京における空間の差異や空間の分化について論じようとする大きな狙いがあったことが分かる。言うまでもなく、ここで変数となっているのは「空間」である。現代都市の特定の「空間」から、東京という茫漠とした都市を捉えようとするアカデミズムの実践であった。

3　メディア史的東京論へ

ここまで（1）一九五〇年代から七〇年代の「戦後首都学」から、（2）一九八〇年代から二〇一〇年代の「東京空間論」への流れを確認してきた。この流れは東京を近代都市の発展史として時間軸から捉えようとした枠組みから、東京を現代都市の空間論から捉えようとする枠組みへの変化としてまとめることができる。もちろん、このように概略的にまとめることの弊害はあるが、東京に対する学術的なアプローチは徐々に変化し、東京を首都の発展史として描こうとする視線から、東京を空間の多様性として描こうとする視線へ変化したことは間違いない。そしていまもなお、「東京空間論」は根強く、東京における特定の空間論や首都雑学は日々生産され続けている。この流れはもうしばらく続くだろう。

しかし、一方で、二〇〇〇年代半ば頃から東京空間論の退潮が叫ばれ始めたのも事実である。例えば、東浩紀・北田暁大『東京から考える』（二〇〇七）では、東京論の失効が議論の前提とされ、東京が「空間」として把握できなくなってきたことが出発点となっていた（東浩紀・北田暁大 2007）。いまだに東京空間論が生まれつつも、退潮が叫ばれ始めたことは、いったい何を意味しているのだろうか。これは東京が総体として語れなくなり、さまざまな断片を通してしか描けなくなってきた

表0-1　本書の立場

	戦後東京の語り方	東京の捉え方
第Ⅰ期　1950年代～70年代 戦後首都学	・戦後東京を「時間」から読み解く	東京を 「近代都市」とみる
第Ⅱ期　1980年代～2010年代 東京空間論	・戦後東京を「空間」から読み解く [1]「江戸」との連続 [2] 微細な空間論	東京を 「現代都市」とみる
本書　メディア史的東京論	・戦後東京を「メディア」から読み解く	東京を 「メディア的都市」 とみる

こと、そして、それを生産し続けても東京論のマイナーな修正にすぎず学術的な進展がないこと、などに対する自己批判として捉えることができる。東京の分化した空間をいくら語ってみても、それは微細な空間論でしかなく、東京全体を捉えたという感覚は弱い。そうした東京論に対する反省が、東京空間論の退潮として語られ始めた。この意味で言えば、「戦後首都学」のほうが東京の全体像を捉えようとしていたし、東京の構造や歴史の見えない断層をわれわれに提示してくれていた。「東京空間論」が微視的な空間論へと眼を向けた代わりに失ってしまったのは、東京の全体像の把握である。

ここでいま、本書において、新しく東京を語る第三の視点を提示したい（表0-1）。東京を現代都市と認識しつつ、戦後首都学のように見えない歴史の断層を見つけるための新しい視点である。その視点とは「メディア」から東京を語る試みである。東京とは時間や空間として把握されると同時に、メディアにおいて消費され、意味づけられる都市であることは言うまでもない。たとえ東京に行ったことがなくても、日々さまざまなメディアが東京について取りあげ、人びとの頭のなかに「東京（らしきもの）」が創りだされている。より単純に言えば、東京はさまざまなメディアによって生産され、流通され、消費されることで成立してきたイメージとしての都市でもある。東京はメディアを通してまなざされることによって存在する都市でもある。これはいまさら述べなくても当たり前のことであり、改めて論じるまでもないかもしれない。

しかし、戦後首都学や東京空間論は「東京（があるということ）」が自明とされ、それが議論の前提として論じられてきた。たしかに東京は都市計画として時間的に発展し、さまざまな空間に分化してきた都市であるが、東京をイメージの歴史として、とりわけ「メディアの歴史」とともに、その都市としての枠組み自体が可変的なものであることに注意を向けられることはなかった。東京が都市としてどのように移り変わってきたかや、どのような空間をもっているかという問いだけではなく、そもそも「東京」とは、どのように規定されてきた都市なのか、「東京という概念」の変化も問う必要があるのではないか。これは、行政的な区分としての東京を確定することではなく、「創られたものとしての東京」の歴史を見定めることである。メディアを通した東京にこそ、実は東京のリアリティがある。なぜなら、「東京があってメディアのまなざしがあるのではなく、メディアのまなざしがあって東京がある」（吉見俊哉 2019b: 273）からである。そのためにはメディア史を介した戦後東京史の解読が必要である。ゆえに本書では、東京を「メディア的都市」と考えてみたい。東京とは、メディアの歴史とともに移り変わってきたイメージの都市にほかならないのである。

これは成田龍一（2012）の言葉を借りれば、これまでの東京史研究を、「領域としての都市史」

から「方法としての都市史」へと転換することを意味する。いままで都市経済や都市計画、空間論として論じられてきた「領域」としての戦後東京史を超えて、分析する方法論自体を検証する「方法」としての戦後東京史を検証していく。本書では、その方法を「メディア」に定め、とりわけメディア史から新しい戦後東京史の記述を試みるものである。こうして複雑で語りにくいという東京観にメディアという「方法」から迫っていく。

たしかに一九八〇年代の東京論ブームにおいて、主に「文学」というメディアから東京を論じようとした「テクスト論的都市論」の動きがあった。例えば、東京のなかに樋口一葉や森鴎外の文学を位置づけた前田愛（1982）を筆頭にして、一九二〇年代のモダン化する東京と文学について論じた海野弘（1983）、江戸川乱歩の作品を手がかりに一九二〇年代の東京を読み解いた松山巖（1984）などが挙げられる。なかでも前田愛は多くの文学作品から当時の東京を解読することに成功し、一九八〇年代の東京論ブームを牽引した。前田愛の言葉を借りれば、テクスト論的都市論の目的とは、「テクストとしての都市をメタテクストないしサブテクストとしての文学作品と対応させて行く操作」（前田愛 1982［1992］: 631-2）によって、都市の実態を暴くことであった。この前田によるメディアと都市の関係図は、本書においても問題意識を共有する重要な研究視座である。

しかし、吉見俊哉（1987）が早くから批判したように、これらのテクスト論的都市論は都市を「読まれるべきテクスト」として無自覚に語ってしまう限界をもっていた。「都市のテクスト論的分析は、この都市はああも読めます、こうも読めますと論者の視点から興味範囲の「読み」を開陳してみせる」もので、こうした作業は「そろそろ終りに」（吉見俊哉 1987: 11）するべきであると吉見は論じた。

たしかに前田愛や松山巖の文学による東京論は面白く、例えば前田が森鴎外の『雁』の結ばれない恋の物語から無縁坂の下に住む女と山の手に住む男の地理的身分の差異を読みとったり（前田愛 2006）、松山が江戸川乱歩『屋根裏の散歩者』のなかで窃視に快楽を得た男の物語から一九二〇年代の東京の他者と自己の視線の二面性を読み解く語り口（松山巖 1984）は見事というほかはない。けれども吉見が批判するように、これらのテクスト論的都市論は「ああも読めます、こうも読めます」と論を披露することで終わってしまっていた。これまでの「東京とメディア」研究は書き手の関心に応じ、その解釈も書き手に依存する限界があった。

一九八〇年代以降のテクスト論的都市論は、さまざまな文学テクストの断片を使って東京の解読に成功したものの、とりわけ文学研究が威力を発揮したのは、書物のなかの都市を一緒に歩くことにおいてであり、そこにはメディアの物質性や歴史性が欠けていた。後に前田自身も、文学から読み解くことの限界を次のように述べている。「実は都市というものを読み解いたメタ＝テクストとしては文学作品よりもむしろ映画の方が有効かもしれないと思うわけですけれども、私はどうも映画には味いのであまり触れることはできません」（前田愛 1989: 407）。いま、前田愛の方法論を更新するときである[1]。

東京を語るうえで、文学以上にもっと適したメディアがあるのではないか。それがテレビジョンである、というのが本書の最大の主張であり、目的である。前田は映画への更新に触れていたが、二〇世紀は放送の世紀であったことは言うまでもない。とりわけ戦後東京史をテレビ史とともに読み解くことは、新しい「メディア史的東京論」となりうる。戦後東京の枠組みを規定した最大のメディアは、文学でも、写真でも、映画でもなく、テレビではないか。これから述べるように、それはテレビが単に番組内で東京を描くということ以上に物質的／歴史的な意味をもっているからである。戦後東京の成長は、驚くほどにテレビ産業の成長とリンクしている。本書では、とくに戦後東京を「テレビ都市」と名付けて議論を始めてみたい。

4　なぜテレビから東京を論じるのか

戦後東京は、テレビを抜きに語ることはできない。首都の発展は、テレビというメディアの歴史と共鳴していたと言っても過言ではない。戦後東京は、テレビという新しい視聴覚メディアの登場によって、人びとの間で都市としてのリアリティをもったのである。戦後東京史とテレビ史の関係を見てみることは、東京史研究にとって新しい知見を生みだす。ここで本書でテレビに注目する具体的な理由を、簡単に三つの側面から述べたい。

第一に、一九五三年に誕生した日本のテレビは、東京（キー局）を発信の拠点とした「ネットワーク」で編制されていった。全国放送としての理念をもつNHKであれ、地域放送としての理念をもつ民間放送であれ、各都道府県に放送局をもち、それらを組織化することで日本のテレビ・ネットワークは成り立っている。そのため、放送網を張りめぐらせて番組を創出する日本のテレビは、都市間のネットワークで成立しているという意味において、きわめて都市的なメディアである。このようなネットワークによる系列化が「東京（＝キー局）」と「非東京（＝地方局）」の関係を鮮明な形で浮き彫りにする。もともと都市に点在するテレビ産業が、首都東京を中心にどのように構築してきたかを検証していくことの意義は大きい。

第二に、戦後、テレビというメディアは全世界を包み、家庭のなかに「外側の世界」を供給し続けてきた。家庭にいながらにして、人びとは未知の世界を経験できるようになった。トロント学派以来、多くのメディア論者が電子メディアとして想定していたのがテレビであったように、テレビはその電波によって都市の遍在をもたらした。かつてマーシャル・マクルーハンは次のように述べている。「ラジオ・テレビが同時的に地球をカバーすることになったので、都市という形式は意味を失い、機能を失っている」（McLuhan and Carpenter eds 1960=2003: 101）。

なかでもポール・ヴィリリオは、テレビによって都市全体がヴァーチャルなものへと移行したと述べ、世界の見え方が「望遠レンズ的＝遠隔‐対象的（テレオブジェクティブ）」となったと指摘した（Virilio 1996=1998）。興味深いことに、このときすでにヴィリリオは「テレビ都市」に言及していた。

> テレビとその舞台装置によって、ヴァーチャルなもののなかで揺れているのは都市全体です。（…）今日では、テレビ装置が公共イメージによってその公共空間にとって代わりました。公共イメージは都市の中心からはずれることになりました。公共イメージは都市の中にはありま

せん。言い換えれば、それはすでにヴァーチャルな都市、「テレビ‐都市」の中にあるのです。
（Virilio 1996=1998: 48-9）

テレビの電波という他メディアにはない媒体特性によって、わざわざ出かけなくでも、家にいながらにして外部の世界を「望遠」的に見聞きすることができるようになった。これは、こちらから劇場に「見に行く」映画とは異なり、向こうから外側の世界が「やって来る」経験であった。その結果、誕生したのがヴィリリオの言うヴァーチャルな都市である。これはそもそも、tele-（遠くを）vision（視る）という語源をもつテレビならではの重要な特性でもある。とりわけ戦後の日本社会において、「東京」を家庭のなかに持ちこんだのは、ほかならぬテレビであった。

第三に、忘れてはならないのが、テレビは番組という生産物を生みだし、「東京」の姿を全国に映し続けてきたことである。日々、ニュース、ドラマ、ドキュメンタリー、CM、バラエティなどさまざまなジャンルのテレビ番組が、東京の姿を映しだしている。電波的特性によって、人びとはたとえ東京にいなくても、東京の情報を瞬時に手に入れることができるようになった。東京に住んでいなくても、毎日、東京にあるカフェやレストランが次々に紹介され、東京の地理に詳しくなっていく。

ここでとくに重要なのが、番組はテレビ・ネットワーク内の放送局間で交換しながら創出されていることである。広告市場として優位に立つ東京の放送局が「キー局」となって番組の供給源となることで、きわめて非対称的な交換が行なわれている。キー局は制作番組が全国へと流れることで広告費が倍増し、一方、地方局は大都市の番組を流すことで電波料収入を得る利点があるため、互いに利益を共有し合う構図ができている。こうして知らず知らずのうちに地方局が自社で制作する番組は少なくなり、結果的に、東京発の東京の模様を映した番組が全国の視聴者へと拡散されていく。地方局はキー局の端末装置と化してしまっているのが、現状である。

以上をまとめれば、次のようになる。テレビでは（1）東京を中心として構築されたネットワークが、（2）電波という広範性をもって、（3）東京発の番組を全国にあまねく供給していった。言い換えれば、テレビによって、東京の東京による東京のための都市・東京のイメージが、全国の「東京」観を下支えしていったのである。

ゆえにテレビとは「東京の論理」に支えられたきわめて中央依存のシステムであると言わざるをえない。これは文学に限らず、写真や映画にもないきわめてテレビ的なメディア特性であり、ここにこそテレビから戦後東京の肖像を考える重要な意義がある。思えば、東京の民間放送であるキー局は、港区に集中し、二三区内の非常に狭い範囲のなかにある。東京の東部（いわゆる下町）にさえ放送局はなく、東京のなかでもさらに中枢部から全国へと東京の情報を発信し続けてきた。この限られたエリアから「東京」がどのように規定され、全国へと発信されていったのか、テレビが創りだしてきた「東京」の歴史性を問わなければならない。テレビとは、東京が一極集中化していく構図を、戦後一貫して生みだし続けたメディアである。ゆえに、戦後東京はテレビ史とともにあるという意味で、「テレビ都市」なのである。

5　本書の枠組みと構成

これから戦後東京をテレビから論じていくにあたり、本書の分析枠組みと構成を提示したい。一口にテレビから読み解くといっても、どのような視点で東京を捉えていけばいいのか。先に見たテレビから東京を論じる視点を、一般化して考えてみる必要がある。本書では以下の三つの枠組みを使って、戦後東京を読み解いていくことにしたい。

第一に、テレビによって東京がどのように制度化され、認識されてきたのかを問うメディア論的な次元である。具体的にはテレビ・ネットワークの成立といった放送制度がいかに東京を規定してきたのかを考える。これは時代とともに移り変わる、テレビというメディア制度自体の変化を捉えることでもあり、主に放送制度を紐解きながら、テレビが東京に向ける視線の変容も扱っていく。この第一の枠組みを「テレビによる東京」と呼ぶことにしたい[2]。

第二に、東京の都市空間のなかで、産業としてのテレビがどのように配置され、東京を意味づけてきたのかを問う地政学的な次元である。東京の都市空間のなかには、さまざまな放送局舎が建設され、その場所を意味づけ、あるいはテレビの電波塔が都市空間に大きな影響を与えてきた。ゆえに、テレビ産業が東京という都市空間のなかで物理的にどう振舞ってきたのかを考える必要もある。この第二の枠組みを「東京のなかのテレビ」と呼ぶことにしたい[3]。

第三に、テレビのなかで東京がどのように描かれてきたのか、番組内容を問う次元である。ドキュメンタリーやドラマ、バラエティのなかで東京はどのように描かれてきたのか。番組における東京の表象について扱っていく。これは先の前田の言葉を借りれば、東京というテクストを、テレビ番組というメタテクストから解読する作業である。この第三の枠組みを「テレビのなかの東京」と呼ぶことにしたい[4]。

以上、複雑で語りにくい東京は三つの枠組みによって論じることが可能になる。第一に、テレビ制度の文脈から「テレビによる東京」を捉え、次に産業から「東京のなかのテレビ」を確認し、そのうえで番組論として「テレビのなかの東京」を見る。こうしてテレビが東京に対して作る三角形から、戦後東京史を記述していくことが、本書の分析枠組みとなる[5](図0-1)。

ここでもう一度確認しておきたいのが、テレビが作るこの東京の三角形は可変的であるということである。テレビの歴史とともにこの三角形は更新され、また別の新しい三角形を作りだしていく。ゆえに、ある時代における(1)テレビによる東京、(2)東京のなかのテレビ、(3)テレビのなかの東京が作る三角形Aは、テレビ自身や都市の変化とともに、(1′)テレビによる東京、(2′)東京のなかのテレビ、(3′)テレビのなかの東京、が作る三角形Bへと変化し、それがまた三角形C、Dへと変化する。これはテレビが「東京」を規定した後、制度が変化し、産業が変化し、あるいは番組内容が変化することによって、またテレビが「東京」を再規定していくプロセスにほかならない。こうして本書では、メディア史、とりわけテレビ史とともに戦後東京の断層を見つけだしていくことになる。

さらに繰り返しになるが、本書で対象としているのは、東京の都市空間そのものではない。戦後首都学が明らかにしたような東京の発展史でもないし、東京空間論が明らかにしたような東京の分化した空間論でもない。東京がいかにして規定され、語られてきたのかという、メディアの歴史とともに変化する東京の概念史である。ここに東京を「メディア的都市」とみる新しい視点がある。この視点から見れば、初めから「東京」を想定するのではなく、各時代によって「東京」は異なるものとして、変化していくことが分かるだろう。ここに戦後東京史の新たな書き換えが可能となる。

テレビによって作られる東京の三角形は、テレビの歴史とともに変化し、新しい東京観を創りだす。本書では、テレビによって作られた東京を〈東京〉と呼ぶ。戦後東京とは、〈東京〉がいくつも積み重なって出来あがった、テレビ都市なのである。

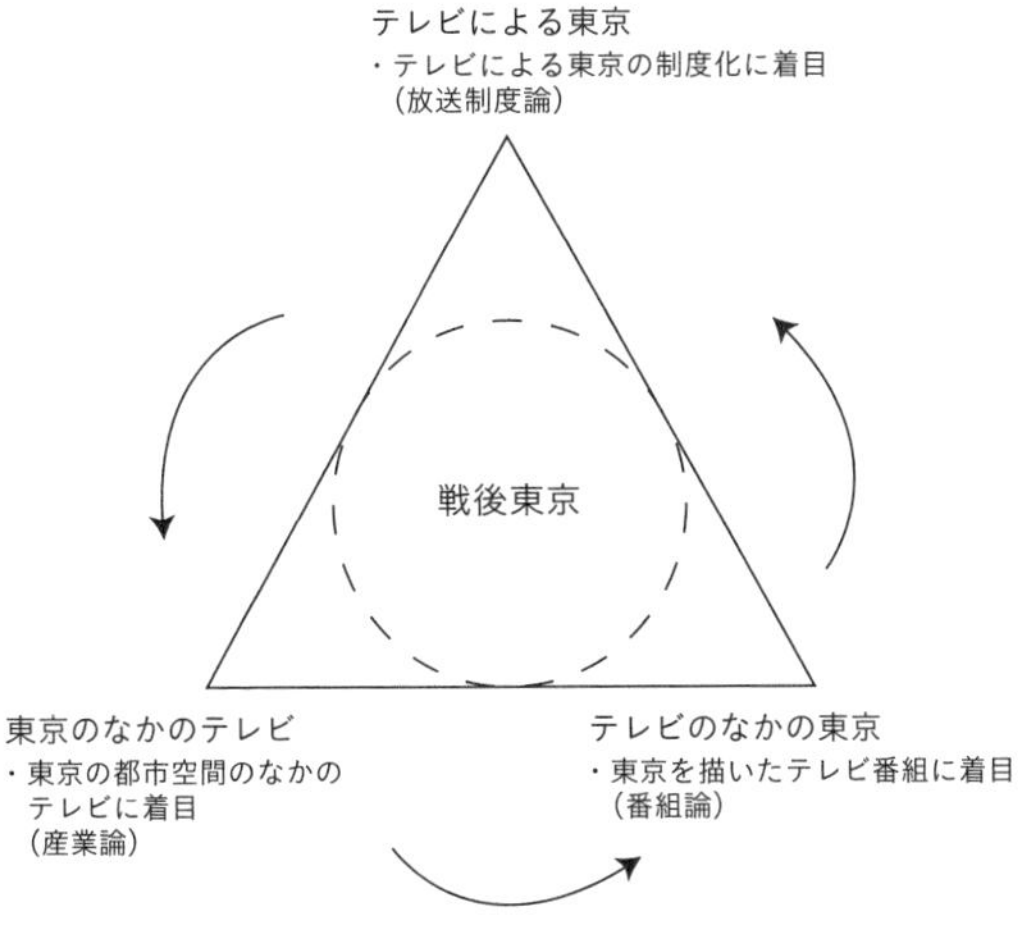

テレビによる東京
・テレビによる東京の制度化に着目
（放送制度論）

戦後東京

東京のなかのテレビ
・東京の都市空間のなかのテレビに着目
（産業論）

テレビのなかの東京
・東京を描いたテレビ番組に着目
（番組論）

図0-1　本書の分析枠組み

*

本書は時代順に四つの章から成り立っている。「第1章　東京にはすべてがある――〈東京〉措定の時代」「第2章　遠くへ行きたい――〈東京〉喪失の時代」「第3章　「お台場」の誕生――〈東京〉

自作自演の時代」「第4章　スカイツリーのふもとで——〈東京〉残映の時代」である。これは先に提示した分析枠組みをもとに、〈東京〉の変化をみた結果、四つの時代区分として現れたことを示している。この時代区分は、戦後首都学や東京空間論とも異なる、テレビ史から見えてきた新しい戦後東京史の時代区分である。

まず、第1章ではテレビが始まった一九五〇年代半ばから、普及していく一九六〇年代までを扱っている。テレビによって〈東京〉が措定され、輝かしい都市としての側面が強調された時代であった。第2章では、テレビが大衆化した一九七〇年代から八〇年代前半までを扱っている。しだいにテレビのあり方が変容し、東京の措定が難しくなり、〈東京〉が喪失した時代であった。第3章では、東京の情報化・国際化が急速に進む一九八〇年代後半から九〇年代までを扱っている。この時期は「虚構の映像共同体」が形成され、テレビが産業としても、番組としても、自作自演的に〈東京〉を生みだした時代であった。第4章では、テレビの虚構空間が成り立ちづらくなった二〇〇〇年代から一〇年代までを扱っている。やがてテレビは〈東京〉の残映に目を向け始め、戦後東京史とテレビ史が徐々に乖離を始める時代へと突入した。

それぞれの章内部の構成は、先に見た三つの分析枠組み——テレビによる東京、東京のなかのテレビ、テレビのなかの東京、に対応している。とくに各章の1節の1を「テレビによる東京」、1節の2を「東京のなかの東京」、2節と3節を「テレビのなかの東京」に当てている。[6]「テレビによる東京」と「東京のなかのテレビ」を前提としつつ、各時代でどのような「テレビのなかの東京」が描かれ、東京観を創出していったのか。第1章にて提示した〈東京〉の三角形が、続く第2

章では別の三角形へと変化し、第3章、第4章へと続いていくなかで明らかにしていきたい。

このとき、本書で重要な概念となっているのが「遠視法」である。先に述べたように、テレビの語源は「tele-（遠くを）vision（視る）」と書く。各時代のテレビがどのように「遠」くを「視」せながら〈東京〉を作りだしていったのか。その変化を辿ることで、戦後東京史は四期に分けて語ることができるのである。

第1章　東京にはすべてがある
――〈東京〉措定の時代　一九五〇年代〜六〇年代

1　遠視の誕生

遠くのものを視たい、という欲望からテレビの開発は始まった。戦後にテレビが作るシステムは、制度としても産業としても〈東京〉を中央化した。一九五〇年代から六〇年代は、テレビが生みだす「同時性」空間によって、東京を中心としたテレビ・ネットワークが成立した時期である。そして、その実現のために、都市空間のなかにさまざまな「放送装置」が作られた時期でもあった。

1-1　東京中心のテレビ・ネットワークの成立

無線遠視の夢――テレビの誕生

日本のテレビ技術研究の祖は、高柳健次郎である。高柳は一九二六年一二月二五日、世界にさきかげて「イ」の字の送受像に成功した。奇しくもこの日は大正天皇が死去した日であり、これは日本のテレビが昭和とともに始まった史実としても興味深い。当初、高柳はテレビを「無線遠視法」と名付け、その開発に着手した。後に高柳はその理念を次のように回顧している。

> ラジオ放送が遠くから無線で声を送れるのならば、映像だって無線でやれる理屈ではないか。そうすれば外国からの映像の中継放送でもやれるはずだ。私はこのように考え、それに「無線遠視法」と名付け、この考えにとりつかれていったのである。（高柳健次郎 1986: 33-4）

一九二三年の初夏、たまたま立ち寄った古本屋に並ぶ雑誌に描かれたテレビの漫画を見て、高柳は思わず「これだ」と叫んだという（高柳健次郎 1953: 24）。一九二四年に浜松高等工業高校に転任した高柳は、送像側にニポー円板、受像側にブラウン管を使用する折衷方式を採用し、一九二六年暮れ、「イ」の字の送受像に成功した。遠くのものを同時に視る、テレビが誕生した瞬間であった。

その後、一九三六年に第一二回オリンピック大会の東京開催（一九四〇年）が決定し、それに向けてテレビ技術の研究はさらに本格化していった。一九三七年に日本放送協会に迎えられた高柳は、一九三九年春に早くも研究所内に実験局を開設し、初めてテレビ電波を東京上空に発射した。一九三九年から四〇年には、東京・日本橋三越本店や高島屋などでテレビの公開実験が行なわれ、一目見ようと人びとが殺到した（日本放送協会放送史編修室 1965a）。

一九四〇年刊行の雑誌『放送』（第一〇巻第二号）には「テレビジョンで送らせたいもの」と題したハガキ回答が載っていて、当時の人びとのテレビへの妄想がうかがえて興味深い。例えば、小説家の木々高太朗は「テレビジョンではまず（1）ニュースを送っていただきたく、最後には海外の景色、状況演劇等を送っていただきたいと思います。その間に（2）自然科学の研究のありさま（3）講演に掲げる図を送ってください。講演者の姿などは送っても送らないでもよいと思います」と述べていたり、東京日日新聞の阿部真之助は「今のところ、目に見えるものなら何でも見たい。一通り見えるものを見てしまったら、それからだんだん贅沢な注文が出ると思いますがスポーツの類なら、何でもいいですね。政治家とか、所謂偉い人の講演振りなどは見たほうがいいか、問題ですね。幻滅の悲哀というものがあるから」などと率直に述べているも面白い。

テレビジョンは、語義で言えば「tele-（遠くを）vision（視る）」と書く。開発の当初から高柳がテレビを「無線遠視法」と名付けていたことはきわめて重要である。なぜならテレビとは、無線で「遠くを視る」ためのメディア、「遠視」のメディアだからである。高柳が開発した「無線遠視法」にみな期待を寄せ、遠くを視る欲望を広げたのであった。

テレビが映す〈東京〉という中心点

日本でテレビの本放送が開始したのは、一九五三年のことである。二月一日にNHK東京テレビジョンが開局し、続いて八月二八日に日本テレビが開局をした。太平洋戦争の激化と敗戦、占領によってテレビ開発は中断され、実用化が大幅に遅れたため、高柳が開発に成功してから放送開始まで、実に四半世紀が経っていた。ゆえに、日本で「無線遠視」の夢が実現したのは戦後に入ってからである。

一九五〇年代の草創期のテレビを考えるとき、しばしば語られる「街頭テレビ」以上に重要なのが、一九五九年の「皇太子御成婚パレード」である。街頭テレビの熱狂は受像機の台数が少なかった頃の一時的な現象だったが、皇太子御成婚パレードは、戦後日本における〈東京〉の措定の始まりであったからである。それは、全国どこにいても〈東京〉のイベントを同時に視ることができる、テレビ・イベントの誕生であった。人びとの遠くを視たいという欲望は「東京を視たい」という願望でもあった。「四月一〇日という日は、最新のメディウムであるテレビにとって、自己の威力と限界を知るための最良の実験日」(高橋徹ほか 1959: 1) となったのである。

一九五九年四月一〇日、皇太子と婚約者美智子は、皇居から渋谷・東宮仮御所までの八・九キロメートルの道のりを馬車でパレードした。この御成婚の一週間前の四月三日、テレビ受信契約者数は二〇〇万を突破し、人びとはテレビの前に群がり、実況中継を見た人は全国で一五〇〇万人にのぼった (日本放送協会編 1977a: 431)。テレビ所有の家庭ではテレビが一日中つけっ放しとなり、当日の一世帯あたりの平均視聴時間は一〇時間三五分となった (高橋徹ほか 1959: 5)。また、東京大学新聞研究所が調査したサンプルのうち八〇・六パーセントが、パレードを直接見に行けたにもかかわらず、テレビを見ていたことも明らかにされている（高橋徹ほか 1959: 5）。たとえ近くで起こっていても、人びとはテレビ越しに出来事を視ようとしたのである。

当日の御成婚パレード中継は、午後一時五〇分から三時四〇分ごろまで約二時間にわたって行なわれ、八・九キロの長い移動を「変化を持たせながら切れ目なくつないでいくこと、両殿下の表情をあらゆる角度から身近にとらえること、歓呼する人びととの感情を描くこと、この三点に中継の重点が置かれた」（日本放送協会放送史編修室 1965b: 602）。そのために沿道には一〇箇所以上の中継地点を設け、各局は移動撮影用のカメラレール台を各所に設置した（図1‐1）。

図1-1　カメラレールを使って撮影するテレビ局——日本民間放送連盟（1961）

この東京での祝祭が全国一五〇〇万人に共有できた背景には、御成婚前に、電電公社によるマイクロ波回線が全国に敷設されたことが大きく関係していた。一九五四年四月、東京—名古屋—大阪間でマイクロ波回線がつながり、続いて一九五六年三月に大阪—広島—福岡、一〇月に東京—仙台—札幌が開通した。こうして一九五〇年代後半には日本の主要各都市を縦断したテレビ網が敷かれ、東京で行なわれる天皇家の祭祀を視る準備が整っていった。

これは当日の番組構成表を見てみれば、当日多くの放送局が「多元中継」を行なっていることからも分かる。例えば四月一〇日、NHK『4元中継「皇太子殿下ならびに同妃殿下にのぞむ」』、NTV『多元リレー「世紀の祝典を祝う」』、KRT『5元リレー「春宵に寿ぐ」札幌、東京、名古屋、大阪、福岡』などがそれである。これらは御成婚を祝うため全国の祝典模様をリレー形式で結んだものであり、例えばそのなかの一つNTV『多元リレー』では、当日一三局でネットワークを組んで同時中継を行なった。記録によれば、同番組は、成婚直後の日本各地の奉祝風景をリレー中継し、まず、日本テレビの鉄塔上から見た皇居遠望から始まって、皇居前、半蔵門、四谷、青山、東宮仮御所前の奉祝沿道風景の後、札幌、京都、下関へリレーした。下関では亀山八幡宮や関内海峡の海上パレード、札幌では大通りの仮設舞台での合唱やパレード、京都では平安神宮苑にて琴大台奏が中継された（日本テレビ放送網株式会社 1959: B5-6）。

これらの中継は、まさに〈東京〉を中心としたテレビの「同時性」の成立であった。マイクロ回線の敷設によって、異なる場所で撮影するカメラを自由に切り替え、多元的な中継が可能になったのである。当時、佐々木基一は著書『テレビ芸術』（一九五九）のなかでテレビの特性を次のように述べていた。

> いま現実に起っているできごとを同時に再現できるということ、これは映画の絶対になしえない働きである。電波による再現方法だけがそれを可能にする。映画は撮影したフィルムの現像と焼付に一定の時間を要するので、過去のできごととしてしか再現できないが、テレビは時間的に継起する事実を現在の姿において即時に放送することができる。この機能のちがいは、

普通に考えられる以上に大きな意味をもっている。（佐々木基一 1959: 9）

ここで重要なのが、テレビが作る「同時性」の円弧には必ず中心点があるはずで、それが〈東京〉であったという事実である。放送網が全国に敷かれ、テレビによる「同時性」空間が拡大すればするほど、中心となる舞台が措定され、日本の場合、それが首都東京であった。むしろ、皇太子ご成婚パレードの場合、この東京での祝典のために放送網が敷かれていった。その結果、多元中継が可能となり、〈東京〉は中継で結ばれる日本の中心点となったのである。そのきっかけとして、皇子の祝事は重要であった。

本書では、ここでテレビ都市・東京の原型が完成したとみる。テレビによって〈東京〉が全国の各都市と放送網でつながれたとき、〈東京〉は措定され、その中心性を誇示するようになった。こうして一九五〇年代末、系列ごとにネットワークを組んで、〈東京〉を中心としたテレビ放送網の原型が完成したのである。ゆえに一九五九年の皇太子御成婚パレードは、〈東京〉を中心としたテレビ放送網の共時態を生みだした、テレビ都市の始まりを告げるビッグイベントであった。

一九五〇年代末、大量免許による東京集中へ

このテレビ・ネットワークの構築には、当時郵政大臣だった田中角栄が深く関わっている。初期テレビ史でよく記述されるように、田中は皇太子御成婚に合わせて大量に予備免許を与え、各都道府県の代表的な都市にテレビ局を誕生させた。一九五七年末時点において、民間放送テレビ局の開

局状況は、五社五局であったが、一九五八年に一二社一四局が開局し、一九五九年には東京で日本教育テレビとフジテレビ、大阪では毎日放送テレビが誕生したのをはじめ、パレード直前の四月一日には一挙に地方八社がテレビ開局し、結局、御成婚放送に参加した民放テレビは、全国で三一社三六局となった（日本民間放送連盟 1961: 125）。この免許大量交付による放送局のあいつぐ開局が、先の御成婚における多元中継放送へとつながったのである[1]。

田中角栄による免許大量交付の結果、テレビ局間のネットワーク競争が激化する。NHKは皇太子御成婚パレードをきっかけとして、放送局数を増やして全国でのテレビ電波域を広めたのに対し、民放はNHKに対抗した「ネットワーク」で系列化していくことになった。民放も一九五七年頃までは地域に根差していたが、しだいに地方のテレビ局はすべての番組を自社制作できなくなり、新規の地方局は「大都市局、特に東京のキー局に番組の大半の供給を求めるように」なったのである（日本放送協会編 1977a: 444）。

その象徴がJNN（ジャパン・ニュース・ネットワーク）の形成であった。一九五九年八月、ラジオ東京は地方各社（加盟一六社）とニュース協定を結び、ネットワーク放送や番組素材の交換、施設の貸与をJNNの加盟社間で行なうこととなった。これを受けて次々と一九六六年四月にNNN（日本ニュースネットワーク）、同年八月にFNN（フジニュースネットワーク）が発足し、本来、地域密着社会を謳う民間放送の理念が後退し、東京に資本やタレントが集中する、〈東京〉中心の情報ネットワークが構築されていくようになった。このテレビによる地方‐東京の二項対立構造は、今日まで続くテレビ都市の様相である。こうして固定的、排他的に中継網を敷くことで、戦後一貫して続く、特定のキー局と地方局をつなぐ制度・産業構造が作りあげられていくこととなったのである。テレビ都市・東京にとって皇太子御成婚をめぐる最大の置き土産は、まぎれもなく、〈東京〉を中心とした「全国のネットワーク化」であった。[2]

一九五〇年代後半、皇太子御成婚パレードによってテレビによる全国放送網（ネットワーク）が完成して以降、テレビは首都東京を中心とした「同時性」空間をさらに拡大していくことになる。その到達点は言うまでもなく、五年後の一九六四年の東京オリンピックの開催であった。ここにおいて〈東京〉は、テレビによって津々浦々で消費される都市となったのである。

一九六〇年代、テレビ・オリンピックの開催

一九六〇年前半、二つの「一〇〇〇万」が交錯した。一つは、東京都の人口、もう一つはテレビの受信契約者数である。一九六二年、東京都の人口は初めて一〇〇〇万人を突破した。人口増加の背景にあったのは農山漁村から東京への労働力の流入であり、とりわけ一九五〇年代末から急速に増加していく集団就職者たちが「金の卵」となって東京を下支えした。他方、同じく一九六二年、テレビの受信契約者数は一〇〇〇万を突破した。一九五九年度末に四一五万だったテレビ受信契約者数は、翌六〇年度末に六三六万、六一年度末に一〇二二万へと膨れあがる。倍々で数を増やしていくテレビは急速に家庭空間へと浸透し、大量消費時代の幕開けを告げた。

この偶然にも一九六二年で一致した二つの「一〇〇〇万」が、交わり、向かっていった舞台、それが東京オリンピック大会の開催であった。招致決定（一九五九年）から開催（一九六四年）までの

五年間、オリンピックという祭典は〈東京〉に大きな変革をもたらし、テレビにとってもその影響力を決定づける重要な転機となった。一度開催を返上し、開発の中断を余儀なくされたテレビ技術者たちにとって「無線遠視」の夢を完成させるビッグイベントでもあった[3]。

第一八回東京大会(一九六四年)の稗史と言えば、グラフィックデザインの亀倉雄策や、記録映画の市川崑、建築の丹下健三などがしばしば語られる。しかし、テレビというメディアによる「同時性」の狂騒があったことも忘れてはならない。一〇月一〇日に行なわれた開会式の視聴率は八四・七パーセントに達し、二四日までの一五日間にテレビでオリンピック放送を見た人は九七・三パーセントにのぼった(堀明子 1965)。開催直前にはマイクロ回線が返還前の沖縄まで延び、放送網がさらに広がるなかで、テレビによって〈東京〉での祝祭が演出されたのである。とくに普及率が一九六四年に九〇パーセント近くまで達したことをふまえれば、皇太子御成婚パレードのときをはるかに超えて、テレビによる〈東京〉を舞台とした劇が日本全国で受容されたことになる。後述するように、一九六四年の開催に向けてNHKは局舎を競技場近辺へと移転し、連日中継することで〈東京〉の演出に成功した。

一九六四年の東京オリンピックとはテレビによって構築された世界であり、まさにウォルター・リップマンの言う「擬似環境」(Lippmann 1922)であった。この開催都市を中心としたテレビによる「擬似環境」を考えるとき、開催前に行なわれた「聖火リレー」の存在は重要である。なぜなら聖火リレーによる東京への視線の凝集が、テレビによる「擬似環境」の創出の素地になったからである。ギリシャ・アテネから運ばれてきた「神の火」は、九月六日に返還前の沖縄に到着し、その後、鹿児島、宮崎、北海道へと分かれて、四つのルートからそれぞれ東京を目指していくことになる。この聖火リレーは迎えられる各地において「擬似環境の象徴を現実環境で身をもって体験する」（藤竹暁 1965: 57）イベントとして、開催地東京を目指す共有体験となった。そして沖縄出発から東京到着までの一ヶ月間、テレビは各地から東京に向かう聖火リレーの模様をニュースで伝え続けた（図1-2）。

こうして物理的に聖火が東京へと向かう様子をテレビのなかでも確認した人びとは、否が応でもオリンピックに対する関心を高め、舞台となる東京へ視線を集中させていく。そして一点に集約された人びとの視線は、東京で開かれる祝祭に向けられ、テレビはその模様を一気に全国へと拡散することになったのである。

図1-2　NHKニュース「オリンピック聖火東京に入る」（1964年10月7日放送）

〈東京〉への凝集から拡散

一〇月一〇日の開会式は透きとおるような秋晴れのなか、競技場に一つとなった聖火が登場し、最終ランナーの坂井義則が一九四五年八月六日の原爆投下の日に生を受けた復興のシンボルとして、聖火台への階段を駆けあがった。この点火の様子を三島由紀夫はこう書き記している。「日本の青春の簡素なさわやかさが結晶し、彼の肢体には、権力のほてい腹や、金権のはげ頭が、どんなに逆立ちしても及ばぬところの、みずみずしい若さによる日本支配の威が見られた。この数分間だけでも、全日本は青春によって代表されたのだった」（講談社編［1964］2014: 32）。

しかし、この開会式の模様を競技場で直接見ていた三島は例外であって、その他圧倒的多数の国民はテレビを通して視聴した。すでに述べたように、この開会式のテレビの視聴率は八四・七パーセントに達し、この祭典の始まりの儀式をテレビを通して共有した。興味深いことに、テレビの前の国民たちは、競技場でこの「儀式」を体験できなかったことを悔いていない。NHK放送世論研究所（当時）の調査によれば、「開会式にゆけなくて残念か」という質問に対して、五八・三パーセントの人が「ラジオテレビで充分だ」と答え、三五・七パーセントの人が回答した「残念だ」を大きく上回った（『文研月報』一九六五年四月号）。こうした認識の変化からは、一九六〇年代前半、いかにテレビが日常生活に浸透したかがうかがえる。

板橋区富士見台小学校では「オリンピックまでに全教室にテレビを備えてやりたい」という父母の願いから、全教室にテレビが設置された（『朝日新聞』一九六四年一〇月一〇日朝刊）。教師の指導のもと、生徒たちは開会式を机に座って見た（図1-3）。この光景は、必ずしも都内の小学校だけではない。町から村へ、わずか数百軒の山間の寒村でも、テレビが設置されていればこの開会式の祝祭をどこでも共有することができた。

こうした結果、一〇月一〇日から二四日までの一五日間に、テレビでオリンピックを見た人は九七・三パーセントで、約七五〇〇万人にのぼった。実際にオリンピック競技を会場で見た人は二〇六万人であったので、いかに多くの国民がテレビの前で東京のオリンピックを体験していたかが分かる。大会期間中の放送時間も、NHKが一四四時間五六分、日本テレビが一〇九時間五九分、TBSが九九時間五四分、フジテレビが八〇時間二五分、日本教育テレビが六六時間三一分、東京一二チャンネルが一四六時間二一分となり、全局の合計が六四八時間六分となった。警視庁でさえ、混雑を避けるために沿道ではなく、テレビでの観戦を促したほどである。最終的に、大会期間中の人びとの一日あたりの視聴時間も八時間一五分にのぼった（堀明子1965）。

当時、小林秀雄は自身のオリンピックのテレビ体験を次のように書き記している。

何か感想を書かねばならぬ約束で、原稿紙はひろげたものの、毎日、オリンピックのテレビばかり見ていて、何もしないのである。こんなに熱心に、テレビを見た事は、はじめてだ。オリンピックに、特に関心があったわけではなかったので、これは、自分にも意外なことであった。オリンピックと聞いて嫌な顔をして、いろいろ悪口を言っていた人も、始まってみれば、案外、テレビの前を離れられないでいるかも知れない。（講談社編［1964］2014: 239）

図1-3　開会式をテレビで見る子どもたち［板橋区富士見台小学校］――DVD『東京風景　1962-1964』

これは小林秀雄に限った話ではない。当時、東京オリンピック視聴を調査した藤竹暁は、次のように結論づけた。「日本の大多数の人びとにとって、東京オリンピックという「現実」は、テレビによって形成されたものであった。テレビが提供した「擬似環境」こそが、実は、人びとにとっては東京オリンピックそのものであった」（藤竹暁 1965: 57）。藤竹らの調査によれば、大会直後のアンケートで「オリンピックの模様を知るうえで、どれが一番役に立ちましたか」という問いに「テレビ」と答えた人が実に九二パーセントにのぼって他を圧倒した（藤竹暁 1965）。そして一〇月二四日の閉会式では選手たちが入り乱れ、「素晴らしい無秩序」と絶賛されるなかで、翌日の新聞の社説はこうつづった。

テレビがなければ、たとえ開催国であっても、国民の間にオリンピック・ムードがこれほど盛り上がりはしなかったであろう。事実、テレビをとおしての観衆がほとんどであったわけだが、人はその目で見て、はじめてオリンピックの真のすばらしさ、きびしさを知った。テレビの同時性は最大限に発揮され、新しい時代のオリンピックを感じさせた。（『毎日新聞』一九六四年一〇月二五日朝刊）

一九六四年、テレビのなかで東京におけるオリンピックは完結し、人びとはテレビのなかで〈東京〉を視聴した[4]。重要なのは、この祝祭の受容において「開催地である東京と地方との間に、顕著な差はみられなかった」ことである。「オリンピックというナショナル・イベントは、人びとの反応という点でもまさにナショナルな事件だったのである」（日本放送協会放送世論研究所 1967a: 96）。大胆に言えば、このときテレビによってすべての地域が東京化したと言えなくもない。この〈東京〉の遍在こそがテレビ・オリンピックの成果であり、一九五〇年代から六〇年代におけるテレビ・ネットワークの「同時性」空間の到達点であり、そして「テレビによる東京」の始まりであった。

1-2　放送装置の完成

シンボルとしての東京タワー

一九五〇年代から六〇年代は、東京の都市空間のなかにさまざまな放送装置が作られた時代でもあった。なぜならテレビによる電波のネットワークを実現するためには、都市のなかにさまざまな装置が必要だったからである。それが、電波塔であり、放送局舎そのものであった。本項では、続いて一九五〇年代から六〇年代の「東京のなかのテレビ」を見ていくことにしたい。

これまで東京にはさまざまな用途から「塔」が建設されてきた。明治以降の東京の代表的な塔は、一八九〇年に建設された浅草の凌雲閣（十二階）だろう。明治東京の風景を形容した塔だが、関東大震災時に崩落した。その後、敗戦を迎えた東京は、こうした「垂直のシンボル」に欠けていた。たしかに一九五〇年代の銀座には、時計塔や森永ミルクキャラメルの広告塔など象徴的なシンボルは存在したが、戦後の東京には都市空間に決定的な影響を与える垂直軸はなかった。

戦後東京の都市のシンボルを担ったのが、一九五八年に建設された「東京タワー」である。東京・芝公園内に建設された三三三メートルの鉄塔は、当時世界一の高さを誇り、敗戦で失った自信を「世界一」という名のもと取り戻すには十分な建造物であった（図1-4）。建設以来、多くの日本人がこの鉄塔の展望台にのぼり、眼下に広がる都市東京の復興と発展を感嘆のまなざしで見た。建設翌年の一九五九年には年間訪塔者が五一三万人に達し、予想をはるかに上回る形で、都市のシンボルとして受け入れられていく。この東京のシンボル名をめぐっては全国から公募で決められ、「昭和塔」、「平和塔」、「宇宙塔」、「きりん塔」、「ゴールデンタワー」などをおさえ、もっとも平凡と言われた「東京タワー」案（二二三通）が採用された。審査委員長であった徳川夢声も「今日に至ってみると、この名こそ最も適はしきモノ！　平凡こそ最高なり！」（日本電波塔株式会社編 1968: 28）と述べている。

この戦後東京のシンボル「東京タワー」の設計を担ったのが、内藤多仲であった。内藤は東京放送局時代に愛宕山の本放送施設建設の指導にあたり、一九二五年に愛宕山のラジオ塔の建設に携わった。その後、名古屋テレビ塔（一九五四年）、別府テレビ塔（一九五七年）、札幌テレビ塔（一九五七年）を経て、東京タワーの建設にいたる。生涯三〇にも及ぶ鉄塔の設計に携わったことから「塔博士」と呼ばれた内藤は、東京タワーの設計理念を次のように述べている。

設計にあたって、まず私の考えたことは――（一）絶対安全であること。どんな場合でも、放送に支障をきたしては困る。（二）経済的でなければいけない。（三）したがって、無駄をはぶき、塔自体を強く作る。力学そのものであるようにしたい。という点である。これらの条件を基礎に設計を進めると、自立鉄塔としては、自然あの形になる。しかし、わたしのイメージとしては、まじめな、例えば英国紳士がスッキリ立っているといったようにと心がけたつもりだ。(『放送文化』一九六三年四・五月号)

ここで内藤がわざわざ「英国紳士」と例を挙げているが、東京タワーは明らかにパリのエッフェル塔を意識して建造された。それは当時、エッフェル塔よりも二〇メートル高くすることで世界一の自立鉄塔になる必要があったからである。都市の象徴として、技術の象徴として、塔は「近代世界の記号表象」(多木浩二[1982]2008:44)である。エッフェル塔がパリの象徴となったように、東京タワーを戦後東京の象徴にする必要があった。それゆえに、東京タワーは戦後復興の意味が加わることで、さまざまな物語が付加され、繰り返し「戦後東京のイメージ」として消費されていくことになった。例えば以下に川本三郎がつづった東京タワーの回顧はその典型的なものである。

図1-4 1960年代の東京タワー[六本木付近]——池田信(2008)

塔は、昭和三三年の一二月に完成した。起工されてからわずか一年半であれだけのものが建てられたことになる。高さ三三三メートル。エッフェル塔よりも高い、世界一の塔。校庭から目の前に見える、そのコンパスのような塔の出現が、中学生の私たちには無性にうれしかった。〝日本も偉くなったんだ！〟。私などの世代は、ものごころついてから貧しい日本しか知らなかったから、世界一の塔の建設は、これから新しい、豊かな時代が始まるのだという、明るい象徴に思えた。（川本三郎・田沼武能 1992: 40）

このように繰り返し語られてきた東京タワーの稗史は、二〇〇〇年代以降も、とりわけ映画『ALWAYS　三丁目の夕日』（二〇〇五）などの公開によって、東京タワー＝「夢」の時代の象徴として、「未完のイメージ」を付与されることで、「昭和ノスタルジア」が増幅されていくことになる（日高勝之 2014）。

日本電波塔としての東京タワー

しかし、こうして量産される東京タワーの「昭和ノスタルジア」言説は、あることを決定的に見逃がしている場合が多い。それはこの塔の正式名称が示すように、東京タワーが「日本電波塔」であるということである。すなわち、東京タワーとは都市のシンボルとしての聖性をもつ前に、広範囲に電波を行き届かせるために天高く屹立した、きわめて実用的な塔である。今日にいたるまで東京タワーのイメージは、本来の電波を届ける実用的機能は後景化し、むしろ、下界を眺望する装置、あるいは東京の復興のシンボルとしての神話が前景化してきた。本来は遠くまで電波を伸ばさなければならないという放送の特性が、塔という建造物として都市東京を代表する装置となっていったのである。この点が本書でも考えられなければならない一九五〇年代のテレビと東京の一断面（＝

東京のなかのテレビ）である。

そもそも一九五八年に東京タワーが建設される以前には、NHKと日本テレビの鉄塔が東京の都市空間に建っていた。とくに社屋に併設された日本テレビ放送網の鉄塔（千代田区麹町）には、すでに後の東京タワーのように観覧台が設けられ、観覧客は一日三〇〇〇から五〇〇〇人にのぼっていたという（日本テレビ放送網株式会社社史編纂室編 1978: 45）。この着想をしたのが正力松太郎（日本テレビ初代社長）で、当時の新聞には、完成をみた鉄塔の展望台にてたたずむ正力の姿が写真に収められている（『読売新聞』一九五三年一二月一日夕刊）。

しかし、ここに東京放送（一九五五年）が開局し、その鉄塔がさらに建てられたとき、政界からも異論がでるようになった。このままいけば、日本教育テレビ（一九五九年開局）、フジテレビジョン（一九五九年開局）、東京一二チャンネル（一九六四年開局）など、東京の空にはいくつもの電波塔が乱立することになり、東京の航空路にも支障をきたし、都の美観からも好ましくない（日本テレビ放送網株式会社社史編纂室編 1978: 113）。こうした電波塔の乱立を防いで一元化し、総合電波塔の構想を打ちたてたのが、当時郵政省電波監理局長の浜田成徳であった。これに財界が動き、日本工業新聞社の前田久吉を社長として「日本電波塔株式会社」が設立された。その後、前田は増上寺とかけあい、東京・芝の約七〇〇〇坪の敷地に、東京タワー建設を主導していくことになる。こうして「戦後東京の象徴」として語られることが多い東京タワーは、言うまでもなく、きわめて「テレビ史」的な設立の経緯があったことが分かってくる。

ただし、人びとにとっては東京タワーが電波塔であるか否かはあまり関係がなかった。塔の先端から約八〇メートルがテレビ局用の送信用アンテナであったとしても、それは展望台からは見えない範囲のことである。むしろ展望台にのぼる人びとの視線は上にではなく、下に向けられていた。一九六二年三月二九日、昭和天皇・皇后が東京タワーに「行幸路」したときも、望遠鏡から眼下の東京を眺望した。その三年後の一九六五年七月一九日、今度は皇太子妃美智子もまた、幼き徳仁を連れて東京タワーを訪れたが、そこでも天皇家が見たものは十数年前に焼け野原になった東京の復興であり、眼下に広がる近代都市・東京の姿であった（日本電波塔株式会社編 1977）。少なくとも、電波塔への興味はなかったはずである。こうして電波塔であることが脇に置かれたまま、東京タワーは名実ともに、首都東京の中心点となった。一九五八年頃に描かれた「東京展望図」（東京都江戸東京博物館編 2012）を見てみても、その中央には赤く東京タワーが描かれている。

その結果、この新しい塔は、当時、さまざまなイメージのなかで描かれていくことになる。これは東京の象徴ゆえに、想像力を喚起する魅惑の塔として表象されたことを意味する。その代表作が『ゴジラ』であろう。水爆実験によって眠りを覚ました巨獣が東京を襲うとき、きまって東京タワーを破壊した。興味深いことに、東京タワー建設前、初代ゴジラ（一九五四）は日本テレビ放送網の鉄塔を襲っている。芝浦から上陸し、銀座を破壊した初代ゴジラは、国会議事堂を抜け、そのまま千代田区麹町の日本テレビ塔へと向かった。劇中、テレビ中継地点でもあった鉄塔を襲い始めるゴジラは、まるで情報源と都市の象徴を担う両義的な「塔」の存在を熟知していたかのようである。

その後、東京タワーの建設を知ったゴジラは東京タワーへと標的を変え、何回も破壊を繰り返していくことになる。これはゴジラ以外の怪獣についても同様で、例えばモスラ（一九六一）は東京タワーに繭をつくって破壊した。こうしたゴジラをはじめとする巨大怪獣の来迎を、中沢新一は東京タワーが死霊の地に建設されたことから、「タナトスの塔」として読み解いた（中沢新一 2005）。巨大爬虫類や蛾の怪物は、自らの「死と再生の秘儀にふさわしい場所」として、東京タワーを選んだのである。このようにイメージのなかの東京タワーは、電波塔である意味をまったく剥奪され、死霊の地や破壊の対象としてのみ描かれていった。電波を行き渡らせるために空高くそびえ立たざるをえない日本電波塔が、結果として、戦後東京を象徴する都市の装置となったのである[5]。

幻の「正力タワー」

電波塔としての意味を忘れ、「高さ」を希求することに憑りつかれた人間は、その欲望の渦へと埋もれていく。かつてロラン・バルトがエッフェル塔を「空虚な記念碑」と言ったように（Barthes 1964=1997: 22）、東京タワーもまた空虚な電波塔であった。さらに空虚な「高さ」への欲望を示した人物が、正力松太郎であった。彼の晩年にはこの高さへの欲求しかなかったと思われる。第一に正力は、生前最後まで日本テレビが東京タワーから電波を発射することを拒みつづけた。新設局はどのみちテレビ塔が必要になるが、日本テレビのような先発局は自前で建てた塔が無駄になり、解体費用もかかる。「最初にテレビ塔を建て、展望台まで設け、東京名物としたのにそれをさしおいて」と正力は東京タワーを相手にしない（猪瀬直樹［1990］2013: 366）。そこで正力が仕掛けた一手が、「正力タワー」の建設であった（図1-5）。

「男というのは、空前絶後、歴史の残る仕事、一つしかないといわれる仕事を、やるかどうかが問題なのだ」――正力は常々こう語っていたといわれる。その生得のロマンチシズムが、齢八〇をこえて人生の最晩年を迎えるにおよんで、ひとしお高揚したのが正力タワー建設計画であった。(日本テレビ放送網株式会社 1984: 7)

正力タワーは新宿区東大久保の社有地に総工費二五〇億円を投じ、東京タワーの一・七倍、当時世界最高のモスクワのテレビ塔(五三七メートル)をさらに上回る五五〇メートルの世界一の塔構想であった。一九六八年五月、正力はこの世界一の「正力タワー」構想を発表する。もちろん、見せかけの名目は関東地方の難視聴地域の解消とされた。正力は次のように述べていた。

五五〇メートルの塔から電波を出してみろ。きれいな画がうつって大衆が喜ぶ。すべては大衆の利益のためにやるんだ。もしも、NHKをはじめ、各局がいっしょに入れてくれと、頼んできたら入れてやるよ。一部の局では、ワシのところに頼んできたところもあるんだ。(…)正力はホラばかり吹いて、一向に実現せんという批判もあったが、これで間違いなくできることになったから安心したまえ。とにかく、日本テレビは日本のために、大衆のためにやるんだ。まあ、見ていてくれたまえ。(日本テレビ放送網株式会社 1984: 9)

たしかに正力の言うように、当時、電波のＵＨＦ帯への移行とともに難視聴地域の対策が必要であった。ＶＨＦ帯よりも波長が短く直進性が強いＵＨＦ帯は、カバーできる都市範囲が狭く、より高い塔を建てる必要があった（日本テレビ放送網株式会社 1984）。いわばテレビによる「同時性」のネットワーク空間をさらに拡げる必要はたしかにあった。

しかし、それ以上に正力にとって、晩年自らの名前を冠した高さ世界一の塔を建てることのほうが魅力的であったに違いない。もし本当に大衆のためにと言うのであれば、わざわざ自分の名前を付ける必要もない。結局、正力タワー構想は、一九六九年一〇月九日の正力の死をもって破綻する。電波塔を名目とした「塔の思想」がいったん終焉を迎えたのである。しかし、東京はまた「塔」という放送装置を必要とした。それが二〇一二年竣工の「東京スカイツリー」の建設であったのだが、この経緯は第４章にて詳述することにしたい。

図 1-5　正力タワーの完成図
――『読売新聞』1968 年 11 月 29 日朝刊

放送センターの建設――一九六〇年代前半のＮＨＫ

一九五〇年代から六〇年代、放送装置として完成したのは「塔」だけではなかった。見過ごされがちだが、「テレビ局舎そのもの」も〈東京〉にとって重要である。テレビ放送の開始以来、さまざまな放送事業者が東京の都市空間に本社を構えてきた。例えば一九五三年に開局した日本テレビは東京都千代田区二番町（旧早川満鉄総裁邸）に、一九五五年開局のラジオ東京（ＴＢＳ）は東京都港区赤坂一ッ木町（元近衛第三連隊跡）に、一九五九年開局の日本教育テレビは港区麻布材木町に、フジテレビジョンは新宿区市谷河田町に社屋を建設した。そして一九六四年、在京民放で五番目に開局した東京一二チャンネルは、東京都港区芝公園の東京タワーの敷地内に「東京タワー放送センタービル」を建設した。民放各社は新社屋の場所選定にあたって、敷地の広さや交通の便などを意識するとともに、東京のどこから情報を発信すれば放送局の地位を高められるかということに自覚的であった。

こうしたなかで一九六〇年代前半、オリンピックに向けた大規模な首都改造事業のさなか、ＮＨＫの社屋建設をめぐる動きは見逃せない。ＮＨＫは一九六〇年代前半のオリンピック景気をめぐる都市改造の波に乗り、激変しつつあった渋谷近辺において「ＮＨＫ放送センター」の建設を一気に加速させていくことになったからである。これはオリンピック放送の中核を担う放送産業が首都改造計画にうまく乗り入れる形で実現した、一九六〇年前半特有の「東京のなかのテレビ」の様相であった。

ＮＨＫは一九五八年頃から、放送事業の拡大とともにスタジオ増設の必要を感じ、当時の内幸町の局舎からの移転を模索していた。二万坪程度必要とされた敷地面積を狭隘な東京のなかから探すのは当然限られ、その候補地として浮上したのが、港区麻布の新龍土町のハーディ・バラックス(Hardy Barracks)であった。ハーディ・バラックスは旧日本軍の歩兵第三連隊の敷地で、戦後、占領軍によって接収されたまま広大な土地として残され、近い将来、全面返還が見込まれていた。NHKは来たるオリンピックに備え、この跡地に新社屋を建設することを決め、約二万坪の用地の払下げを申請した。

しかし、ここでNHKにとって不利な事案がいくつも発生してしまう。第一に、当時千葉県にあった東京大学生産技術研究所が移転し、跡地の半分を占めるようになってしまったこと。第二に、東京都が隣接する青山霊園を考慮して、将来、この跡地に緑地帯を造る要望を出してきたことである。その結果、九〇〇〇坪あまりにNHKへの譲渡分が縮小され、さらに在日米軍星条旗新聞社の代替地として二三〇〇坪が削られることになり、結局、NHKが新社屋に充てられる土地は六七〇〇坪あまりに縮小されることになった。これではオリンピックで海外放送局の窓口ともなるNHKの放送センターとして狭すぎるとの結論に至り、NHK内では、次の候補地を探し始めた。この時点で一九六一年九月、オリンピック開催まであと三年あまりと迫っていた。

このNHKの受難に転がり込んできた「好運」が、東京・渋谷のワシントンハイツ(Washington Heights)の返還であった。もともと代々木練兵場であったワシントンハイツは、占領軍将校たちの宿舎となっていたが、一九六一年、米軍が全面返還に応じる姿勢を見せてきたことから、東京大会の組織委員会は埼玉県朝霞市に作る予定だった選手村を急遽、ワシントンハイツ跡地に建設する方針に転換した。この決定を受けてNHKは、ワシントンハイツの一部に新社屋を建設することを要望した。[6] それは放送の拠点を、オリンピックの主競技場や選手村に直結した地点に置きたいというNHKの強い欲望であったことは言うまでもない。ワシントンハイツは、そのための絶好の場所であった。一九六〇年代前半、こうして東京のなかでどこに放送事業の拠点を置くかということをめぐって、東京オリンピックの中心地である渋谷周辺に照準が定められていくことになったのである。

一九六〇年代の〈渋谷〉

一九六二年一一月二七日、NHKから政府に、ワシントンハイツ跡地での放送センター建設に関する申請書が提出された。この決定に反発したのが、東京都知事の東龍太郎をはじめとした東京都議会であった。その最大の根拠は、すでに政府と都議会との間に交わされていた「覚書」にあり、その覚書とは、選手村を朝霞からワシントンハイツへ移すにあたり、固有財産ゆえに同敷地をオリンピック後に森林公園とし、その管理を東京都に委ねるというもので、一九六一年一〇月に閣議決定されていた。

都議会ではすでに決定された事案を覆すことへの反発から、NHK放送センターを建設することへの反対の意向を政府に伝えた(『朝日新聞』一九六三年一月一五日)。またオリンピック組織委員会の施設特別委員長であった岸田日出刀も、このNHKの「割り込み」に強く反対した。[7] もしNHKに譲渡を認めてしまうと他の施設が入りこむ口実となってしまうことへの懸念もあった。この代々木に生まれた土地は、誰もが欲しがる、当時の東京における一等地であることは言うまでもない。

それゆえに、オリンピック後には森林公園として共有化されなければならなかったのである。

都議会を中心に広がる建設反対の声に対し、政府はオリンピックにおける「テレビの重要性」を繰り返し強調することで、乗り切ることになった。結局、政府が都議会を説得する形で、一九六三年二月二五日、ワシントンハイツ跡地にNHK放送センターの建設が承認された[8]。放送センターはオリンピック後も引き続き使用することが決定し、オリンピックまでに第一期工事、その後を第二期工事として、世界最大級の放送センターの建設が始まった（図1-6）。第一期工事では、地下三階、地上四階、延べ一万六五〇〇坪程度、テレビスタジオが八つ、ラジオスタジオが七つとして建設が開始された。

図1-6　建設途中のNHK放送センター——DVD『東京風景　1962-1964』

以上の決定を受けて、東龍太郎は次のように述べている。「オリンピックの後、選手村は森林公園となることにきまっている。この土地をNHKのために一部さくことは忍び難いが、認めなければ、オリンピックの開催そのものがあやうくなるというので、やむをえず認めた」（『朝日新聞』一九六三年二月二六日朝刊）。時々刻々と東京オリンピックの開催が迫るなかで、テレビ局は閣議決定を覆すほどの重要なアクターとして都市空間に存在するようになったことが分かる[9]。

一九六〇年代前半、東京オリンピック放送の中心は明らかに〈渋谷〉であった。放送の拠点を競技場付近に確保し、N

ＨＫは国内外の放送権を掌握することによって、先の「擬似環境」を創出した。全国民にすばやく東京での祭典を伝えるため、競技場近くに置かれたテレビ局が果たした役割は大きかった。結果、七五〇〇万人もの人びとが見る「テレビ・オリンピック」が成功したのはすでに見たとおりである。しかし、事後的に見て、この移転が成功したかどうかは定かではない。茫漠とした東京の中心は、つねに変動する。一九六〇年代前半に祭典の中心だった渋谷が、現在、放送の勘所としてふさわしいか、その判断は難しい。第3章で述べるように、〈お台場〉を筆頭に、〈六本木〉、〈赤坂〉、〈汐留〉といった一九九〇年代以降の民放各局の拠点は、時代の変動に呼応した結果である。

ただ、ここまでの議論をもう一度繰り返せば、一九六〇年代において、明らかに東京の中心を押さえることに成功したのがＮＨＫであった。「東京タワー」と並び、「ＮＨＫの放送センター」の建設は、一九五〇年代から六〇年において巨大産業となりつつあったテレビの位置を高め、〈東京〉を措定するための重要な放送装置となったのである。

2 初期ドキュメンタリーが描く〈東京〉

ここまで見てきたように、一九五〇年代にテレビ放送が開始し、ネットワークによって〈東京〉を中心とした「同時性」空間が誕生した（＝テレビによる東京）。この「同時性」空間を演出するために、東京には塔や放送局舎が建設され、それ自体が東京にイメージを与えていく（＝東京のなかのテレビ）。では、一九五〇年代から六〇年代の「テレビ番組」のなかで〈東京〉はどのように描かれていたのか。続いて一九五〇年代から六〇年代の「テレビのなかの東京」について考えてみたい。当時、番組のなかでも、〈東京〉を措定しようとするテレビのまなざしがあった。

2-1　NHK『日本の素顔』にみる東京

一億総白痴化の反響

一九五〇年代に放送が開始したテレビ番組では、東京が頻繁に描かれていた。とりわけ初期テレビ・ドキュメンタリーの代表的な番組であるNHK『日本の素顔』（一九五七〜六四）を見てみると、興味深い事実が分かってくる。

よくテレビ史で語られるように、一九五〇年代のテレビ番組は人びとに必ずしも好意的に受けとめられていなかった。とくにテレビが青少年に及ぼす悪影響など、何かの社会問題が起きるたびにテレビとの因果が指摘され、テレビの罪過が叫ばれた[10]。こうしたなかで有名になったのが「一億総白痴化」運動であった。大宅壮一は『週刊東京』一九五七年二月二日号のなかで、テレビは「紙芝居以下の白痴番組」が毎日ずらりとならび、「一億白痴化」運動が展開されていると痛烈に批判した。

大宅自身が後に語ったように、一九五〇年代のテレビが白痴番組だと大宅が感じたのは、日本テレビ『何でもやりまショー』（一九五三〜五九）を見たときであった。早慶戦で出演者がわざと慶應側の応援席で早稲田の旗を振って騒動を起こし、それを一部始終カメラに収めた回をたまたま見た大宅は、こうしたテレビの視覚的遊戯が、白痴化運動であるとして厳しく非難したのである。

> 新しいマスコミとして登場したばかりのテレビは、眼でみるという特性からも、当然まず「興味」で人を釣ることを考えた。（…）視覚の刺激の度＝視る興味も、質を考えずに、度だけ追っていくと、人間のもっとも卑しい興味をつつく方向に傾いていく結果にもなる。（…）テレビというメディアは、マスコミの中で、こういう人間の低い興味と接触する機能を、本質上もっとも多く持っている。（大宅壮一 1958: 10-1）

この「一億総白痴化」という厳しいレッテルは、初期のテレビ番組の方向性を決定づけた。学者や知識人だけでなく、一般の人びとも巻き込み、放送の問題点をあげつらう議論へと発展したのである（加藤秀俊 1962）。こうしたテレビに対する軽視、嫌悪、忌避の喚起が、政府に放送の規制措置をとらせる口実を与えることになり、一九五九年三月二三日の放送法の改正へとつながっていく。この放送法の改正は一九五〇年代末の番組内容に変化を与え、なかでも特筆すべきは番組の向上適正化を図るために「善良な風俗（を害しない）」という文言が加えられたことであった（『朝日新聞』一九五九年二月一一日）。一九五〇年後半、テレビ番組はこうして教養化への舵を切ることになる。

例えばテレビ朝日の前身である日本教育テレビ（ＮＥＴ）が「教育番組」を旗印に掲げ、一九五九年に開局したことがその証左である。一九五〇年代末、テレビは「善良な風俗」を旗印に、番組制作をすることになり、そのなかで始まったのが、テレビ・ドキュメンタリー・シリーズNHK『日本の素顔』であった。この番組は日本初のテレビ・ドキュメンタリーとして、世相、政治、医療、福祉、労働といった多彩なテーマを毎週取りあげつづけた。この番組で描かれる〈東京〉から、当時のテレビの東京への視線を確認することができる。

都市下層を捉える——バタヤ、水上生活者

NHK『日本の素顔』とは、一九五七年一一月から一九六四年三月まで、三〇六回にわたって放映されていた三〇分間のテレビ・ドキュメンタリー・シリーズである。この番組は日本におけるテレビ・ドキュメンタリーの草分けとして知られている。シリーズの趣旨は「テレビによる国民総白痴化とまで極言される一部の人々に対する抵抗の最前線に立った」(『NHK年鑑』一九六〇年度版)とあるように、当時の「一億総白痴化」言説への明確な反発として始まった。まず、『日本の素顔』で描かれる〈東京〉を見ながら、一九五〇年代後半の「テレビのなかの東京」について確認したい。『日本の素顔』において〈東京〉が主題となった番組はいくつかあるが、これらの番組では、東京の「どこ」を「どのように」描いていたのか[11]。

同シリーズでもっとも早い段階で〈東京〉を描いていたのは、『日本の素顔　ガード下の東京』(一九五八年六月一日放送)である(図1-7)。この番組は、一九五〇年代末の東京を「ガード下」の様相から描いたものである。当時の東京のガード下には、闇市に代表されるように、さまざまな社会階層の人びとが混在し、独特の風俗と文化があった。番組では、新橋駅のガード下にある英会

話学校、御徒町駅付近のガード下の商店街、サラリーマンが集うガード下の居酒屋などを「東京の縮図」として描いていく。番組の冒頭、ナレーションは次のように言う。

電車に乗っている人には絶対に見えない場所、それは線路の下です。線路の下の様子はどんな地図にも書いてありません。しかし、その線路の下には大東京の縮図とさえ言えるほどの、さまざまな生活と風俗が拡がっているのです。

一九五八年に放送されたこの番組は、ガード下という都市空間の一画に、大都市・東京の縮図を読み解いていく。しかし、こうした断片的なガード下の様相を描きつつも、番組では中盤、一転して暗い雰囲気につつまれることになる。その暗い画面上に映し出されるのは、籠を抱えてガード下を徘徊する人びと、バタヤである（図1-8）。バタヤとは、街のごみ箱などから拾い集めた紙くず・空き缶などを売ることで生計を立てる人びとのことである。一九五八年当時、「「国民の中で、一番偉い人は大臣、一番卑しい人はバタヤ」というのが、今日の日本の通り相場らしい」（松居桃楼 1958: 180）と書かれていたように、一九五〇年代の東京においてバタヤは、最も卑しい職業の一つとして見なされていた。

番組のナレーションでも、バタヤを「八〇〇万都民の生活の澱」とまで表現し、大東京の縮図の

図 1-7　NHK『ガード下の東京』（1958）

最下層として描いていた。番組のカメラはバタヤたちを一定の距離を保ったまま執拗に映しだし、一方、バタヤたちは自分たちに向けられたカメラを申し訳なさそうに一瞥する。この番組において描かれる〈東京〉には、ガード下の東京の風俗を描きつつも、そこに住まう都市下層の人びとの生活が登場し、彼ら／彼女らを「東京の問題点」として回収しようとする視線があった。

こうした構図は、実は、『日本の素顔』の他の回で描かれる〈東京〉でも同様であった。例えば、『日本の素顔　川に映った東京』（一九五九年一〇月一一日放送）では、近代化がすすむ浅草と対比して、隅田川に住む水上生活者たちが映しだされている（図1-9）。水上生活者とは、船を生活の拠点とし、働く場も寝食の場も船上とする人びとのことである。

図1-8　バタヤ（『ガード下の東京』）

バタヤと同様、当時の東京にあって、最も卑しい人びとと見なされていた。番組内でも「彼らの生活はまさに最低生活。船の艫にあるセジという穴倉が住処です。マンモス東京のど真ん中にこんな生活をしている人々がまだ一五〇〇所帯もあるのです」と蔑んで語られている。そこには、水上生活者たちの歴史的背景やライフスタイルは一切無視し、住まいを「穴倉」と呼び「最低生活」とまで言い切る、初期テレビ番組のまなざしを確認できる。

他にも、『日本の素顔　上野～裏窓の世相』（一九六〇年一一月一三日放送）では、上野に住むさまざまな浮浪者が登場し、「ドヤ街にも泊まれない、いわば日本の最底辺の人たちです」というナレーションが付されている。さらに、この番組のラストシーンでは浮浪者たちを「東京の問題点」として言及し、「もうとっくの昔解決したと思っていた問題が、実は未解決のまま山積している」と視聴者に強く語りかけていた。

以上のような、初期テレビ・ドキュメンタリー『日本の素顔』で描かれる〈東京〉から読みとれるのは、都市空間における「前近代」を言及し、問題化しようとする一九五〇年代末のテレビ番組の視線である。東京のなかでもガード下、川（隅田川）、上野といった独特な場をその撮影場所として選定し、バタヤや水上生活者、浮浪者といった都市下層の人びとが「彼らの生活はまさに最低生活」「日本の最底辺の人たち」などと蔑まれながら、番組のなかで描かれていた。

図1-9　水上生活者（NHK『川に映った東京』（1959））

この一九五〇年代末における番組のなかの〈東京〉（＝テレビのなかの東京）では、視線が前近代的なもの（都市下層）に向けられていた。東京のなかでも近代と非近代的なものが同時に見られる場所にカメラを据えて、そこに住んでいる人びとを近代都市から取り残された問題として言及する。すなわち、テレビのなかで「東京はこうあるべきだ」と規定され、それに合わない対象は徹底的に糾弾されていた。ここには放送法の改正に端を発した、教養色の強い一九五〇年代末の初期テレビ・ドキュメンタリーにおける東京の「下層の可視化」のまなざしを確認することができる。

初期テレビのゆがんだ視線

なぜ一九五〇年代後半においてテレビ・ドキュメンタリーでは「都市下層」から〈東京〉を切り取ろうとしたのだろうか。もちろん、ここには先の一億総白痴化にともなう「善良な風俗」という放送法の改正による影響が大きい。ただ、この日本初のテレビ・ドキュメンタリーがもつ固有の視線と当時の視聴空間にも注目しなければならない。

そもそも『日本の素顔』が開始する以前、「テレビの社会番組といえば、ほとんどが対談、座談の〝おしゃべり形式〟だった」（『朝日新聞』一九五七年一二月一五日）。しかし、『日本の素顔』はこうした形式を脱し、制作者たちはそのスタイルを「フィルム構成」と呼ぶことで差別化した。そのため『日本の素顔』は独特な番組構成を確立し、「映画的でない画面構成に豊富なコメントを流し、両者の拮抗作用から生まれる独特の迫力を利用して、テレビ的な社会批判を行ない、コミュニケーションの新しい開拓に成功した」（塩沢茂 1968: 121）。

『日本の素顔』固有の特徴は、番組制作の方法にあった。『日本の素顔』を第一回から手がけたディレクターの吉田直哉は、テレビ的な社会批判を行なうにあたって、「作業仮説」と呼ばれる方法を採用したと述べている。作業仮説とは、自然科学で用いられるような、事実の収集と絶えざる観察によりまず仮説を立て、その仮説を実証するための実験を繰り返し、真理へと導いていく方法論である（吉田直哉 1973: 56）。この方法論によって、初めて水俣病の実態を体系的に報告した『日本の素顔　奇病のかげに』（一九五九年八月九日放送）など、後世に語り継がれるドキュメンタリー番組が生まれた。

しかし、こうした自然科学の方法は、ある問題を抱えていた。そもそも自然科学の方法は、対象を外側からまなざすため、対象に向ける視線はきわめて客観的とならざるをえない。水俣病の「原因」を追求する場合、その客観的な視線は効果的で、当時の新聞報道ではまだ報じられることの少なかった「工場排水の危険性」への言及を可能にした。しかし、対象が「人間」となると事態は複雑になり、客観性と称した権力が生まれることになる。その結果、吉田も後に述懐しているように、意識するとせざるとに関係なく、『日本の素顔』の取材対象の多くは「異常民」となった（吉田直哉 1973: 315）。『日本の素顔』で描かれる東京の対象が、先に見たような、バタヤや水上生活者、浮浪者といった異常民（都市下層）の観察へとそのまなざしを向けていたことの意味がここで理解できる。初期テレビ・ドキュメンタリーで〈東京〉の対象を捉えるということは、異常民を捉えることにほかならなかったのである。

しかし、このような初期テレビのまなざしは、一九五〇年代後半のテレビの視聴空間と照らし合わせて考えると、決して『日本の素顔』がもっていた方法論だけに帰結することはできない。一九五〇年代後半の白黒テレビの普及率は二〇パーセント以下であり、まだ決して高くない。とくに『日本の素顔』が始まった一九五七年一一月時点でのテレビ契約者総数は二二万八七一〇、そのうち「智能労務者」が全体の四八パーセントを占めていた（『東京都統計年鑑』一九五八年度版）。これはまだテレビが一部の富裕層のみに所有される、高価なメディアであったことを意味している。

一九五七年に東京大学新聞研究所で行なわれた調査によれば（高橋徹ほか 1957）、一九五〇年代後半の視聴者は、自分よりも「劣る」出演者を好む傾向にあったという。当時の視聴者は、ブラウン管の向こう側の出演者と自分を比較し、優越を感じる瞬間に反応した。つまり、一九五〇年代のテレビでは、一部の特権的な富裕層たちが共有する、独特の視聴空間があった。これを〈東京〉との関係で捉えれば、一九五〇年代後半のテレビのなかで「都市下層」の人びとが頻繁に登場したのは、テレビによって「東京とはこうあるべきだ」と規範化され、視聴者が彼ら／彼女らを見下そうとする視線があったからである。一九五〇年代後半の「テレビのなかの東京」には、制作者と視聴者が共犯となって作りだす「下層の可視化」という視線が存在した。一九五〇年に美空ひばりが「東京キッド」で明るく歌った戦争孤児は、高価なテレビのなかでは許されない東京の社会問題であったのである。

2-2 輝かしい東京のイメージへ

見えなくなった都市下層

ここまで見てきた一九五〇年代末のテレビで描かれる「都市下層」は、別の側面からも確認できる。東京の問題点を言及していた初期のテレビ・ドキュメンタリーは、一方で、それらを意図的に「見えなくする」ことでも〈東京〉を措定したからである。つまり、一九六〇年代に入ると、オリンピックに向けて都市下層を取りあげること自体が東京イメージにとってマイナスとなり、テレビ番組ではその反転として、輝かしい東京の姿をしきりに映すようになっていく。先の『日本の素顔』のまなざしが「東京とはこうあるべきだ」という視線であったとするならば、とりわけ一九六〇年代前半の番組群の東京へのまなざしは「東京はこうだ」と決めつける視線であった。ただし、これらは共通して、〈東京〉を措定しようとする枠組みにあった。

ここに、それを裏付ける象徴的なテレビ番組がある。岩波映画製作所によって制作された二本のテレビ・ドキュメンタリー番組『日本発見　東京都』（一九六二）である。『日本発見』シリーズは、一九六一年六月四日から六二年五月二七日まで、日本教育テレビで日曜の午前一〇時から放送された、三〇分の地理番組である。第一回の高知県から始まって、最終回の沖縄まで全五五回が放送された（うち、東京湾、瀬戸内海などを含む）。ここで注目したいのは、このなかの一つとして放送された『東京都』について、番組スポンサーの意向によって制作のやり直しが求められたことである。つまり、『東京都』は一度制作されたものの破棄されお蔵入りとなり、まったく別の番組として作り直された。この『東京都』が作り直されたという事実に、一九五〇年代後半から六〇年代前半へと向かう「テレビのなかの東京」の論理が隠されている。

以下、それぞれの番組の監督名（演出家名）をとって、当初のものを〈土本版〉、作り直したものを〈各務版〉と呼ぶ[12]。土本版から各務版へどのように東京イメージが改変され、そして、それが一九六〇年代の「テレビのなかの東京」にとって、どのような意味をもったのか。

土本版と各務版を比較するなかでもっとも注目すべきは、各務版において「何を描かなくなったのか」という点にある。この点にこそ、当時の「テレビのなかの東京」をめぐる隠れた論理がある。端的に言えば、土本版の東京は「地方上京者の目からみた東京という描き方の暗さ」（土本典昭 1988: 257）に原因があるとしてお蔵入りとなった。土本版が捉えた東京は、盛り場の大衆食堂で働く若者たち、食堂で働くウェイトレスたち、深夜の工事現場の作業員たちの現実であった（図1-10）。彼ら／彼女らの労働は深夜にまで及び、土本は労働後の彼ら／彼女らの生々しい声を拾っている。土本が捉えようとしたのは、地方から上京した労働者によって支えられている闇の東京だった。この構図が、改訂後の各務版では全面的に否定されていく。土本典昭は次のように述べている。

図1-10　NET『日本発見シリーズ　東京都1』(1962)

昔からの東京の良さとか何とかっていうことには一切触れず、東京を支えているのは夜間労働者であり、地方から来た人たちであり、そういう人たちの人権もへったくれもない職場で、休み時間には雑魚寝をしながら深夜まで働いているとか、そういう陰のシーンにもキャメラを向けた。（…）そうしたらスポンサーが、「世界に冠たる大東京が、地方の人間の寄せ集めで成り立っているというのは、いくらなんでもひどすぎる」って。どこをカットしろっていうレベルじゃなくて、「全部気に入らない」って言うから、僕には直せませんでした。しょうがないから、他の監督が全部作り直しました。（土本典昭・石坂健治 2008: 70）

東京が夜間労働者や地方上京者によって支えられていること

を捉えた土本版は、当時のスポンサーが考える「世界に冠たる大東京」のイメージにはそぐわなかった。その結果、改訂された各務版では、夜間労働者や地方上京者たちがすべて番組で見えなくなった。すなわち、各務版では、夜間労働者や地方上京者たちを「描かなく」なった。こうして夜間労働者たちを意図的に排除した各務版は、東京の政治、経済、歴史などといった機能面に焦点を絞った、当たり障りのない番組へと変更された。

各務版の東京では、まず「おのぼりさん」が東京駅のホームに到着するシーンから番組が始まる。番組では、観光バスに乗りながら窓の外に広がる東京の風景を見る「おのぼりさん」の目線で、東京が捉えられていく（図1－11）。宮城（皇居）、霞が関、銀座――。おのぼりさんたちの目線で捉えられる東京は、断片的で、紹介的で、きわめて表層的である。土本版から各務版へといたる過程のなかで、東京イメージは労働者から観光者へと、明確に切り口を変化させたのである。

以上の一九六二年の『日本発見』に見られる東京イメージの変化は、一九五〇年代末から一九六〇年代前半にかけて、しだいに労働者たちから目を逸らそうとするテレビのまなざしとして見ることができる。東京オリンピックの開催を間近に控え、視聴者の意識が対世界へと向き始めていたなかで土本のように労働者から〈東京〉を描こうとする番組は負のイメージを与えかねない。むしろ、家郷を喪失したウェイトレスたちの現実を意図的に見えなくすることによって、テレビは〈東京〉の輝かしい都市としての側面を強調していくことになったのである。これはまさに、テレビによって映しだされる近代都市・東京の光の部分であった。テレビのなかで「東京はこうだ」と意味づけられ始めたのである。

都市の「病理」を視ること

ここまでの初期テレビ・ドキュメンタリーをめぐる議論を、当時の都市社会学との類比としてまとめてみたい。『日本の素顔』や『日本発見』の都市下層へのまなざし（とその排除）は、〈東京〉にとっていかなる意味をもっているのか。同時代の日本の都市社会学の学問的なまなざしとの近接から見てみたい。なぜなら、どちらも近代都市・東京の「社会病理」を解明しようとする論理で共通していたからである。

図1-11　NET『日本発見シリーズ　東京都2』(1962)

草創期から日本の都市社会学を牽引した一人が、磯村英一である。磯村は「日本都市社会学の第一世代」として、東京を主な研究対象として都市と社会学をつなぐ重要な役割を果たした。奥田道大によれば、磯村の都市社会学研究は三つの時期とテーマに分類され（磯村英一 1989b: 899-906）、第一期は都市の下層社会、とくに貧困とスラム問題の事態調査と政策形成。第二期は都市社会学、都市社会計画、都市学の体系的研究。第三期はヒューマン・セッツルメントとしてのコミュニティ研究、同和と人権・差別問題の解明と実践的取り組み、であった。ここで特筆すべきは、磯村の第一期の研究群である。

第一期の磯村都市社会学の研究は、東京市役所時代の研究群（「浮浪者に関する調査」「児童連行の乞食に関する調査」（一九二二〜））から始まり、その後の大学での初期研究群『都市社会学』

（一九五三）や『社会病理学』（一九五四）、『性の社会病理』（一九五八）などが含まれている。ここでの磯村の問題関心は、浮浪者や貧民窟、スラムといった都市下層社会へと向けられ、先に見た『日本の素顔』の吉田直哉や『日本発見』の土本典昭と同じ目線であった。一九二〇年代、銀座のモボ・モガとは対照的な浮浪者や乞食に関するフィールドワークを行なった磯村は、戦後に入ると、「社会病理」の名のもとに日本都市社会学の体系化を図っていく。その主要な業績が『都市社会学』や『社会病理学』など、一九五〇年代に集中していたことは見逃せない。磯村自身の言葉を借りれば、「人間の生活の〝メタボリズム〟（自然淘汰）による下層階層への〝転落現象〟となる、それを底辺社会としてとらえる」活動であった。さらに磯村は「社会病理学」について次のように述べていた。

現実に発生している病理現象の大部分は、都市社会の問題といって差し支えない。（…）〝バタヤ〟（廃品回収業）の生活を研究の対象としたとする。この仕事の資源となる〝廃品〟は、都市のような多数の人間の集積のなかでなければ把握できない。（…）すなわち、バタヤ生活の研究は、都市のメカニズムの一部によって形成されるもので、その一人一人の生活をとらえても、何ら社会学的理論形成の役に立たないのである。（磯村英一 1989a: 13-4）

ここにおいて初期磯村都市社会学とは、バタヤなどの都市下層をまとめて「社会病理」と名指し、それらから都市全体のメカニズムから解明していこうとする学問的姿勢であったことが分かる。当時、農村社会学が主流であった研究状況のなかで、「社会病理」から都市社会を見ていこうとした一九五〇年代の磯村の視点は、明らかにシカゴ学派の人間生態学からの影響を受けたものであったが、この都市下層へのまなざしこそが、前述の『日本の素顔』や『日本発見』の土本にも共有された視線であった。磯村自身も調査していたように、敗戦後、東京には多くの浮浪者が存在し、一九五〇年代に入ってその数は減少したものの、依然として都市に存在する「病理」にテレビ・ドキュメンタリーも目を向けていた。復興した首都東京に敗戦の色をまだ残す浮浪者や下層民、労働者たちの存在は、輝かしい近代都市として「問題」であったのである。

これにホワイトカラーの多い当時のテレビ視聴者像を考え合わせれば、先に見たように、映しだされた下層民を自分との関わりのなかで劣者とみなし、自らを近代的人間として優位に立とうするテレビの視線を見ることができる。丹羽美之が的確に指摘したように、初期のテレビ・ドキュメンタリーはきわめて啓蒙主義的な思想に彩られていた。とりわけ『日本の素顔』は、「前近代日本が自らのうちに抱え込む非合理を他者（「彼ら・彼女ら」）として描き出すことによって、視聴者がその反対物として、すなわち「合理的」な「私たち＝日本人（市民）」として想像的に自己定義していくプロセスに力を貸している」（丹羽美之 2001: 172）。

『日本の素顔』とは戦後近代への啓蒙だったのであり、磯村が民生局長として都市病理の解明したように、〈東京〉の都市問題を改善する目的があった。ここからは一九五〇年代後半のテレビ番組もまた、近代都市・東京の「病理」を糾弾しようとする役割を演じていたことが見えてくる。

一九六〇年代初頭、土本典昭がそうした問題を描こうとして、見えなくするように指示されたことは、その後、磯村が第二期として、都市学など体系的な研究へ移行した動きと似ている。社会病理を把握することは、結果として、都市全体を把握する目線を用意したからである。

このように見てみると、一九五〇年代から六〇年代前半の「テレビのなかの東京」では、「都市下層」という領域を抽出するまなざしで一貫していたことが改めて分かる。一九五〇年代では都市下層（社会病理）を東京の問題点として言及することで、「東京とはこうあるべきだ」とテレビは番組のなかで声高に叫んでいた。それが一九六〇年代に入ると、オリンピックという晴れやかな舞台の影で労働者を見えなくし、逆に「東京とはこうだ」と良い面ばかりを見せていく。一見、これらは真逆の視線だが、一九五〇年代から六〇年代前半の「テレビのなかの東京」には都市下層（社会病理）の把握がその根底にあり、それを取りあげるか否かといった点で共通していた。[13] ここにあるのは、テレビによる東京の「近代主義」の可視化である。都市下層に住む「非近代的」な人びとを問題点として俎上に載せ、東京の下層を可視化あるいは不可視化することで、テレビは番組のなかで東京の「輝かしい近代都市」としての側面を誇示する役割を担ったのである。

3　近代都市・東京を遠視するテレビ

一九五〇年代から六〇年代前半のテレビ・ドキュメンタリーは、都市下層を捉えることで、「東京とはこうあるべきだ」あるいは「東京とはこうだ」と〈東京〉を意味づけた。こうして一九六〇年代、テレビの普及率が急速に増加していくなかで、番組のなかではしだいに東京＝オリンピック都市＝未来都市として、輝かしい都市像のみが強調されていくことになる。一九六〇年代、テレビは特集番組のなかでも、ホームドラマのなかでも、「東京とはこうだ」と〈東京〉を措定し続けたのである。

3-1 テレビのなかの未来都市

首都高の映像化

すでに見たように、一九五八年に東京タワーが完成し、戦後復興を遂げた東京は、オリンピック都市へと変貌した。一九六〇年代前半、NHKを筆頭にして、放送事業者は首都改造事業にくい込み、テレビ・オリンピックを成功させた。一九六〇年代以降の番組は、このなかで徹底的に未来都市として東京を描いていくことになる。

大会開催前より、各放送局はオリンピックの関連番組を連日のように放送した。例えばNHKでは全七六回にわたって『オリンピックアワー』（一九六三～六四）を放送し、海外諸国の選手強化の現状を伝え、TBSでは『東京は招く』（一九六四）、日本テレビでは『特別番組　東京オリンピック』（一九六四）、フジテレビでは『オリンピックへの道』（一九六三）、日本教育テレビでは『栄冠をめざして』（一九六三）が毎週放送され、民放各局はオリンピック開催前から各国選手や日本選手の強化の現状、オリンピックに向けた準備の模様を伝えた（財団法人放送番組センター編 1990、日本民間放送連盟 1966)。

これらのオリンピック関連番組のなかでは、当然、東京における都市改造の様子も盛んに取りあげられた。とくにオリンピックに向けて策定された国の「道路整備五箇年計画」(一九六一~六五)の進捗は、日々のテレビニュースで全国の視聴者に伝えられた。具体的には、オリンピック関連道路二二路線と首都高速道路の建設である。とりわけ用地買収の難しさから主に河川の上や立体交差として建設された全長六九・九二キロメートルの首都高速道路は、日本橋の風景を埋没させるほど、首都の様相を一変させた。テレビ番組がとくに描こうとしたのは、道路が立体交差化していくこの「首都高」であった。

図 1-12 東京 12 チャンネル『東京レポート 高速 1・4 号線』(1964)

例えばそのなかの一つに、東京一二チャンネルで放送された『東京レポート 高速1・4号線』(一九六四年七月二九日放送)がある(図1-12)。この番組は首都高速道路一号線の羽田・勝島間、四号線の呉服橋・代々木初台間が八月一日に完成することに合わせ、その道路の左右に広がる首都の風景を捉えたものである。高架やトンネルを通る首都高の建設技術の高さ、機能美が強調されている。番組では実際に車で走行しながら、まるで都市をなめるかのように、首都改造の直線美が捉えられていく。後に、アンドレイ・タルコフスキーが映画『惑星ソラリス』(一九七二)のなかで未来都市のイメージとして首都高をロケ地に選んだように、この番組もまた、首都高に対する未来への視線が確保されていた。道路が交差し、三次元的に移動するさまが、近未来都市として表象された。

この東京一二チャンネルによる首都高の映像化をさらに発展させたのが、NHK特別番組『オリンピック都市東京』(一九六四年七月五日放送)であった。この番組はオリンピック一〇〇日前の東京を映したもので、企画書には次のように記されている。「最終段階に入ったオリンピックの準備体制の中で道路、競技施設、選手村等の建設に焦点を置き、これ等を立体的にとらえる事によって、オリンピック大会を足場に近代都市へと変貌を急ぐ東京の現状を伝える」。

番組では首都高一号線と四号線上に車を走らせ、東京を一つの線として捉えながら、沿線上の東京湾、東京タワー、皇居、ビル街を新しい角度で紹介した。制作者の及川昭三も次のように述べている。

東京郊外で長く生活してきている人でさえ、たまに都心に出てくると最近のすさまじいばかりの東京の変貌に戸惑いを感じるといいます。次から次へと建てられる巨大なビル、このビルの谷間を縫いあるいは空間を埋めていく高速道路、雑然とした工事現場の中から忽然として生まれてくる超モダーンで壮大な競技場など——終戦後の都市再建時代とはちがった破壊と創造、これがものすごいテンポで到る所にくりひろげられている東京です。こうした誰もがその全貌をとらえがたい生きている東京の姿を、オリンピックまであと一〇〇日という時点でとらえようとしたのがこの番組でした。(『ネットワーク』一九六四年八月号)

この番組の最大の特徴は、「実況中継」で東京が描かれていたことである。放送当日、午後一時から二時までの放送時間のなかで、羽田を起点とし、代々木を終点とする首都高を切れ目なくカバーするため、ヘリコプターと移動中継車が使われた（図1-13）。建設途中のオリンピック関連施設にも中継車を配備し、一部トンネル部分のみマイクロ波が飛ばないためにVTRとなったものの、全編一時間の中継番組として放送された。これは来たる五輪のマラソン中継のための予行演習としての意味合いもあった。

図1-13　NHK『オリンピック都市東京』（1964）の撮影風景

しかし、それ以上にこの番組が重要だったのは、東京の都市改造とテレビの中継技術を複合した番組であったことである。一九六〇年代前半に東京の街並みが激変し、同時に、テレビ技術が飛躍したからこそ、放送できた番組だった。それはこの番組に対する感想が、「東京ってこんな街なのか。あの放送を見て改めて見直したよ」や「テレビ中継技術の進歩には目をみはるものがる」などと両側面から視聴者に受け取られたことが、それを物語っている（『ネットワーク』一九六四年八月号）。一九六〇年代前半の東京ではまさに、テレビのメディア性を加味しつつ、未来都市として〈東京〉が捉えられ始めたのである。

東京計画1960

〈東京〉を未来都市化するテレビの視線は、ある巨大な東京計画の全貌へも向けられていた。それが丹下健三による「東京計画１９６０」である。実現はされなかったものの、その発想の奇抜さを含め、当時の建築界を代表する都市デザイン案として今日でも有名である。これは建築史のなかでも脈々と語り継がれる神話的な未完計画である。丹下健三は代々木屋内競技場の設計にも携わったが、この建築界の重鎮が夢想した東京計画もまた「日本の戦後史の流れで見るなら、高度経済成長期を象徴する都市イメージといっていい」（丹下健三・藤森照信 2002: 342）。この丹下による「伝説的」な新東京計画案については、すでに建築史の立場から、藤森照信や豊川斎赫、石田頼房らによって、その詳細が明らかにされている（丹下健三・藤森照信 2002、豊川斎赫 2012、石田頼房編 1992）。

しかし、ここでとくに注目したいのは、その建築学的な意味ではない。この計画がテレビ番組と密接な関係をもっていたという事実である。この丹下による「東京計画１９６０」は、実はＮＨＫの番組内で初めて発表された計画だった。これは言わば、テレビのなかで語られた東京の未来予想図であり、「テレビのなかの未来都市」の総仕上げであった。

丹下はこの計画の途中案を『週刊朝日』（一九六〇年一〇月一六日号）で発表した後、完成版を一九六一年元旦のＮＨＫの番組のなかで発表した。途中案であった「新東京の計画図」では基本形は現われていたものの、後の完成版にはほど遠く、実質、この計画はＮＨＫの番組内にて日の目を見た。そこで番組内容を詳しく見る前に、この「東京計画１９６０」の建築的意味について、先の建築史の研究成果から確認していくことにしたい。繰り返すが、問題はなぜこの東京の未来予想図が、テレビのなかで描かれたのかということである。

そもそも、丹下の「東京計画１９６０」は、一九六〇年代前半に膨れあがった東京の人口膨張を背景として図案化された。一九六〇年代前半の東京の人口は毎年三〇万人以上増加し、一九六二年にはとうとう一〇〇〇万人を突破した。この無秩序に発展していく都市によって交通条件は悪化し、居住環境も悪化の一途を辿っていた。こうした東京の都市機能を分散し、新しい東京を創るために提案されたのが「東京計画１９６０」であった。丹下の計画が革新的だったのは、都市の膨張を同心

図 1-14　スタジオ内で「東京計画 1960」を説明する丹下健三

円状に拡大させようとするのではなく、「都市軸」のなかに回収しようとしたことである。具体的には、東京湾上に皇居から木更津まで伸びる一本の軸線を設定し、そこに住宅やビジネスセンター、新東京駅を置いた（図１-１４）。丹下の個人史から見れば、この軸線の設定は、「大東亜建設忠霊神域計画」（一九四二）や「広島市平和記念公園」（一九四九）で見せたような都市軸の応用でもあった（丹下健三・藤森照信 2002）。

当時、マサチューセッツ工科大学での研究滞在から帰国したばかりの四七歳の丹下は、自身の研究室のメンバーらとともにこの計画を練りあげていく。このとき研究室にいたのが、磯崎新や黒川

紀章らであったことも、この未完の計画がさらに神話性を帯びる要因となっていく。丹下は若い黒川に反対されながらも、東京での「都市軸」の提唱を行ない、まるで高等生物のように背骨に沿って神経系統が発展する都市像をこれからの東京に求めた。これは言わば「脊椎動物」の姿であり、この都市軸こそが、東京のエネルギー拡散を受けとめる役目を果たすと強調した。この計画は「求心型放射状システムから線形平行状システムへの構造改革」（丹下健三 2011: 86）とされた。

NHK『新しい東京「夢の都市計画」』——丹下健三とテレビ

さて、ここまで「東京計画1960」の建築的意味についてみたが、先にも述べたとおり、本書の関心はそこだけにあるのではない。この「東京計画1960」がなぜテレビ番組で初めて発表されたのか、という事実にも目を向ける必要がある。この丹下健三による近未来都市はテレビのなかで、どのように描かれ、そしてなぜ取りあげられたのか。

ここに、「東京計画1960」が初めて発表されたときの放送台本がある（図1-15）。NHKアーカイブスには同番組自体が残されていないため、この放送台本が番組の内容を知るための唯一の貴重な手がかりとなる。[14] 番組は一九六一年一月一日（日）の午後七時から七時三〇分まで、NHK教育にて『新しい東京「夢の都市計画」』というタイトルで放送された。元旦のゴールデンタイムという破格の好条件で放送されたことから、「東京計画1960」に対するNHKの意気込みも伝わってくる。放送台本にはおそらく丹下本人のものと思われる書き込みも随所にある。以下、この放送台本をもとに、番組の内容を追ってみたい。

この番組の出演者は丹下健三のほかにもう一人おり、東京都立大学助教授（当時）の柴田徳衛であった。柴田は一九五九年に著書『東京――その経済と社会』を刊行し、歴史から都市問題までの概略的な東京論を発表していた。なお、細かくなるが、放送台本の表紙を見てみると、丹下の肩書として記載してあった「東京大学教授」が丹下自身の手によって消され、「建築家」と書き改められている。これは丹下自身によるテレビでの見られ方の意識の現われとみるべきだろう。丹下は視聴者に対して「建築家」という作り手としてのイメージにこだわっていた。

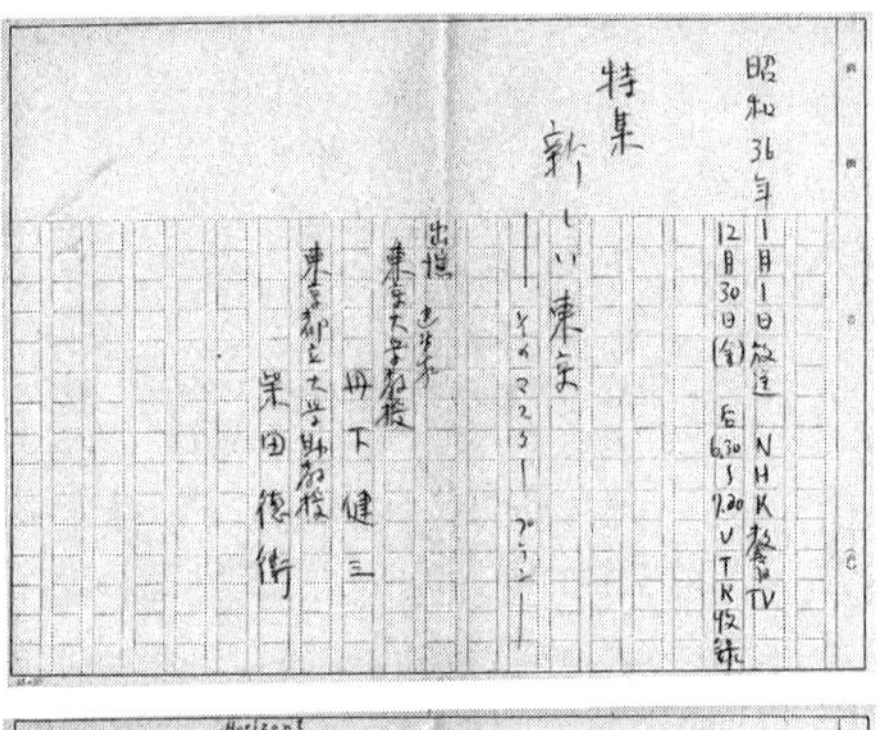
昭和36年1月1日放送 NHK総合TV
12月30日(金) 后6.30～7.30 VTR収録
特集
新しい東京
ーそのマスタープランー
出演
東京大学教授 丹下健三
東京都立大学助教授 柴田徳衛

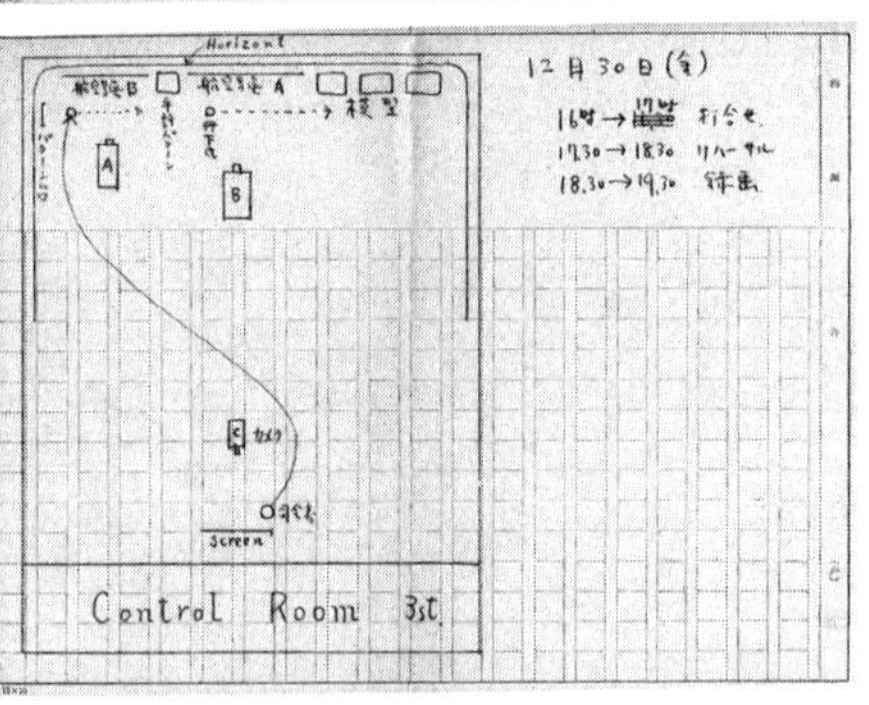
Horizont
模型
12月30日(金)
16時→ 打合せ
17.30→18.30 リハーサル
18.30→19.30 録画
Control Room 3st.

図 1-15　放送台本（1枚目、2枚目）

番組の冒頭は司会者による「行き詰って来た東京の生活環境を説明」とあり、一九六〇年代初頭の東京の都市問題が概略的に語られる。まず『(A) 交通地獄』について、「満員電車」や「世界一の人口増加」、「ターミナルの混雑」、「自動車交通の混乱」が語られ、続いて『(B) 住宅難』について、「郊外へ郊外へとのびる住宅地」、「高級住宅と低所得者階級の住宅」、「無秩序で平面的な市街地の住宅」が語られる。その後、司会者はスタジオの端に移動し、「その対策」として「衛星都市の拡充・強化による人口の分散」と「加納構想[15]と東京湾埋め立て論」について説明する。そして「此の第二の東京建設についての建築家の一案として丹下プラン」の解説へと移行する。

ここで初めて丹下健三が番組内に登場する。ここが番組開始から何分目にあたるかは定かではないが、画面に登場した丹下は、二万分の一の「航空写真」と、東京湾上の新しい東京の「模型」を前に説明を始める。以下、その丹下による解説を、放送台本から直接引用したい。

丹下氏 丹下プランの全貌説明。 ・研究室の東京分析　↓　量と質 ・東京のインポータンス、ニューヨークなど固い一つの中心 ・コミュニケーション　〔筆者註――以上三行、丹下直筆〕 考え方として

・東京への人口増加を認めて、第二の東京に吸収する。その集中のセンターを点から線に変える。（中心軸となる日本の高速道路）

機能的には

・政治中心の新東京と経済中心の旧東京とが、中心軸によって結ばれ、それを直角方向に生産地区が発展していく。そして新東京の建設は、旧東京の開発を促進する。

番組では、この丹下の解説のあと、「交通システム」、「オフィス街のあり方」、「新東京駅」の建設へと議論が続き、その後、丹下と柴田による対談にて終了している。残念ながら、放送台本には丹下と柴田との対話までは収録されていないため、その様子をうかがい知ることはできない。以上が、はじめて「東京計画１９６０」が発表されたときの番組の流れである。ここまでの放送内容を見ると、後に『新建築』一九六一年三月号にて丹下研究室が発表した計画の詳細と大差がないように思われる。

しかし、ここで問題にしたいのは、丹下のテレビのなかでの立ち振る舞い方である。放送台本に書かれた図を見ると、丹下は自身の計画を説明するために、番組のなかで写真や模型の前での解説を行なっている。これは先の肩書の変更とともに、いかに丹下が自己への視線に自覚的であったかを物語っている。丹下は映像で視聴者に見られることに相当こだわっていた。であれば、ある仮説が成り立ってくる。この「東京計画１９６０」はテレビで見られることにこそ意味があったのではないか。テレビ越しにまなざされることで血の通う、未来都市像だったのではないか。

このような視点で見てみると、この計画は非常に視覚的に分かりやすいものであることが見えてくる。この視覚的分かりやすさが、のちに建築史で神格化される一因となった。これは戦後復興計画などと比べてみても、圧倒的に見られることの意識からきている。そして、何よりも丹下の立ち振る舞いは、戦後復興計画の石川栄耀のそれとは決定的に異なっていた。強引に言えば、丹下はテレビ的なのである。おそらく丹下は先の説明を行なうにあたって身振り手振りをしながら解説をしただろう。それは「建築家」丹下健三というテレビ的な姿であった。

藤森照信が指摘するように、この計画において「丹下ははっきり一般市民や経済界や行政を意識して語りかけ」(丹下健三・藤森照信 2002: 355) ている。


途中案の『週刊朝日』への発表といい、完成案のNHKテレビへの初出といい、丹下は、それまでのように建築界ではなく、まず社会に向けて直接働きかけたのである。壁に貼られた大きな東京計画1960の模型写真を指し示しながら、丹下が語る東京改造計画は、日頃、建築や都市計画に関心のない人を含め、多くの視聴者に強い印象を与えずにはおかなかった。(丹下健三・藤森照信 2002: 357)

この丹下のテレビ的まなざしの受容は、続く建築界の「メタボリズム」運動へと通じるところがあった。黒川紀章をはじめとする丹下の弟子たちは、一九六〇年代後半、積極的にテレビに出て自作を披露し、それにコメントを付すことで建築界のスターダムへと駆けのぼっていく。これらはすべて視覚的な振る舞いだった。建築家たちはテレビを使い、テレビは建築家たちを使うことで、両者は交錯していくにようになる。のちにレム・コールハースはこう述べている。

六〇年代初っぱな、メディアは建築を発見した。いや、少なくとも建築家を発見した。国の未来は彼らの能力にかかっていたらしく、建築家たちは特別な艶やかさで遇された。テレビ局のスタジオで、丹下はハワード・ローク流の淀みなさで「日本を変える」実行委員長の役を演じる。（Koolhaas and Hans 2011=2012: 14）

一九六〇年代にテレビのなかで丹下健三の「東京計画１９６０」が描かれた意味、それは、建築家を媒介とした〈東京〉の視覚的近代の極地であった。これは丹下にとってもテレビが発表の媒体としてふさわしいという思惑があっただけでなく、テレビにとっても建築家たちの未来予想図は近未来都市東京を描くために必要だった。丹下の「東京計画１９６０」は、テレビのなかだからこそ、これだけのインパクトをもって人びとに受け入れられたのである。

3-2 家郷を失った者たちのドラマ

東京で幸せに暮らすということ

一九五〇年代に前近代的なものに向けていたテレビのまなざしは、一九六〇年代になると、輝かしい未来都市像へと転換する。それまで「東京とはこうあるべきだ」と都市内部での「差異」を強調していたのが、テレビのなかではしだいに東京＝オリンピック都市＝近未来都市として、「東京とはこうだ」と輝かしい都市像のみが強調されていくことになる。丹下健三による「東京計画1960」は、そうした一九六〇年代前半の「テレビのなかの東京」の象徴であり、到達点であった。

この未来都市像に向けてテレビが同時に描いていたのが、上京した労働者たちの東京での「幸せな物語」であった。それは、土本典昭が描いた過酷な労働現場の物語ではない。以下に述べるように、東京における〈第二の家郷〉という豊かな物語であった。一九六〇年代前半、今度は主にテレビドラマ（ホームドラマ）を通して、テレビのなかで「東京で幸せに暮らすということ」がさまざまな物語として供給されていくことになったのである。一九五〇年代の〈東京〉を描く主なジャンルはドキュメンタリーであったが、ここでドラマが東京表象のジャンルとして浮上してくることになった。

一九六〇年代、東京都の「他都道府県からの転入者数」は、毎年六〇万から七〇万人となった。

言うまでもなく、これは地方から東京へやって来る労働者たちである。オリンピック開催に向けた道路建設や施設整備のなかで、都市改造の影にはつねに地方からの労働者たちの存在があった。見田宗介はこうした人びとのことを「家郷喪失者」と呼んだ（見田宗介［1965］2011）。自らの家郷を失い、上京して働く者たちが、一九六〇年代前半の東京を支えたのである。先の丹下による未来予想図は、膨れあがる人口に対する建築界からの「華やかな」応答であった。

しかし、未来都市・東京を映したいテレビにとって、この家郷喪失者たちの現実を直視することには消極的だった。丹下を喜々として画面に登場させたのとは裏腹に、一九六〇年代前半のテレビはこうした労働者たちを「不可視化」させたことはすでに述べたとおりである。一九五〇年代は都市下層を「可視化」することで東京の問題点を言及していたのに対し、一九六〇年代になると、むしろ下層を「不可視化」することで未来都市・東京を演出していくことになる。テレビの普及率も上昇し、東京オリンピックという一大事業が迫るなかで、人びとの経験を「同一化」する装置となったテレビは、家郷喪失者という東京の裏側（真実）を見せるわけにはいかなくなったのである。

ホームドラマの神話

では、そうした家郷喪失者たちの現実はどのようにテレビ番組によって回収されていったのか。それが「ホームドラマ」であった。ちょうど一九六〇年前後から、ドラマでは「お茶の間」で家族が揃って楽しく見る、連続ドラマが流行した。なかでも人気を博したのが「ホームドラマ」であった。日本における家族の民主化が着々と進んで核家族化するなかで、テレビのなかで描かれる家庭も平凡なものと化していった。このホームドラマで描かれる物語こそが、〈東京〉における新しい「家郷」の創造であった。すなわち、〈第一の家郷〉を失った労働者たちは、東京という群衆社会のなかに新しく〈第二の家郷〉を築き始めたのである。こうした「東京で幸せに暮らす家族」が、ドラマのなかで盛んに受容されていった。

この〈第二の家郷〉を見田宗介は、「構築すべき道の世界」あるいは「安心立命の地」といった（見田宗介［1965］2011）。〈第一の家郷〉を喪失したことの不安をおさえ、新たな希望としての家郷を東京で新しく築ける可能性がある。その不安のはけ口と希望の噴出を、上京者たちはテレビのなかで確認したのである。一九六〇年頃より流行していく「ホームドラマ」で描かれる東京の平凡な家庭像は、家郷喪失者にとっての大きな拠りどころとなったに違いない。

図 1-16　NHK『バス通り裏』（1958-61）

一九五〇年代後半から一九六〇年代初頭、東京では急速な団地化にともない「職住分離」が進むなかで、テレビが各家庭の「お茶の間」に入りこみ、日本製のホームドラマが一斉に流行し始める。(16) 例えばさきがけ的な番組、NHK『バス通り裏』（一九五八〜六一）は、月曜日から金曜日の午後七時のニュース後の一五分間の帯ドラマとして放送され、物語は高校教師と美容院の一家の日常を淡々と描いたものであった（図1・16）。その後、乙羽信子と千秋実が主演して話題を呼んだNTV『ママちょっと来て』（一九五九〜六三）を皮切りに、

KRT日曜劇場『カミさんと私』(一九五九)、NET『水道完備ガス見込』(一九六〇〜六三)、フジテレビ『台風家族』(一九六〇〜六四)、TBS『咲子さんちょっと』(一九六一〜六三)など、挙げればきりがない程、日本製ホームドラマは一九六〇年代を中心に流行した。

これらのホームドラマに共通した特徴は、アメリカ製ホームドラマの形式を下敷きにしつつ、日常的な家族の風俗を平凡に描写していたことである。毎日、あるいは毎週、同じ顔ぶれが茶の間のテレビに顔を見せる。上京して家庭をもつとこんな幸せがあるということを、テレビはフィクショナルな番組のなかで盛んに喧伝したのである。

当時、数少ない本格的なホームドラマ論の一つとして、瓜生忠夫による議論がある(瓜生忠夫 1959)。瓜生は『ママちょっと来て』を例にして、こうした日本製ホームドラマの特徴を次のように規定した。第一に、生活空間が非常に限定されていて、社会的に拡がりがないこと。第二に、人間的交流の範囲が限られていること。そして第三に、激しく動いている現実が、具体的にはほとんど反映せず、一家が営む生活は時間が停滞していること、つまり一年前も今も生活の内容には変化がないこと。

この瓜生の議論を敷衍すれば、日本製ホームドラマの基本的なパターンとして二つの〈神話〉を読み解くことができる(仲村祥一ほか 1972: 237)。一つ目は、家族に何らかの問題が起きても、毎回、物語の終盤には必ず安定へと向かう〈安定の神話〉。二つ目は、家庭が外部の社会から自立した、自己完結的な閉じられた体系として描かれる〈自足の神話〉である。日本製ホームドラマでは、この二つの神話をもとにして、登場人物たちが視聴者と同じ生活水準の体験を繰り広げ、「井戸端会議の視覚化」(『放送文化』一九六五年六月号)に成功したのである。ゆえに、『バス通り裏』の作者である須藤出穂は次のように言うことになる。

父親が女を作って出奔したり、息子が犯罪を犯かして少年院に送られるというような設定は、論外です。極貧もいけない、デラックスも困る。もっとも多くの人々に親しまれるには、丁度いい位の生活程度、ぜいたくは出来ないけれども、テレビぐらいは買えるというような家庭が必要になってきます。そうすると、所謂中間層というのが、浮んで来ます。(『テレビドラマ』一九六三年七月号)

このテレビのなかの「中間層」の出現こそが、失われた家郷＝〈第一の家郷〉を超えた、新しい家郷＝〈第二の家郷〉の創造を生んだ。高度経済成長期に労働力として上京し、その反面、自らの家郷を失った労働者たちが新しく東京にて平凡で明るい家庭を築いていく。まさにこの新しい家郷像をフィクショナルに創りだしたのが、ほかならぬテレビだった。ホームドラマは〈安定の神話〉と〈自足の神話〉という二つの神話によって、この〈第二の家郷〉を創出し、家郷喪失者たちに東京での豊かな生活を提供した。一九六〇年代前半、テレビ・ドキュメンタリーで労働者の実態を描かなくなった反動として、ホームドラマで〈東京〉での新しい家郷を描いていったのである。これはますます大衆化していくテレビというメディアが創りだす〈東京〉の措定でもあった。

図1-17　NHK『特集 TOKYO』(1963)

〈東京〉措定の難しさへ――『特集　TOKYO』

一九六〇年代前半、テレビは未来都市を描き、ドラマでも東京で幸せに暮らすことを示すことで「東京とはこうだ」と〈東京〉を措定し続けていった。これが本章で繰り返し述べてきた、一九五〇年代から六〇年代前半へといたる、テレビ越しの東京である。しかし、一九六〇年代半ばになると、〈東京〉の措定がしだいに行き詰まりをみせていくことになる。

本章を締めくくるにあたって、次章(第2章)への橋渡しをするために、ある一本のテレビ・ドキュメンタリー番組に注目をしたい。この番組は一九六〇年代前半に制作されたにもかかわらず、〈東京〉を措定しようとする枠組みから外れるもので、むしろ次章以降で見ていく〈東京〉の喪失としての意味をもつ、先駆的な番組であった。この番組の内容と背景を理解することは、次章の一九七〇年代以降のテレビ越しの東京を知るための重要な手がかりとなる。

ここで取りあげる番組は、NHK『特集　TOKYO』(一九六三年七月一日放送)である。この番組では両親を探す一人の女性を通して、〈東京〉の風景が描かれている。「私は長い間ずっと両親を探しています。父の方は戦災の時に火の中ではぐれました。その時私は六つ。妹は生まれたばかりでした。それから四年経って私が一〇のとき、母が突然行方不明になりました。どこへいってしまったのか分かりません」。番組の冒頭でこう語る二三歳の女性は、行方不明になった両親を求めて、東京をあてもなく、孤独に彷徨い歩き続けている（図1-17）。

「さまようことのほうが目的になってしまった」という彼女の姿は、東京との対比で小さく描かれ、その無力感が画面のなかで強調されている。彼女が両親を求めて彷徨う東京は、東京オリンピックに向けた首都改造事業により、あちこちで建設工事が行なわれていた。彼女の父親はかつてエンジニアであったという。生きていれば五三歳になる父の姿を、彼女は工事現場のなかに探し求めるが、そこに父親の姿はない。彼女は東京には「何を見ても物悲しく、心に沁みる日」があるという。彼女の視線は、雨の日の皇居前広場で記念撮影をする観光客、公園のベンチでひとりギターを奏でる男性を捉えていく。その翌日、今度は東京が「至るところにリズムがみなぎり、ウキウキと楽しくなるような日」になる、と彼女は言う。結婚式で祝福を受ける新郎新婦、デパートや遊園地など、今度は活気あふれる東京の姿が捉えられる。

図1-18　遊歩する女性のまなざし

〈東京〉の風景は、まるで彼女の心のように変化する。旧く新しい、哀しく楽しい、騒がしく静か、気怠く鋭い、粗野で美しい。東京のもつ両義性は、まるで日々変化する人間心理のようである。この番組で印象的なのは、さまざまな東京の風景の間に、ときおり挿入される彼女の表情のカットである（図1-18）。その表情は、彼女が捉えた東京と同期し、東京の風景に影を落とす。物悲しい日とウキウキする日の東京の対比が、そのまま彼女の表情の対比となって現われている。

この女性の名は井上由美子という。学生相手にコーヒー店を一人で経営しながら、行方が分からない両親を探して東京を彷徨い歩いている。しかし、ここで問題なのは、彼女の固有名や属性ではない。この女性が自らの「生の根拠」を求め、一人で東京を彷徨っているという現実である。ここにあるのは「一千万人の孤独」である。彼女が捉える東京への視線は、膨れあがる都市とは裏腹に、きわめて孤独である。しかし、井上由美子の視線が複雑なのは、彼女のなかには〈第一の家郷〉も〈第二の家郷〉も存在していないことである。すなわち、彼女は二重の意味で〈家郷〉からの疎外を受けている。家郷喪失者としての二重の喪失が、彼女をして東京中を彷徨い歩かせる動機となっていた。

東京の「どこ」を「どう」描くか

この『特集　TOKYO』を制作したのは、NHKのディレクター吉田直哉である。吉田は、先に見た日本初のテレビ・ドキュメンタリー・シリーズ『日本の素顔』を創設した人物でもある。吉田は『特集　TOKYO』について、「ふつうの番組とはちがい、これは、はじめから海外向けに作られたものです。現代の東京を、オリンピック前に積極的に外国にPRしようという特殊な意図のもとに制作されました。いうなれば、東京のコマーシャルです」(吉田直哉 1973: 85)と述べている。しかし、吉田はこの番組を、東京PRの観光映画的にはしたくなく[17]、一方で、『日本の素顔』

のように社会病理をあげつらう構成にもしたくなかったという。

ここで吉田は「東京とは一体何だ。何をみせれば、現代の東京の雰囲気が再構成できるのか」（吉田直哉 1973: 85）と自問する。その結果、吉田がとった新しい方法が、一人の人間の心の投影図として、つまり、「心象風景」として当時の東京を描くことだった。

> 華やいだり沈んだりする心象風景として描けば、華美で浮わついた東京も、くすみ汚れて人前に出したくないような東京も、無理なく描けるのではないか。ひとをさがしている人物ならさまざまな気分になるはずだ。その心象風景にすれば、東京のあらゆる側面をカバーできるのではないか。（吉田直哉 2003: 102）

それゆえに吉田は、両親を探し求めて彷徨い歩く、井上由美子という若い家郷喪失者の視線を通して、一九六〇年代の東京を描いていくことになる。

> 彼女が映っているショット以外、すべての画面は「彼女の眼と心がみたもの」として作られました。つまり、徹底した一人称カメラの手法で構成されたわけです。（吉田直哉 1973: 87）

吉田はこのドキュメンタリーを「心象ドキュメンタリー」と名付けた。この方法論は、一見するとフィクションを思わせるような構成で、それが番組を難解にし、一義的な意味を見いだしにくくさせている。しかし、この番組では彼女自身が東京のメタファーとなることで、東京という茫漠とした対象を的確に捉えようとしている。首都改造事業によって水辺を消失していく都市・東京の風景は、そのまま彼女の心の喪失感と静かに共鳴していた。

ここで吉田は一人の人物の心情を東京の風景に投影することで、ドキュメンタリーにおける「一人称の眼」を獲得したと後に述べている（吉田直哉 1973）。しかし、「テレビのなかの東京」という本書の文脈で考えてみれば、この番組では〈東京〉を措定することの困難に直面し、そこから逃避するように心象ドキュメンタリーという手法の発見につながったとみるべきである。それは吉田自身が率直に「東京とは一体何だ。何をみせれば、現代の東京の雰囲気が再構成できるのか」と自問していたことからもうかがえる。東京はもはやどこを見せれば東京と言えばいいのか分からない都市へと徐々に変貌を始めていた。吉田の自問からはテレビが〈東京〉を明確に見定めることの困難に直面したことが読みとれる。

ここまで見てきた一九五〇年代から六〇年代前半の「テレビのなかの東京」は、「どこ」を見せれば〈東京〉を描いたことになるのか自覚的であった。都市下層を描いて「東京はこうあるべきだ」と示したり、未来都市や明るい家庭生活を描いて「東京とはこうだ」と示していた。しかし、この一九六三年の番組において、初期テレビ・ドキュメンタリーの代表的な制作者でもある吉田直哉が東京の「どこ」を「どう」描いていいか分からなくなったことは重要である。なぜなら、ここに明らかにテレビ越しの東京史の切断面が見えるからである。これまで〈東京〉を措定する役割を果し続けてきたテレビは、一九七〇年代になると明らかに変質していく。井上由美子が彷徨ったように、テレビでは〈東京〉が喪失していくことになるからである。一人の女性の心象風景としてテレビが東京を描こうとしたとき、テレビと東京をめぐる第一のフェーズが終わったのである。

第2章　遠くへ行きたい
——〈東京〉喪失の時代　一九七〇年代〜八〇年代前半

1　遠視の分散

一九五〇年代から六〇年代前半のテレビは、制度としても、産業としても、番組のなかでも、〈東京〉の偉容を示し、措定しようとする共通の枠組みにあった。しかし、続く一九六〇年代後半になるとそうした枠組みがしだいに変容し、一九七〇年代以降のテレビではいずれにおいても成り立たなくなっていく。まず、これまで前提としてあったテレビによる「同時性」空間が崩れ始め、そして、放送装置も東京の外部で建設されるようになったからである。本章では、一九七〇年代を迎えるなかで、こうした「テレビによる東京」と「東京のなかのテレビ」の変容から考えてみたい。これは「遠視」の分散でもあった。

1―1 テレビによる「同時性」の崩壊

視聴形態の変化

一九六〇年代前半、東京オリンピックを頂点として、テレビが〈東京〉を中心とした「同時性」空間を演出した。大会期間中にテレビでオリンピックを見た人は九七・三パーセント、実に七五〇〇万人にのぼり、人びとは〈東京〉で起こるイベントを同時に共有したことはすでに述べた。テレビという無線遠視法の誕生は、全国にネットワークを張りめぐらせて「同時性」空間を創りだし、〈東京〉を措定する大きな役割を果たした。東京オリンピックとは、テレビによって創られた「同時性」空間を拡大するメディア・イベントであった。

しかし、一九六〇年代後半になると、この「同時性」というテレビの特性がしだいに変化していくことになる。つまり、国民全員でテレビの擬似環境に酔いしれるということが必ずしも主流ではなくなり、人びとは個別の生活環境のなかでテレビを受容するようになっていく。より単純に言えば、一九六〇年代後半に入り、人びとの生活時間が変容し、多様化し始めたのである。とくに一九六〇年代から七〇年代にかけては法改正といった放送制度の動きがなかったため（村上聖一 2015）、むしろ、人びとのテレビに対する向き合い方の変化が重要となる。

当時の人びとの生活時間の変化を把握できるのが、NHK放送文化研究所で長年続けられてきた「国民生活時間調査」である。一九六〇年の開始以来、約五年ごとに行なわれてきたこの調査は、サンプル数も膨大で、正確な生活時間調査の一つである。もともと同調査は番組編成の基礎資料とすべく、日本人のテレビ視聴時間や趣味嗜好、生活形態が調査されてきた。

オリンピック直後の一九六五年に行なわれた調査の結果概要を見てみると、第一に、人びとの「余暇時間」が増加し、二四時間をいかに使うかという「時間配分」の概念が浸透してきたことが述べられている（日本放送協会放送世論調査所 1967b: 12）。そして、第二に明らかにされたのが、この余暇時間の拡大のなかで増加した、テレビの視聴時間である。

平日も日曜日も、一日のどの時刻をとってみても、テレビをみている人が著しく増加したところに、この五年間における日本人の生活の最も大きな変化がみられる。この五年間の日本人の生活の変化の中で、これ以上顕著な変化を見出すことができないのはもちろん、過去においても、短期間でこれ程大きな変化をもたらした現象はなかったであろうし、将来においても、これほど多くの人が参加するような生活の変化は予想することができないであろう。（日本放送協会放送世論調査所 1967b: 17-8）

もちろんテレビの視聴時間の増加は、東京オリンピックの熱狂をはじめとして、テレビを視聴する経験が根づいたことが大きな要因であった。この報告は一九六五年の結果によるものだが、続く一九七〇年の調査結果もその延長上にあった。実際、日本人の二四時間の使い方の一〇年間の変化（一九六〇年、六五年、七〇年）を見てみれば、睡眠、食事などの変化量が少ないなかで、テレビの視聴時間は明らかに増加している。とりわけ一九六〇年代後半、成人女性のテレビ視聴に関する変化が著しい（表2-1）。

一九七〇年の調査では、余暇三時間半のうち、ながら視聴を含めて、テレビ視聴はその大半を占めるようになったと結論づけられている（日本放送協会放送世論調査所 1971）。この一九六〇年代後半から一九七〇年代へといたるテレビをめぐる「時間」の変容が、「同時性」空間の崩壊を予告していた。

「編成」の誕生――テレビの時間の分化

一九六〇年代後半から一九七〇年代、人びとの生活時間が変容し、余暇時間の増大にともなってテレビの視聴時間が増加した。すると、多様化する人びとの生活時間に合わせて番組が配置されるようになっていく。つまり、「番組枠」そのものを考え、いつ誰に向けて放送すればよいかという「時間帯」が開発された。いわゆる「編成」の誕生である。テレビは徐々に編成されるメディアへと変質し、一方で、人びとの生活習慣もテレビに合わせたものへと変化した。一九六〇年代後半、白黒テレビの普及率も一〇〇パーセント近くになり、人びとのテレビ視聴時間が増したとき、人びとの身体はテレビに合わせた時間感覚へと移行したのである。これは佐田一彦が述べるように、「いわば放送は時間の告知者であるとともに、時間の設計者という働きまでをしてきたのである」（佐田一彦 1987: 182）。

編成とは一般的には放送番組表で表されたものを指すが、より学術的に言えば、「放送局が自ら

表 2-1　日本人の 24 時間の使い方の変化（平日）――『NHK 年鑑』1977 年度版より抜粋

	成人男子			成人女子		
	1960 年	1965 年	1970 年	1960 年	1965 年	1970 年
睡眠	8.15	8.1	8.04	7.47	7.48	7.42
食事	1.08	1.15	1.31	1.15	1.22	1.37
仕事	8.10	8.07	7.54	4.23	4.48	4.00
家事	0.38	0.26	0.28	5.33	5.18	5.26
テレビ	0.53	2.47	2.47	1.00	3.17	3.46

単位：時間

の裁量で利用できるチャンネルについて、放送をする事項の種類、内容、分量、配列等の条件を決定する行為、ならびにその結果」（日本放送協会総合放送文化研究所編 1976: 16）をいう。つまり、編成とは、テレビ番組の「なにを」「いつ」「いかに」放送するかという枠組みを決めることにほかならない（後藤和彦 1967）。一九六〇年代後半、この編成の概念が際だつようになったということは、それまでのテレビ的な「同時性」が変化してきたことを意味していた[1]。

もちろん、編成はテレビが誕生したときからあったものではない。テレビが家庭に普及し、おびただしい人びとがテレビに向かい合ったときに初めて創りだされた概念である。ゆえに、東京オリンピックを経た一九六〇年代後半に際だつようになったことは理解しやすい。ここにいたるまでには歴史的な変遷があり、それはテレビが創りだす擬似環境の変遷でもあった。

簡単にその歴史を振り返れば、日本のテレビが始まった一九五三年当初、NHKの定時放送時間は、「正午から午後一時半までの一時間半」と「午後六時半から九時までの二時間半」の合計、四時間だった。その後、一九五〇年代後半から六〇年代初頭になると全日放送の達成を目指し、放送時間の「量的展開」を迎えていく（日本放送協会総合放送文化研究所編 1976)。ここでNHKの一日平均放送時間は一五時間三四分(一九六一年度)に達し、日本教育テレビやフジテレビジョンが開局して民間放送の系列化も進んだ。

一九六〇年代前半に全日放送を達成することで、しだいに番組編成の動きが出始める。具体的には昼間の在宅率の高い主婦向けに、昼の時間帯にメロドラマを放送し、例えばフジテレビ『日日の背信』(一九六〇年七月四日開始、月曜午後一時~一時三〇分)が大きな反響を呼んだ。さらに一九六一年よりNHKが朝の時間帯に「連続テレビ小説」(第一回は『娘と私』)を開始し、朝の時間帯に習慣的にドラマを視聴する編成を組んでいく。こうした「オーディエンス・セグメンテーション」がさらに加速していったのが、一九六〇年代後半という時期だった。東京オリンピックの開催以後、放送時間の量的な拡大は一つの頂点に達し、人びとのテレビ視聴時刻も、朝七時~八時半、正午~午後一時半、午後七時~一〇時に最大の視聴ピークがくるなど、日本人のテレビに関する生活時間は分化した(図2-1)。この分化に合わせて編成される「ゴールデンタイム」とともに、一九六〇年代後半以降、さらなる新しい視聴者層の開拓が目指されていったのである。

当時、数少ないテレビ時間論のなかに、山田宗睦の議論がある。山田はテレビにおける時間の内容を三つに分けて論じた(山田宗睦 1964a、1964b)。第一が「物理的な時間の系」、第二が「創造的な時間の系」、第三が「生活時間の系」である。山田はこの三つの時間の対話こそが、テレビの時間であると主張した。

いまのところ、TVは、三重の時間系が脈絡もなく同居していると思う。一つは電波を切れ

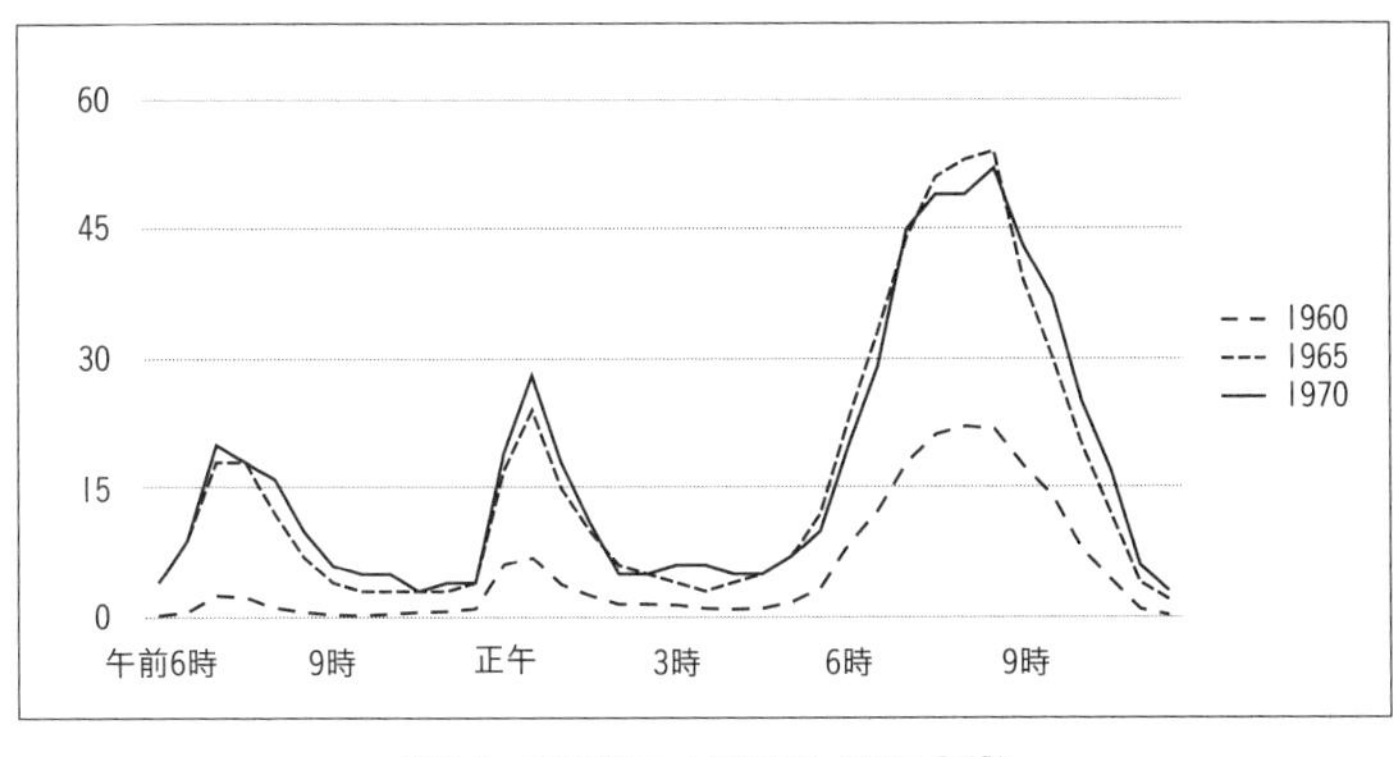

図2-1　時刻別テレビ視聴率（単位［%］）
――NHK国民生活時間調査（1960、1965、1970）より作成

目なく流すところに生じている「物理的時間の系」である。切れ目なく流すことが、TV産業経営の不可欠の条件であり、二四時間といわずともほぼ二〇時間ちかく、早朝から深夜まで、切れ目なく電波の流れを維持する努力がつづけられている。そしてこの電波の流れを一時間、四五分、三〇分、一五分、一〇分、五分と分割して、それぞれの分割部分に、TV局の各部局・各ディレクターが「創造的な時間の系」をおくりこんでいる。かれらは、分割担当した時間部分を隙間なくうめるという前提のうえで、しかし物理的な電波時間の流れの有機的な一部分を構成するということではなく、この時間部分に、自分の創造的な作業体系の時間にしたがった内容を表現している。第三に、この物理的時間と創造的時間との混合物をうけとる視聴者の時間がある。かれらは一日二四時間をそれぞれに配分した独特の「生活時間の系」にしたがっている。「物理的な時間の系」「創造的な時間の系」「生活時間の系」と、この三つの時間の対話が、じつをいってTVにおける時間の内容である。（山田宗睦 1964a: 4）

山田の言う「物理的な時間の系」が、ここまで見てきた編成全体のことである。「編成の時間」が可視化されることで独立し、さらに制作者が作る番組のなかの「創造の時間」、そして視聴者自身の生活体系としての「視聴の時間」という、三つにテレビの時間は分化した。こうして分化したテレビ的時間こそ、一九六〇年代後半に新たに発見されたテレビの特性であった。少なくとも、東京オリンピックをめぐって人びとが一斉に同じテレビ画面を見ていたとき、そこには一種類の時間しか存在しなかった。つまり、スポーツの実況中継においては「物理的な時間の系」「創造的な時間の系」「生活時間の系」は未分化の状態であり、それが「同時性」としてこれまで一括りに語られていた。

　しかし、一九六〇年代後半に生活時間が変容し、「編成」という新しい概念が生まれたとき、未分化であったテレビ的時間は解体された。すなわち、それまでの一種類であったテレビ的時間＝「同時性」が崩壊したのである。このことは〈東京〉との関連でみたとき重要である。なぜなら、これまで「同時性」によって〈東京〉を措定していたテレビは、別の仕方で〈東京〉と向き合わざるをえなくなったからである。もちろん、一九六〇年代後半以降も、東大安田講堂事件やあさま山荘事件など、テレビの前に人びとが座り、息を呑んで圧倒的な時間数を同時に視聴するという経験はあった。しかし、一九六〇年代後半に入ると、必ずしもそれだけではない分化したテレビの視聴形態が登場し、このとき「テレビによる東京」は変化したのである。

有線都市論

事実、テレビによる「同時性」空間の崩壊と、それにともなう〈東京〉の措定の終わりは、当時の放送制度についての議論からも確認できる。それが一九七〇年頃に勃興した「有線都市論」であった。当時、テレビが電波（空中波）だけでなく、有線テレビ（都市型ＣＡＴＶ）としても登場し、新しい都市とテレビの関係性が議論され始めていた。[2] 一九七〇年頃、ＣＡＴＶは難視聴対策（第一世代）、自主制作（第二世代）に続く、都市型の多目的・多チャンネル（第三世代）として、「都市型ＣＡＴＶ」が脚光を浴びた。この都市型ＣＡＴＶは「空中波」以外の新しい活用方法として、とくに「同時性」以外のテレビの可能性が模索されていくことになる。

当時、都市型ＣＡＴＶは、ＶＨＦ、ＵＨＦに次ぐ「第三のテレビメディア」（高橋信三 1970）として、従来のマス・コミュニケーションとしてのテレビを、カスタム・コミュニケーションへと解き放つものとして論じられた（野崎茂 1970）。都市型ＣＡＴＶではそれまでの送り手から受け手への一方向性だけでなく、送り手と受け手の双方向性、あるいは受け手の選択性が重視された。有線によるコミュニケーションによって「空中波独占から、搬送形態の多様化による第二世代テレビへ移行する」（野崎茂 1970: 258）とされたのである。これは大阪万博の時代にあって、新しい放送産業の未来として議論された時代の産物でもあった。

その結果、一九七〇年代半ばに「有線都市（Wired-City Television）」論が隆盛する。興味深いのは、ここで有線テレビの発達が、都市のあり方そのものを変えていくと論じられていたことである。これはテレビの電波性だけでなく、有線という「放送制度論」から都市の変革を論じる動きであった。

例えば藤竹暁は有線都市が、これまで放送が生みだしてきた「同時性」空間を脱し、いままで放送が創りだしてきたものとは別の「新しいリズム」が生まれると論じた。

有線都市の構想が放送の概念にたいして強烈なインパクトをもちうるのは、有線「都市」がいままでの都市がもちえなかった新しいリズムを、形成しうる可能性を秘めているからでなければならない。若干の危険をおかして表現するならば、有線都市の構想には、放送が示してきた「横暴さ」にたいする反省がこめられているといってよいであろう。さらにそれは、現代都市が作りあげてきた一方的なリズムの支配にたいして、人間の生活を復権させようとする試みをも内包しているのである。（藤竹暁 1974: 11-2）

そのうえで藤竹は、有線都市が従来のマス・コミュニケーションの枠組みを超え、市民参加（参加民主主義）を促すと論じた。有線テレビでは市町村レベルの情報を流すことができるようになり、この新しいテレビ・コミュニケーションのあり方は「誰でもが参加できるテレビ」や「茶の間で町のすべてがわかり、みんなが参加して議論するテレビ」を提起する。その結果、有線都市は「参加民主主義の理念の実現の場とする試みの、おそらくは端緒をなすもの」（藤竹暁 1974: 15）とまで述べられている。これは藤竹だけでなく、当時の都市社会学からも提起され、例えば倉沢進は譲歩をしながらも、「CATVの活用によって都市社会の社会的統合を強める方向へ事態を誘導することが可能」（倉沢進 1974: 35）と述べている。

このように一九七〇年代半ばの有線都市構想は、テレビによる新しい都市変革として論じられた。これもまた「テレビによる東京」の変化の一側面として理解できる。空中波に代わる有線という新しい放送制度によって、単なる難視聴対策を超えた新しいテレビのあり方が模索され始め、それまであった「同時性」という「一方向的なリズム」が崩れ、新しい都市のリズムの誕生が期待されたのである。結局、この有線都市論は一九七〇年代の一時的な現象にすぎなかったが、一九六〇年代後半から一九七〇年代へと向かうなかで、テレビによる「同時性」空間の崩壊を示した現象として、きわめて重要な意味をもっていた。それは次に述べるように、同時期に次々に地方局が開局し、一九七〇年代のテレビによる新しいローカル・コミュニケーションの形とも通じるものがあったからである。

1-2 脱東京化する放送局

相次ぐ地方局の開局

一九六〇年代後半に入ると、しだいにテレビによる「同時性」空間が変容した。少なくとも第1章で見た皇太子御成婚パレードや東京オリンピックのように、多くの人がテレビを通じて経験を共有し、〈東京〉を措定するという形態だけではなくなった。それはかつて東京タワーやNHK放送センターのような放送装置も同様で、「東京のなかのテレビ」という側面においても、それまであったような〈東京〉の誇示は見られなくなっていく。一九六〇年代後半から一九七〇年代、産業的な側面においても劇的な変化を迎えることになったのである。

一九六〇年代後半から一九七〇年代はテレビ産業にとって大きな転期となった。それは一九六七年一一月一日、郵政省がＵＨＦ帯による大量のテレビ免許を交付し、一九六〇年代後半から一九七〇年代初頭にかけて多くの「地方局」が開局することになったからである。とりわけ一九七〇年代は、新しく誕生した「地方局」によって「都市のなかのテレビ」が組み換えられていく時代であった。

それまでは各都道府県に民間放送一局の形態をとっていたため、各都道府県で民間放送は実質的に独占体制であった。利用する電波はＶＨＦ帯（超短波、三〇〜三〇〇ＭＨｚ）に限られ、新規参入できなかったためである。そこに一九六七年、小林武治郵政大臣が新しくＵＨＦ帯（極超短波、三〇〇〜三〇〇〇ＭＨｚ）を開放し、相当数の周波数帯の利用を可能にすることで、新しい民放局が参入できるようになった。ＵＨＦ帯を使えば、それまでの一県一民放局体制がなくなり、全国のあらゆる都道府県で最低二局以上の民放テレビが設置できるようになる。かねてより地方と中央の間での情報格差が指摘され、すべての民放が視聴できない地区の住民から強い苦情を受けてきた郵政省にとって悲願でもあった。こうして一九七〇年代へと向かうなかで、ＶＨＦ局とＵＨＦ局が交わる「Ｕ・Ｖ混在の時代」へと突入した。

まず、一九六八年八月、岐阜放送（ＧＢＳ）が初のＵＨＦ局として開局したのを皮切りに、同年、テレビ静岡（ＳＵＴ）、北海道テレビ放送（ＨＴＢ）、新潟総合テレビ（ＮＳＴ）が続いた。翌六九年には、長野放送（ＮＢＳ）、富山テレビ放送（ＢＢＴ）、石川テレビ放送（ＩＴＣ）、中京テレビ放送

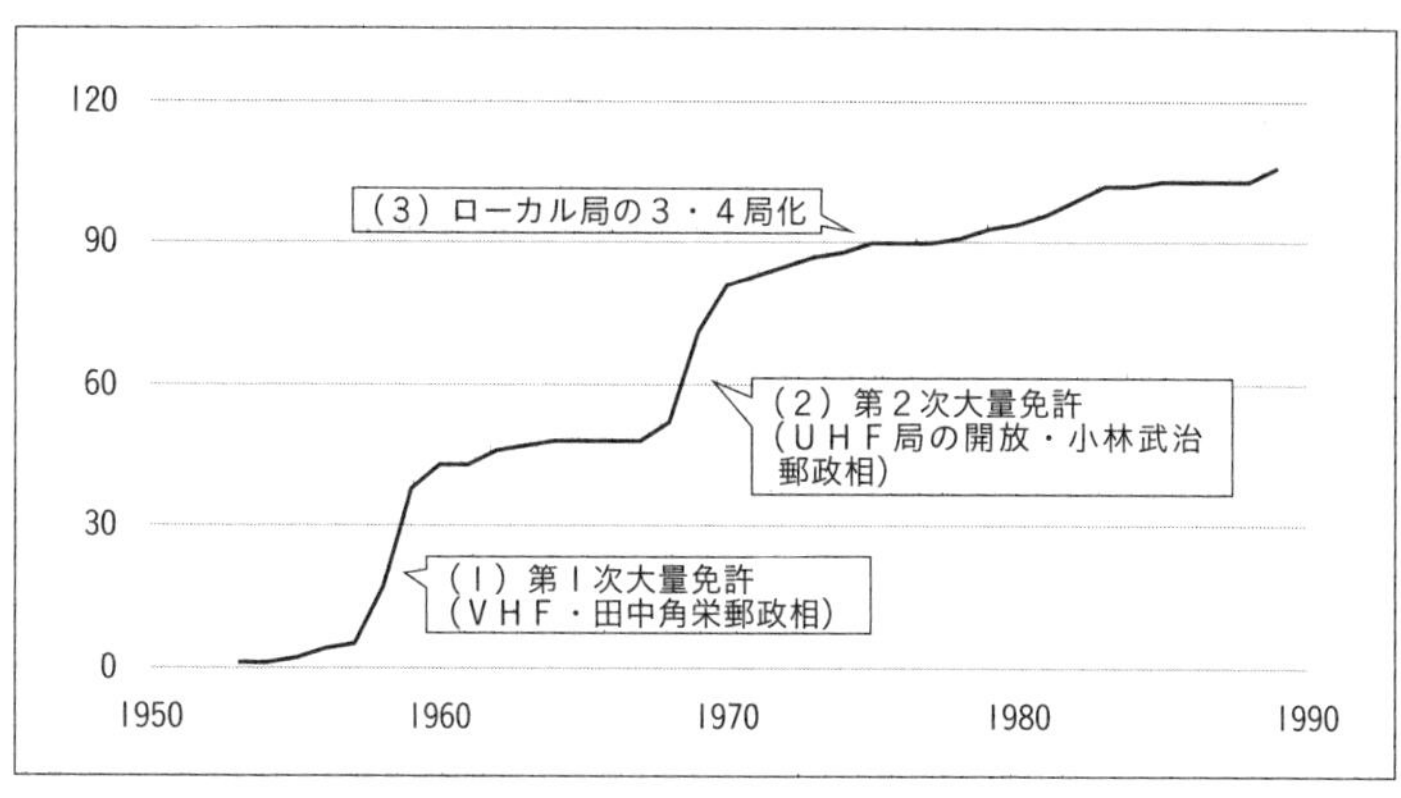

図2-2　民放テレビ局数の推移（1950年代～80年代）――村上聖一（2010）をもとに作図

（CTV）、近畿放送（KBS京都）、岡山放送（OHK）、瀬戸内海放送（KSB）、福岡放送（FBS）、サガテレビ（STS）、テレビ長崎（KTN）、テレビ熊本（TKU）、鹿児島テレビ放送（KTS）など計一九局がUHF局として開局し、一九七〇年には、山形テレビ（YTS）、福島中央テレビ（FCT）、テレビ山梨（UTY）、山陰中央テレビジョン放送（TSK）など、さらに計一〇局が開局。その後も、各都道府県に新規のUHF局が次々に立ち上がり、しだいに県域民放局は各県に二局にとどまらず、三局、四局の時代へと突入した。

これはテレビ史からみれば、民放局開局の「第二の波」であった。（図2-2）は、民放テレビ局数の推移を示したグラフであるが、このグラフから分かるように民放局にとって「第一の波」は、一九五〇年代後半であった。これは前章で詳述したように、皇太子御成婚パレードを起爆剤として、当時の郵政大臣・田中角栄が放送局の大量免許の交付を行なったためである。そして、一九六〇年代後半から一九七〇年代初頭、郵政大臣・小林武治によるUHF帯の開放は、これに続く第二次大量免許の交付であった。これをきっかけにして、一九七〇年代は一気に各都道府県における県域民放局の複数化が進んでいくことになった。新しいUHF局の相次ぐ開局は、既存のテレビ・ネットワークの再編成を促した。それにともない、県域放送局における「ローカル・ジャーナリズム」が発生したことも見逃せない。その導火線となったのが青森放送で一九七〇年四月から始まった『RABニュースレーダー』である。この番組は月曜から土曜の毎朝六時五五分から八時一五分まで、地域向けの情報を発信し続けた。これに続き一九七七年にはJNN系列二五局が午後六時台のローカル・ワイドニュースを放送し、FNN系列でもネットニュースに三〇分のローカルニュースを放送するようになった。さらに一九七九年三月からNNN系列で『ズームイン!朝!!』が始まったのも象徴的で、毎朝、東京から系列局へ「ズームイン」と呼びかけて中継を結び、地方ネタをリレーで伝えた。これはネットワークをあえて可視化した共同制作の形であった。

こうして一九七〇年代は、全国的なテレビ産業の変化とともに、〈地方〉に立脚したローカル番組が全国的な広がりを見せていった時代であり、言い換えれば、脱〈東京〉のテレビ局から番組が発信されていく時代となった。放送装置が「東京のなかのテレビ」を超え、全国各地に建設されるようになったのである。

当時、青木貞伸は、こうした地方局による新しい動きを「ニュー・ローカリズム」と称した。かつてのネットワークに支えられた〈東京〉中心の構造ではなく、新しいローカル文化がテレビ産業で起きていることに期待を寄せたのである。

地域局をめぐる状況もドラマチックに変わりつつあった。それまでのテレビ産業は、まさに「高度経済成長」のシンボル産業として「中央」からの電波を一方的に発射し、文化の画一化を推しすすめてきたのである。だが、七〇年代に入ると、「高度経済成長」の破綻が表面化し、ドラスチックな中央集権化に対する反作用としての、ふるさと志向、あるいはローカル文化の再構築といった風潮が目立ちはじめたのである。(『放送文化』一九七七年五月号)

新しいUHF局が次々に開局し、放送局が脱東京化していく動きは、テレビ産業史においても一九七〇年代に見られた大きな特徴である。民放テレビ局の複数化によって、東京の外部で放送局が建設され始め、テレビは〈地方〉に存立していくことになったのである。

「地方の時代」を先導するテレビ

UHF帯が開放されて次々に新しい県域民放局が全国に誕生する動きは、当時の社会思想とも結びつき、さらに先鋭化した。一九七〇年代以降、反東京主義の思想は公権力からも積極的に提示され、例えば第一に、田中角栄が『日本列島改造論』(一九七二)において、国土面積の一パーセントに総人口の三二パーセントがひしめく状況をみて、開発の拠点を都市から地方へ転換することを提言した(田中角栄 1972)。田中は大都市と地方の格差是正のために地方農村の工業化の促進、工業の再配置を主張し、「豪雪の裏日本に光を」をテーゼに地方優位論を唱え、書籍は異例のベストセラーとなった。

第二に、「地方の時代」である。一九七九年四月、統一地方選挙を前に、長洲一二（当時神奈川県知事）が「地方の時代」を訴えて以降、この言葉は中央集権を否定して、新しく地方分権を謳うキーワードとして、さまざまな場で多用されていく。一九八〇年、磯村英一も次のように書いている。「二一世紀を二〇年後に迎えようとして、いろいろな〈時代〉が語られる。政治的には南北の時代、経済的には省エネの時代、そして、哲学的には不確実性の時代まで。しかしそのなかにあって、確実なのは、〈地方の時代〉だということと思う」（磯村英一 1980: i）。

とりわけ一九七〇年代以降の「地方の時代」というキーワードは、先にみた地方局開局とそれにともなうニュー・ローカリズムの発生ときわめて親和性が高かった。むしろ、地方へと広がりを見せるテレビ局は、こうした公権力から提示された「地方の時代」言説の積極的な旗振り役となっていく。つまり、テレビ局自身がマス・メディアの東京中心主義（中央主権）を否定し、地域社会におけるローカリズムを推進するメディア産業として、積極的に〈地方〉を演出しながら、「地方の時代」を牽引していったのである。

それゆえに、一九七〇年代から八〇年代半ば頃まで、映像で〈地方〉を記録することの意味が重視されるようになっていく。次節で詳述するように、これが一九七〇年代以降の紀行ドキュメンタリーの隆盛につながり、その土地土地で「地域の眼」が育ち始め、テレビは時代を切り取る新しい眼となって〈地方〉を映しだしていったのである。一九八〇年、神奈川県と川崎市の呼びかけに、NHKや各民間放送局が賛同し、「地方の時代」映像祭がスタートしたのもその現われである。これは全国各地から集められたテレビの「地域の眼」を、映像祭として表彰しようとするものであった。

第一回から審査委員として積極的に関わった村木良彦は、「地方の時代」は「文明の新しい地平を切り開くキーワード」であるとして、同映像祭の意義を次のように述べていた。

テレビはつまらない、くだらない番組が多すぎるとよく言われる。まことにもっともで反論の余地はない。しかし、地方局制作のドキュメンタリー番組をまとめて見ていると、「地域を凝視める眼」がまだまだ生きていると感じることが多い。東京のキー局ではほとんど失われてしまったものだ。（…）いま日本各地でどのような問題が起こっているか、住民は何を求めているのか、行政はそれにどう対応しているかなど、それぞれの地域の現実を鏡のように映しだしている。（…）これらのドキュメンタリー映像が語りかけてくるのは、まさにこの国の「かたち」である。同時に、その現実にテレビメディアはどうかかわってきたかが問われている。この意味でこの映像祭はこの国の発見の場であり、「もうひとつのテレビジョン」との出会いの場であるとも言えよう。（村木良彦 2012: 5-7）

「地方の時代」という社会思想が生まれたのは、高度経済成長の歪みからくる疑念がきっかけであった。一九七〇年代以降、テレビは高度経済成長からこぼれ落ちた「小さな物語」を記述しようとし始め、これが村木の言う「地域を凝視める眼」の誕生につながった。その前提となっていたのが、ここまで見てきた地方局の相次ぐ開局である。村木はそれを「もうひとつのテレビジョン」と称したが、一九七〇年代は各都市のなかにテレビ局が相次いで誕生したことで、新しいテレビ産業の枠組みが成立した時期である。こうして日本各地の「都市のなかのテレビ」が変化していくことで、一九七〇年代から八〇年代にかけて、各地方局から「地域」を問おうとするまなざしが生まれていくことになる。これは「脱東京化する放送」の成立を意味し、このことが「テレビのなかの東京」の変化として明確に現れることになった。次節に見ていくように、テレビ番組ではまず、近代都市・東京批判へと向かい、そして全国各地をめぐる紀行番組が隆盛し、それが〈東京〉の喪失へとつながっていくことになったのである。

2　テレビが描く近代都市・東京批判

本節では一九六〇年代後半におけるテレビ・ドキュメンタリーのなかの〈東京〉の変容、そして一九七〇年代以降の紀行ドキュメンタリーの隆盛について考えたい（＝テレビのなかの東京）。ここにあるのは「近代都市・東京への批判」であり、地方局の建設と連動しつつ誕生した、テレビの〈地方〉へのまなざしである。これは番組内部においても、〈東京〉措定の時代が終わりを告げ、〈東京〉喪失の時代になったことを示唆していた。

2-1　ドキュメンタリーが描く〈東京〉の変化

都市文明の危機を描く——NHK『現代の記録』

一九六〇年代後半、高度経済成長による中央集権や産業開発が一巡し、成長の限界が見えたとき、日本ではさまざまな公害が噴出した。水俣病やイタイイタイ病、四日市ぜんそくなど、経済優先で突き進んできたゆえに全国各地で都市問題が起きた。これは東京も同じで、大気汚染や水質汚濁、土壌汚染、騒音、悪臭など、東京の産業構造の変化にともなう負の側面が露呈し始めた。オリンピックの閉幕の直後、遠藤周平は次のように書き記していた。「祭のあとにはうつろな疲労と共にゴミくずはつきものである」（講談社編［1964］2014: 308-9）。一九六七年八月三日に「公害対策基本法」が公布され、翌年四月に東京の公害に特化した調査機関「東京都公害研究所」が発足した。同研究所は一九七〇年に報告書『公害と東京都』を刊行し、これが一九七一年の環境庁設立へとつながっていく。

一九六〇年代半ば以降に噴出し始めた公害問題を、テレビは画面のなかで危機感をもって描いていくことになる。自身の局舎建設などが公害の原因になりえたかもしれないことは脇に置き、テレビは番組のなかで公害問題を積極的に描き、近代都市・東京を批判する側に回ることになったのである。これはテレビ・ドキュメンタリーが描く〈東京〉の変化であった。

同時代の社会問題を描写し、告発する型の番組は、NHKのテレビ・ドキュメンタリーの系譜として受け継がれた。具体的には、NHK『現代の記録』(一九六二〜六四)から『現代の映像』(一九六四〜七一)へといたるドキュメンタリー・シリーズが、一九六〇年代後半から一九七〇年代に向かう東京の「陰影」を記録した。この二つのテレビ・ドキュメンタリー・シリーズは、第1章で述べた『日本の素顔』(一九五七〜六四)の後続番組として誕生したものである。すでに述べたように、一九五〇年代の『日本の素顔』は「都市下層」の人びとを東京の社会問題とみなし、「東京とはこうあるべきだ」と啓蒙した。

しかし、続く『現代の記録』と『現代の映像』では、人口膨張による都市問題に焦点を当て、徹底的に現代文明への警鐘を鳴らしていく。ここにあるのは、近代への賛美ではなく、近代への批判であった。ゆえに後続の二つのシリーズは、近代都市・東京への批判で彩られ、そこには「人間らしさ」を追求しようとする一九六〇年代後半以降のドキュメンタリー番組の変化として見ることができる。

『現代の記録』(一九六二〜六四)は、『日本の素顔』を創設した吉田直哉の提案によって始まった番組である。『現代の記録』で描かれるのはオリンピック前の東京であり、急速に発展していく現代文明そのものであった。この文明論が、後の『現代の映像』へと引き継がれ、近代都市・東京批判を全面的に展開してくことになる。それゆえに、『現代の記録』は直接的な近代都市批判としての役割よりもむしろ、「問題提起」としての役割を担った。一九六〇年代から急激に加速していく高度経済成長への「疑念」がそのまま番組のなかで描かれ、これが後の批判のための伏線となっていく。

例えば、現代の記録『都会っ子』（一九六二年八月二五日放送）では、現代文明によって画一化した子どもたちの変化を問い、『ターミナル』（一九六三年九月七日放送）では、郊外の発達によって膨れあがる東京の交通地獄を問題化した。また、『緑陰喪失』（一九六二年八月一八日放送）では都市改造による日本人の自然観の変化を憂い、『幻の故郷』（一九六三年五月四日放送）では、上京した農家の跡取りたちが故郷を捨てることで農村の「地すべり」が起こっている現状を指摘し、『地方色』（一九六二年一二月二二日放送）では東京が次々に地方色を呑み込み、地方の伝統を吸収する現状が伝えられた。このように、『現代の記録』ではオリンピックへと向かう「東京の一極集中」とそれが生みだす「地方の疲弊」を各方面から問題化した。しかし、先にも述べたように、これらはあくまでも「問題提起」であって、現代文明の予告的な番組であった。その後に実際に生じていく一九六〇年代後半の都市問題を生々しく告発していったのが、後続の『現代の映像』（一九六四〜七二）であった。

人間らしさを描く――NHK『現代の映像』

『現代の記録』が文明論であったとするならば、『現代の映像』は人間論である。もちろん、この二つは高度経済成長への危機感を一貫してもっているが、『現代の映像』になると、近代文明の警鐘を、より人間的な側面から捉えていくことになる。オリンピックによって疲弊していく人間を問いなおす動きが「テレビのなかの東京」に現われるようになったのである[3]。

例えば、現代の映像『ビルの中の童話』（一九六五年五月一四日放送）は印象的である。この番組は、冒頭のナレーションが言うように、「ビル街という孤独のなかに追いやられた、東京都心の子どもたちの物語」である。番組の冒頭では、銀座のビルの地下室に住む少年が映されている。暗室に閉じ込められた彼は、一度でもいいからボールを思い切り投げてみたいと語る。東京オリンピックによる都心部の建設ラッシュによって、子どもたちのもつ奔放なエネルギーがビルのなかに閉じ込められていく。地下道を使って通学する子どもたち。学校の校庭もコンクリートである。番組では、東京は「大自然に対する僻地だ」と表現する。

図 2-3　NHK『ビルの中の童話』(1965)

この番組のなかで象徴的な存在として登場するのが、ユキオくん（六歳）である（図2-3）。ユキオくんは学校で何時間も泣き続けてしまうなどの「異常行動」が多く、学校生活に適応できていない。ユキオくんは絵を描くときも花や木、動物を描くことはなく、学校ではいつも孤立し、怯えている。しかし、ユキオくんを屋上に連れていくと機嫌は直り、それは学校で唯一の「土」があるからだという。自然がユキオくんの栄養剤となった、と番組は語る。そこで学校は母親に「家庭で自然を触れるように」と提案し、さっそく母親は自宅に小さな庭を作るため、東京中に土を求めて彷徨い歩く。しかし、コンクリートで舗装された東京の道路に土はなく、結局母親はデパートにて「土を買う」ことになる。ここに消費文明の極致があると番組は示唆し、閉じられている。この番組ではかなり直接的な描写で、ときにゾッさせるような構図で、近代都市・東京による子どもたちの精神的な崩壊を描いている。ここには子どもたちの変化を通して考える、近代都市・東京批判があった。

また、現代の映像『出かせぎの村』（一九六四年五月三一日放送）では「新しい農村の悲劇」を伝えていた。都市と農村の所得格差によって出かせぎに行った一家の主たちが行方不明になる問題が出てきたのである。番組では、東京に出かせぎに行ったまま妻子を残して帰ってこない事例を取り挙げている（図2－4）。妻は故郷の秋田県から上京し、同郷の人びとが働く工場を訪ね歩きまわるが、転々とする労務者の実態にあって、夫の手がかりは掴めない。番組のナレーションは次のように言う。「巨大な繁栄の谷間を、一人の農家の主婦が密かな哀しみを抱いて歩き続けていた。しかし、彼女に力を貸してくれるものはない。どんな役所も出稼ぎの実態を知らないからである。大都会の果てしない渦のなかで、その捜索は暗闇を手さぐりするように頼りないものだった」。番組のラストは、茫漠とした都会のなかで絶望する妻が、上野駅から帰郷する姿で終わる。東京のなかで身内を探して孤独に彷徨い歩く姿は、前章で見た『特集　TOKYO』を彷彿とさせる。

この地方の疲弊は『閉山と老人』（一九六七年六月一五日放送）でも描かれ、東京へ働きに出た息子たちの仕送りを待ちながら北海道で孤独に暮らす老人たちを取りあげている。ここには住宅

図2-4　NHK『出かせぎの村』（1964）

の狭さで両親を連れていくことができない子どもたちと上京を期待する親たちとの「ズレ」がある。一九六〇年代後半の、新しい老人問題であった。そして、『現代の映像』が多く取りあげたのが、一九六〇年代後半の東京自身の都市問題であり、『塵芥都市』（一九六五年八月二七日放送）では夢の島のゴミ問題を、『110PPM大気汚染と東京』（一九六六年六月三日放送）では深刻化する東京の大気汚染を、『人か鳥か――東京湾新浜開発の論理』（一九六七年一一月二四日放送）では東京で野鳥の生息地が消えている現状を、『首都の道――過密とハイウェー』（一九六八年一月一九日放送）では頻発する交通事故を取りあげている。とくに『110PPM大気汚染と東京』のラストナレーションは、こう述べていた。

自動車も工場も東京という都会も人間が科学の力で作りあげてきた財産である。その文明が生みだす都市公害を人間の力で支配できないはずはない。東京に綺麗な空を取り戻すことこそ、現代に生きるわれわれの未来に対する責任であるはずだ。

以上のように、NHK『現代の映像』では、高度経済成長の歪みからくる都市問題について描き、掘り返されていく国土への危機感をもち、告発をし続けた。そこにはこうした文明を生み出した人間自身の問題への告発と同時に、近代都市・東京が及ぼした人間の生活への負の変化についても触れている。描かれるテーマも、公害、交通事故、交通地獄、環境破壊・自然破壊、廃村、離村、親子関係・人間関係の崩壊、子どもの思考の画一化・均質化など、多岐にわたる。『現代の記録』で提起された文明論的な問題を、『現代の映像』では人間の側面から回収し、告発したのである。

こうしてオリンピックを挟んで継承されたドキュメンタリー・シリーズから見えてくるのは、近代都市・東京への明らかな批判であり、近代都市・東京の再検討である。これは一九六〇年代前半までを中心とした〈東京〉の措定とは明らかに異なり、「ここが東京だ」と決めつけるまなざしは一切ない。むしろ、近代都市・東京の環境破壊に警鐘を鳴らし、人間尊重の市民社会を謳おうとする動きが「テレビのなかの東京」に登場するようになったのである。[4] こうして一九六〇年代後半にかけて噴出した公害をはじめとする都市問題によって、テレビ・ドキュメンタリーは東京に対峙する視線へと変化したのである。

脱近代都市を描く――TBSの実験

以上のような一九六〇年代後半におけるテレビによる近代都市・東京批判は、NHKだけで描かれていたわけではない。「テレビのなかの東京」の変化は、別の形として、とりわけ一九六〇年代後半のTBSのドキュメンタリーにおける「実験」にも凝縮されていた。それはNHK『現代の映像』のように真正面から近代都市・東京批判を行なうものではなく、テレビ的な方法論を模索しながら、東京の近代都市性を批判する前衛的なものだった。このTBSによる実験的なドキュメンタリー群に特徴的だったのが、東京の街頭の風景をコラージュしたり、そのまま生中継したことである。TBSでは一九六〇年代後半に急速に存在感を増す〈新宿〉を舞台に、その実験的な手法を開拓したのである。

例えば一九六七年、TBSでは〈東京〉に関する三本のテレビ・ドキュメンタリーが制作された。現代の主役『わたしのトゥイギー』（一九六七年八月三日）、マスコミQ『フーテン・ピロ』（一九六七年八月二一日放送）、現代の主役『クール・トウキョウ』（一九六七年九月一四日放送）である。これらはすべて村木良彦の演出で、一九六七年の夏から秋にかけて撮影、放送された。今日見てみると、その前衛性に驚かされるが、これらもまた近代都市・東京批判であった。

現代の主役『わたしのトゥイギー』（一九六七）は、一人の若い女性が東京の雑踏を歩くところから始まる。名前は水野久美子、一九歳。「ミニの女王」と呼ばれたイギリス生まれのファッションモデル、トゥイギーに似ていると言われると独白する彼女の後姿を、カメラは都市の雑踏のなかで追っていく。彼女は〈東京〉を彷徨い歩きながら、ただひたすらにそこで見た断片を小声で囁き続ける。「私の眼。私の夏。私の沈黙。私の沈黙。私のピーター。私の東京。私の一九六七年。私の手。私の血。私の夏。私のバラバラの希望。私のバラバラの希望。私の一九六七年」。かつて『特集 TOKYO』（一九六二）で東京を彷徨い歩く女性には、行方不明の両親を探すという目的があったが、『わたしのトゥイギー』では目的はなく、眼に映るもの、都市のなかにあるものを、断片的につぶやきながら彷徨っている。この彼女の行為は、近代都市への順応ではなく、むしろ拒否しつつ、一九六七年の東京という一回性を記録するものであった。（図2-5）

この断片的な都市の記述は、他の二作品であっても変わらない。現代の主役『クール・トウキョウ』では冒頭のテロップで「この番組は一九六七年九月、東京の街で集められたさまざまな断片を構成してつくられたフィクション・ルポルタージュです」と明記され、今度は銃を担いだ少女が東京の街を歩いている。そしてここでも、彼女による都市の断片的な独白が続く。「一九六七年、秋。東京。長い熱い夏の終わり。ホットに包まれたクール。バラバラの希望と絶望。クール・トウキョウ。私の時代。私の街」。マスコミQ『フーテン・ピロ』でも、フーテン族のなかの一人の美少女ピロに焦点をあて、深夜スナックなど東京の断片を見せていく。

これらTBSの三部作に共通するのは、少女たちの目線から当時の〈東京〉の断片を記述しようとしたことである。いわば一九六七年の「若い女の遊歩」が主題であり、ここから東京という近代都市を脱構築しようと試みている。カットごとの意味的なつながりはなく、明らかに映画的なモンタージュを拒否していた。あくまでも一人の若い女性を通して、カメラと東京との関係性を問うこと自体が目的とされている。制作者の村木良彦によれば、これらの手法は〈アクション・フィルミング〉と〈コラージュ〉であるという。

図 2-5　TBS『わたしのトゥイギー』（1967）

> 伝達されるべき内容（いわゆるテーマや現実）↓フィルムによる表現という製作プロセスを常に逆転し、或いは同時にする〈アクション・フィルミング〉の方法と、モンタージュを徹底的に拒否する〈コラージュ〉の方法、この方法の中に六七年から六八年にかけてのぼくの状況感覚がある。テレビジョンが人間の文化的営みである以上そこには同時代の大衆の精神的営為

が反映する。テレビジョンをつくり、或いは見るということはひとつの現実的行為であり、いわば時代精神のドキュメントそのものである。複雑にゆれ動くこの時代にあっては既成概念は無力であり、フィクションがドラマでノンフィクションがドキュメンタリーなどという分類すらナンセンスなものとなってくる。（『調査情報』一九六八年三月号）

この〈アクション・フィルミング〉と〈コラージュ〉の思想は、村木良彦らを中心とした当時のTBSの都市に対して行なった実験の一つであった。徹底的にテーマ性を排し、若い女性がそのまま東京に身を置いて都市の断片を切り取ることに、一九六七年の村木良彦の「状況感覚」があったのであり、ここにはテレビ的な実験をする意志とともに、当時の東京という都市空間を異化する試みがあった。(5) あえて現実と虚構の区別をなくすことで、フィクションとノンフィクションという分類自体をナンセンスにすることを村木は東京で狙ったのである。

テレビが新宿を劇場化する

当時の東京をドキュメンタリーによって異化するTBSの試みが、主に〈新宿〉を描くことで達成されていたことは重要である。東京をフィクションとノンフィクションとが混在する場から描こうとするとき、当時の新宿こそ適う場所であったからである。先の三部作もよく観察してみると、直接ナレーションで言及されないものの、その舞台は〈新宿〉であった。当時、村木は新宿に番組のネタ探しのために足しげく通ったことだろう。その姿からは、一九六〇年代後半において近代都市・東京批判を行なうとき、象徴的な場としての〈新宿〉が浮かびあがってくる。

当時の新宿は、言うまでもなく街全体が騒乱していた。全共闘運動の学生、演劇青年、ジャズ族、フーテン族などが集まり、アングラやハプニングと呼ばれる若者文化が隆盛し、さまざまな人間が行き交う雑多な場で溢れていた。一九六八年に新宿をフィールドワークした深作光貞は、当時、新宿を「現代のジャングル、現代の秘境」（深作光貞 1968: 96）と表現したが、深作によれば、当時の新宿が「現代の秘境」となったのは、流入者たちが集う「寄合的性格」をもっていたからだという。同じ盛り場であっても、銀座は背後に丸の内や日本橋といったビジネス街をもち、昼間人口という支配者がいたが、新宿にはそれがない。「ないばかりか、街自体が日本全国からの流入者によって形成されている。寄合的性格であるうえに、つねに新しい、見知らぬ流入者が増えている。だから、地元といっても複雑多岐で統一がない。新宿では、土地者も他所者もないのである」（深作光貞 1968: 96）。当時の新宿という街は、近代都市批判の極致にあった。

この新宿において、当時、TBSは先の三部作に限らず意図的に実験的なドキュメンタリーを仕掛け、さらにはハプニングを期待することで、都市を劇場化させた。これもまた、TBSによる近代都市・東京批判の一つの形であった[6]。TBSが新宿に仕掛けたハプニングは、例えば、マスコミQ『私は…新宿編』（一九六七年六月一五日放送）で実現された。この番組はマスコミQというシリーズの第一回作品として、午後一一時一五分から四五分まで生放送されたものであり、冒頭のテロップには「新宿歌舞伎町から生中継によるテレビドキュメンタリー」と示されている（図2-6）。この番組の手法はTBSで制作して話題を呼んだ『あなたは…』（一九六六年一一月二〇日放送[7]）の継続版とも言えるもので、緑魔子をリポーターとして、深夜の新宿を行き交う人びとに一分間で「私」について語ってもらい、それを生中継するというものであった。演出を担当した村木良彦は、その演出意図について次のように書いている。

六月から、テレビ・ドキュメンタリー番組が一シリーズできることになり、「マスコミQ」というタイトルがつけられた。野心的なドキュメント・シリーズにしようということで、私たちは大いにはりきった。第一回は、私の企画提案による新宿歌舞伎町からの生中継と決まった。タイトルは、昨年の「あなたは…」に対して「私は…」とつけた。新宿の街頭で、道行く人に一分間時間をあげる、何にでも使ってくださいと言ってみる、事件を追いかけてテレビ中継車が出かけていくのではなく、中継車がいくそのことがイヴェントとなり、ひとつの〝場〟となるようなドキュメンタリーを考えていた。（村木良彦 1977: 77-8）

この村木による「テレビ中継車が出かけていくのではなく」という言葉は重要である。ここではそれまで通例だったテレビが何かを伝えるために生中継で伝えようとする意図はない。むしろ、テレビクルーが新宿という「場」に行き、そこで中継を始めることでイベント化し、そこで起きるハプニングそのものを生放送で捉えるものだった。ここには明らかに、一九六〇年代前半から後半へと変化した「テレビのなかの東京」の切断面がある。つまり、ここには「東京とはこうだ」「東京とはこうあるべきだ」というような〈東京〉を措定しようとする意志が一切ない。

しかし、この村木の目論見は、予想を超えて、当時の新宿という巨大なうねりのなかに巻き込まれていくことになる。放送直前、緑魔子は新宿の雑踏に囲まれ、放送開始に間に合わなくなる危機を迎えた（村木良彦 1977: 78）。一九六〇年代後半の新宿という場の深夜は、村木の予想をはるかに超えた喧噪にあった。ただ、その相乗効果をもたらしたのは、まぎれもなくテレビ自身である。テレビの中継そのものがイベント化することで、東京の都市空間は混乱した。それは巨大なテレビというマス・メディアにおいて「一分間を占領するという、現状では夢物語」（『調査情報』一九六七年八月号）をあえて仕掛けた結果の喧噪でもあった。

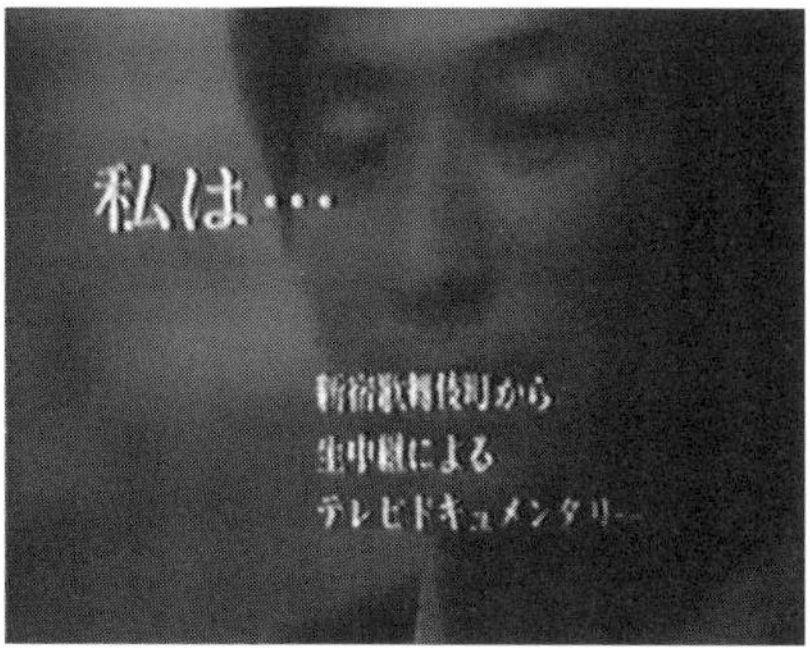

図 2-6　TBS『私は…』（1967）

カメラを向けられた、ある若い男はこう発言する。「おじさんおばさんもね、起きてたらね、なんかよろしく言っておいてよ。もう周りみんな、すごい人、新宿。こんなね、夜中だからね、人いないと思ったんだけどね、それがすごいの。もみくちゃでね。いまやっとここへ出て来たんだけどさ」。この男の他にも、便りのない恋人に呼びかける男、歌を唄う男、前衛芸術を語る女、行方不明の人に呼びかける男、ただ笑うだけの男、自分の店の宣伝をする女などが登場する。

実は、この番組は通行人の発言の稚拙さから、番組自体の評判は悪い。しかし、意図的にハプニングを期待した村木によって、それまでの「テレビのなかの東京」の手法を逆手にとり、テレビ自身がハプニングを起こす装置となったことはテレビ番組史の重要な転換点であった。村木は後にこう述べている。「中継車がイヴェントとなるということを含めて、深夜一一時の新宿歌舞伎町の素顔の断面をとらえるという、私たちの意図はある程度成功したのではないかという確信に近い思いであった」(村木良彦 1977: 79)。明らかに、それまでの外側から〈東京〉を措定しようとする予定調和なテレビのまなざしはなく、秩序だった近代都市・東京のあり方をテレビ自身が壊そうとしていた。

この新宿をめぐるTBSの手法は、他局にも波及する。テレビ中継自体が予告されたイベント化し、そこに新宿の喧噪と抱き合わせることでハプニングを焚きつけようとする番組が次々に制作された。代表的なものは、日本テレビ『木島則夫ハプニング・ショー』であろう。これも第一回放送(一九六八年五月一八日放送)として新宿から生中継することで、東京のなかで一種の祝祭空間を巻き起こした。警察まで出動する騒ぎとなったという意味で、先の『私は…』よりも、『ハプニング・ショー』の方がテレビ史のなかで語られることが多い[8]。

先にみた『私は…新宿編』および『ハプニング・ショー』に共通しているのは、意図的に〈新宿〉という場のなかで、テレビ自身が姿を晒すことで混乱させ、テレビカメラの前に群衆を呼んだことである。そして、ここにあるのは「東京とはこうだ」とテレビが外側から〈東京〉を措定するような視線ではなく、オリンピックを経て近代都市が徐々に崩壊し、新宿という都市空間が生まれるなかで「テレビのなかの東京」に関する新しい表現の模索であった[9]。このような一九六〇年代後半におけるドキュメンタリーの変化を受けて、一九七〇年代以降、テレビは新しい方法で〈東京〉

を切り取り始めていくことになる。それが以下で見ていく〈東京〉の喪失であった。

2-2　東京における取材地の消失

上京物語の終わり

一九六〇年代後半にテレビ番組のなかで近代都市・東京批判が描かれるようになって以降、とりわけ一九七〇年代に入ると、テレビのなかで〈東京〉は不在となった。「東京とはこうだ」と意味づけていたテレビのまなざしは消え、それを打ち消すようなNHK『現代の映像』やTBSのドキュメンタリーが登場したとき、テレビは明確に〈東京〉を描く視点を失った。「東京とはこうだ」ではなく、いわば「東京とはどこだ」とテレビ自身が取材地を喪失したのである。これは前章の最後に吉田直哉が直観的に感じた問いでもあった。まず、この事態を的確に示す、一九七〇年代半ばの一本のドキュメンタリー番組を見てみたい。

一九七五年三月二八日に放送されたNHK『ドキュメンタリー　最後の集団就職列車』はタイトルが示す通り、地方上京者たちの「上京物語の終わり」を描いたものであった。放送直前の三月二四日夜、最後となる集団就職列車が岩手県盛岡駅から発車し、この「最後」の日、中卒者三七〇人余りが盛岡から上野駅へと向かった。一九六五年には盛岡駅から約五〇〇〇人が列車に乗り込んだが、その数は一割弱に減った。盛岡-上野間の集団就職列車は、二一年間で計七六本が運行し、約四万六〇〇〇人の若者たちが上京したが、いま、集団就職列車がその歴史を閉じようとする瞬間

図 2-7　NHK『最後の集団就職列車』（1975）

にテレビが立ち会ったのである（図2-7）。

番組ではこの最後の集団就職列車に盛岡駅から同乗し、上京する中卒者たちの声をひろっている。前日に眠れなかったと語る女の子、ぐっすり眠れたと語る女の子たちは、気が付いたら互いの肩を借りながら、列車のなかで眠っている。番組では彼ら／彼女らをもはや「金の卵」として描こうとはしない。彼ら／彼女らはかつてのような壮行会やセレモニーで送り出されることはなく、ひっそりと家族の見送りだけを残して最後の発車の様子が描かれている。番組のナレーションは言う。「町はいまや、若者を送りだし続ける力を、失おうとしている」。かつて金の卵としてもてはやされ、輝かしい〈東京〉へと向かう若者の姿はもはやない。

番組の解説には、次のようにある。

日本の近代は、農村と都市のあいだを労働力が行き来した歴史である、と言ってもよいだろう。敗戦とともに激減した都市人口。一方で、農村には行き場のない労働力が大量に存在していた。いわゆる、農村の「二、三男問題」である。その若い労働力を吸収する形で、日本は戦後復興から一気に高度経済成長へと突き進んだ。（…）しかし、やがて農村の「余剰人口」は枯渇し始める。企業もまた、高度経済成長の終わりを意識し始める。「金の卵」であった中学卒業者の希少性は、薄らいでいった。そして昭和五〇（一九七五）年三月二四日。盛岡発の特別列車が、ついに「最後の集団就職列車」になった。その四日後に放送されたこの番組は、この列車が上野駅に到着するまえの一晩を追い、それに乗った若者たちの表情に迫った、稀有なドキュメンタリーである。同時に、かつて集団就職によって都会へやってきた若者たちの姿、そして若者たちを送り出してきた農村の風景から、日本の高度経済成長を支えてきたものが何だったのかを、鮮やかに映し出している。（NHKアーカイブス番組プロジェクト編 2003: 13）

この一九七五年に放送された番組の主題は、本書の文脈で言えば、「集団就職とは何だったのか」という総括よりもむしろ、それまで輝かしい対象としてあった〈東京〉の喪失である。この番組が興味深いのは、列車が上野駅に到着した瞬間に、番組が終わっていることである。中卒者たちが上野駅に降り立って以降、どのような人生を歩むのかという〈東京〉での未来図が一切描かれていない。上野に着いてからの物語がまったく語られていないのである。かつて始まりの地として描かれていた〈上野〉が、もはや終わりの地として表象されていた。ここにおいて一九七〇年代初頭、しだいに逆流現象が起こるようになり、地方から東京へと向かっていたベクトルが消え始め、東京から地方へと反転していくことになる。このとき「テレビのなかの東京」においても〈東京〉を描くことそのものが喪失した。

〈東京〉を描く方法論の喪失

「上京物語の終わり」によって、テレビ番組が東京内部に向けていたまなざしも変化した。一九七〇年代に入ると、とりわけテレビ・ドキュメンタリーでは東京の「特定の場」に言及することが稀になり、むしろ、特定の場に取材に行く代わりに、どのようにすれば東京を取材することができるのか（取材できたことになるのか）という「方法論そのもの」を問うような視線が登場する。これは徐々にテレビのなかで〈東京〉が喪失したがゆえの、きわめて一九七〇年代的な「テレビのなかの東京」の描写であった。例えば、一九七〇年代に登場した新しい方法論の一つに、「メッシュ」で捉えられた〈東京〉がある。

NHK『ドキュメンタリー　メッシュマップ東京』は一九七四年一一月一三日に放送された六〇分番組である。この番組はどこかの地域に特化して〈東京〉を描くのではなく、「メッシュマップ」と呼ばれる一キロメートル四方（もしくは五〇〇メートル四方）に区切られた地区に関する統計データをもとに色分けしたマップを用いて、東京の都市空間を描こうとする。メッシュマップには、さまざまな種類があり、年齢別、職業別などの人口に関するマップのほかに、火災情報、騒音や大気汚染、通勤、救急病院に関するものも存在する。番組の冒頭、メッシュマップの利用の意味についてナレーションは次のように語る。

地形や道筋、場所の所在を教えてくれるもの、それが普段私たちの手にする地図である。さて、いま地図に網をかけてみよう。網の目のひとつは一キロメートルである。東京はおよそ一四〇〇個の網の目から成り立っている。網の目のなかの現実を、数字や色で塗り分けてみると、どんな地図が出来上がるのだろうか。

この番組では東京を「メッシュ」という幾何学的に分節されたさまざまなメッシュマップを手掛かりに、一九七〇年代半ばの東京の「網の目のなかの現実」を多層的に捉えていく。この番組の構造をまとめてみると、①あるメッシュマップを用いて、②ある特異な特徴を見いだし、③そこの地域(東京のどこか)に取材に出かけ、④そこに住まう人びとの話を聞く、という一連のプロセスを何回も繰り返していることが分かる。

一九七四年に放送されたこの番組の構造は、いったい何を示唆しているのか。この番組は一見すると、東京のさまざまな地域に取材する断片的な構成に見えるが、その背後には、①メッシュマップ、②発見される特徴、③取材地域、④出会う人びとの声、という一定のパターンを繰り返すことで、東京の都市空間を捉える方法論そのものを問おうとする番組の視線を確認できる。そのための方法論が「メッシュ」だったのである。茫漠として捉えがたい東京を、初めからある特定の地域に限定して描くのではなく、描く地域を見つけるプロセスそのものを描きだそうとする。ここからは、一九七〇年代半ばに「メッシュ」という方法論でしか取材地を「発見」することができなくなり始めた「テレビのなかの東京」の変化が見えてくる。[10]

NHKライブラリー選集にて、本番組が再放送された際(一九八八年二月二〇日放送)、立花隆は『メッシュマップ東京』の手法について次のような解説をしている。

メッシュマップひとつひとつに盛られた、この小さな区画の色分けのデータというのは、まったく無機質の統計のデータでしかないわけです。ところが、そのひとつのメッシュが具体的に何を表わしているんだろうかと、その場所に行って、そこにある具体的なイメージを出してくると、そこに生の生きた現実が出てくるわけです。非常に無機質なメッシュマップに表われたデータと具体的な生の現実。これを両方を照らし合わせながら、色んなメッシュマップを手掛かりに、この東京という非常に巨大な超層的な都市を色んな角度から切ってみようとしたのが、この『メッシュマップ東京』という作品なわけです。

無機質なメッシュマップのなかに潜む、具体的な「生きた現実」を捉えようと試みているという立花の解説の裏を返せば、この番組が東京という都市空間に対し、恣意的な取材地を設定することができなくなったことを意味していた。一九七〇年代、近代都市・東京批判を経て、テレビカメラはどこに据えれば〈東京〉を捉えたことになるのか分からなくなったのである。このとき、ドキュメンタリーは東京において取材地を喪失した。一九七〇年代、テレビはどこを撮れば〈東京〉を描いたことになるのか、場所の特定が難しくなったのである。これは「上京物語の終わり」によって、つねに〈地方〉との対比として語られてきた東京の内部へのまなざしが、見失われた結果である。そのなかで「メッシュマップ」という手法は、茫漠とした巨大都市東京の現実を、幾何学的に分節化することでミクロな声を拾える道具（ツール）として有効であったのであり、一九七〇年代の東京の空間構造をパターンとして見せてくれるテレビ的方法論の拠り所であったのである。

このような一九七〇年代のテレビ・ドキュメンタリーにおける「取材地の喪失」は、同時代の番組を見ても確認できる。例えば、NHK『新日本紀行　東京・山川草木』（一九七二年一月八日放送）は、異色であり、この番組は東京の「沈黙」を捜し求めることを目的としていた（図2-8）。冒頭のナレーションは言う。「私たちは、沈黙が通る道をさがして、東京を歩いてみようと考えました。静寂な風景というものがあるかどうか、疑わしいとは思いながらも、とにかく歩いてみることです」。

図 2-8　NHK『東京・山川草木』（1972）

この番組ではもはや、東京の「無」を描き、一九七〇年代のドキュメンタリーが東京の無場所にカメラを向け、そこに新しい風景を探し求めるようになったことを確認できる。それはこの番組を制作した室井昇の発言からもうかがい知ることができる。

> 天空を塞ぎ地を穿って築いた高速道路の道筋で、もしも沈黙する「時」の映像を捉えれば真新しい風景が見つかるに違いない。こうして撮影は夜明けと夕暮れる時刻に限った。
> （日本放送協会 2007: 31）

この番組は、首都高や東京タワー、夕暮れに映える高層ビルを「山川草木」とみなすことで、一九七〇年代の〈東京〉を捉えようとする。この図と地の反転によって捉えられた〈東京〉には、かつて一九五〇年代後半に『日本の素顔』が見せたような、特定の場所を描くことで東京を捉えようとする視線がない。一九七〇年代、テレビ・ドキュメンタリーは東京内部へのまなざしが変容し、東京という現実に対する捉え方が変化した。こうした東京における取材地の喪失と、先に見た地方局の建設とが重なったとき、全国に「地域を凝視める眼」が生まれたことは必然であった。これこそが「遠視の分散」の結果として隆盛する、紀行ドキュメンタリーであった。

紀行ドキュメンタリーの隆盛

一九七〇年代、東京内部における取材地を見失い始めたとき、テレビ・ドキュメンタリーは日本全国へとそのまなざしを向けていくことになる。『最後の集団就職列車』や『メッシュマップ東京』は、ドキュメンタリーにおける〈東京〉が喪失したことを示し、このなかでテレビが描く対象は〈東京〉から〈地方〉へと転換した。これはテレビによる「新しい外部」の発見でもあった。一九七〇年代はテレビカメラが世界に向いた時代でもあったが、日本国内へも津々浦々、視線が張りめぐらされた時代であった。一九七〇年代は日常生活の一部となったテレビがまさに「窓」としての役割を果たし、「知らない外部」を見せてくれる装置となって日本国内の場合、知らない〈地方〉や見知らぬ土地土地の〈風景〉を伝えた。

先にも述べたように、ここには当時の社会思想も関係していた。一九七〇年代に「地方の時代」

が叫ばれ始めたとき、テレビがその積極的な旗振り役を演じたことはすでに述べた。高度経済成長以降、個々の地域社会が解体・破壊される危機感が生まれ、もう一度「地域」を復権させようとする動きが起こっていく。そのなかで誕生したのが「地域主義」という社会思想であった。

「地域主義」とは、一定地域の住民が、その地域の風土的個性を背景に、その地域の共同体に対して一体感をもち、地域の行政的・経済的自立と文化的独立性を追求することをいう。
（玉野井芳郎 1990: 29）

一九七〇年代以降のテレビ番組とはまさに、この「地域主義」の眼をもって全国をめぐる旅に出かけることになる。その結果、生まれたのが「紀行ドキュメンタリー」であった。毎週、決まった時間にテレビは各地を旅しながら、「窓」となってその土地土地の風景を伝えた。テレビは全国各地を局地化し、街の伝統や個性を捉え、人や風土を紹介した。基本的にこうした番組では大きな近代批判を行なうのではなく、何気ない各地の「小さな物語」を記録しようとした。これは一九七〇年代に相次いだ地方局の開局と連動したものであり、なおかつカメラがフィルムからVTRへと変わり、ロケ撮影が容易になったことも影響した。再び村木の言葉を繰り返せば、ここに「地域を凝視める眼」が誕生したのである。[11]

例えば、その代表的なテレビ・ドキュメンタリー・シリーズが、NHK『新日本紀行』であった。『新日本紀行』は、一九六三年から一九八二年まで一九年間にわたり、計七九四本が制作された紀行ドキュメンタリーである。この『新日本紀行』というシリーズは、『日本風土記』（一九六〇〜六二）、『日本縦断』（一九六一〜六二）、『続日本縦断』（一九六二〜六三）といったNHK紀行番組の系列のなかで誕生したシリーズで、各地域に根ざした人びとや風土、伝統の営みが、その地域特有の事象として伝えられた（図2-9）。全国に放送局をもつNHKと、ネットワークでつながれた民間放送の違いはあるものの、この『新日本紀行』は東京にいるスタッフのほか、全国の各地方局の若手スタッフが企画・提案し、制作に参加したという（日本放送協会編 2001a: 479）。

一九六三年一〇月七日の「金沢」から始まった本シリーズは、例えば、「備讃瀬戸」（一九六三年一〇月二一日放送）、「飛騨高山」（一九六四年四月二七日放送）、「種子島・屋久島」（一九六四年六月一五日放送）、「花巻・遠野」（一九六五年一月一一日放送）、「阿蘇」（一九六八年一二月二日放送）と続き、一九七〇年代に入るとより具体的な番組タイトルへと変化して、例えば「合掌造りの村〜富山県五箇山」（一九七〇年五月一一日放送）、「女人禁制の山〜奈良・大峰山」（一九七〇年六月一日放送）、「工匠の里〜飛騨・高山」（一九七一年五月一日放送）、「南部潜水夫〜岩手県種市町」（一九七四年一二月一六日放送）、「初夏・島暮らし〜沖縄県・与那国島」（一九八一年五月三日放送）などと続いて、最終回の「千鳥観音由来〜五島列島・福江島」（一九八二年三月一〇日放送）まで、一九年間にわたって、北は北海道から南は沖縄まで日本の各都道府県をくまなく巡った。

ＮＨＫ『新日本紀行』が描いたテーマは四つあり（日本放送協会 2007）、第一は「匠の技」で、例えば宮城県鳴子町のこけし職人などを描き、第二は「風習・風土」で、例えば大阪天王寺の芸人横丁などを描き、第三は「祭り」で、例えば岐阜県白川村のどぶろく祭りなどを描き、そして第四は「家族」で、例えば山形県真室川町のわらべ唄などを描いた。各回の番組パターンも基本的に決まっていて、①近代化していく街並みのなかで、②そこから溢れ出る街の伝統や個性を、③その街に住んでいる人びとの声や表情から静かに捉えていくという特徴があった。

一九六三年から放送された『新日本紀行』は、一九七〇年代に向けて大きな転換点があったことも重要である。それは一九六九年四月から『新日本紀行』では冨田勲作曲によるテーマ音楽に変更されただけでなく、番組内容も従来のものに比べて「テーマ主義」を掲げることになったからである。[12]

図 2-9 『新日本紀行』メインタイトル——番組 HP

それまでの『新日本紀行』は、特定の地域の代表的な風景や生活を通して風土の特長を描き、タイトルには「松山」「天草」「木曽」などと地名がつけられていた。しかし時として内容が平板で網羅的になるきらいがあった。これに対して当時の担当者たちは、一つの土地に一定のテーマを設定し、人と風土とのかかわりをより具体的に、ダイナミックに表現しようと試みた。旅人の目で見る風景を、土地の人が見る風景でとらえ直そうとし、タイトルにも「四季を売る小路」「熱球の軌跡」「阿波踊り考」といった番組の内容を表すものがつけられるようになった。

（日本放送協会 2007: 5）

タイトルが地名のものから、より番組内容の分かるものへと目に見える形で変更した『新日本紀行』は、一九六九年四月を境として、「一つの土地に一定のテーマを設定」するという「テーマ主義」を掲げることになる。こうした転換の背景には、先にみたように、「地域」を捉え直そうとする一九七〇年代前後の時代性があり、さらにその背後には近代都市・東京批判があったことは言うまでもない。当時、『新日本紀行』は「ディスカバー・ジャパン・キャンペーン」とも連動しつつ、日本を再発見していく紀行ドキュメンタリーへと発展していったのである（日本放送協会編 2001a: 479）。

こうして一九七〇年代、テレビ・ドキュメンタリーは近代都市・東京批判を基盤にしながら、「地域主義」の気運のなかで遠視は分散し、NHK『新日本紀行』のような日本全国各地をめぐる紀行ドキュメンタリーが隆盛したのである。[13]

3　東京の不在を遠視するテレビ

一九七〇年代以降のテレビ・ドキュメンタリーでは〈東京〉が喪失した。NHK『メッシュマップ東京』が〈東京〉の取材地の喪失を示したように、一九七〇年代以降のドキュメンタリーでは「テレビのなかの東京」を明確に描く視点を喪失し、それにともない〈地方〉をめぐる紀行ドキュメンタリーが隆盛した。ここまで見てきたように、この〈東京〉の喪失は主にテレビ・ドキュメンタリーというジャンルに特徴的であったが、それとは別の表象としてあったのがテレビ・ドラマである。一九七〇年代から八〇年代前半にかけて、〈東京〉はドキュメンタリーのなかで喪失していく一方で、テレビ・ドラマというフィクショナルなジャンルにおいてむしろ再発見されていくことになる。その意味で、一九七〇年代から八〇年代前半、〈東京〉の喪失に際してドキュメンタリーとドラマは「補完的」な関係にあった。

3-1　ドラマにおける〈東京〉の発見

下町ノスタルジア──向田邦子の東京論

一九七〇年代以降、テレビ・ドキュメンタリーでは東京における取材地を失い、〈東京〉の喪失に直面した。日本全国をめぐる紀行ドキュメンタリーの隆盛は、そうした「テレビのなかの東京」の空洞化の現われであった。しかし、テレビ番組において、完全に〈東京〉が喪失したわけではない。ドキュメンタリーというよりも、ドラマというジャンルにおいて「テレビのなかの東京」は依然として描かれる対象であり続けていったからである。この意味で言えば、ドラマではドキュメンタリーで描けない部分を、補完的に描いていたことになる。

〈東京〉の喪失に抵抗した一人が、脚本家・向田邦子であった。TBS『七人の孫』（一九六四）の脚本家として森繁久弥に見いだされた向田は、一九七〇年代、東京の山の手ではなく下町から

〈東京〉の風景を描いていった。向田が好んで描いたのが、東京下町のどこか温かい家庭である。そこにはちゃぶ台があって、家父長文化がこびりついた「下町ノスタルジア」がある。父親が家族を支配し、母親は文句も言わずに従っている。よく言われるように、ここには向田自身の実父の面影を追い求めてたどりついた「小市民の幸福な食卓という家族の記憶」（川本三郎 2008: 76）があった。

向田が一九七〇年代の〈東京〉の喪失への抵抗として選んだテーマが、かつてあった東京・下町の家族の記憶であった。向田邦子という個人史から見ても、少なくとも病気を患うまでの向田のなかにあったのは、下町の賛美である。一九七〇年代の向田は、伝統的な地区の古いしきたりに縛られた「懐かしい家」を東京のなかに探し求めた。

一九七〇年代の向田邦子の代表作は、まぎれもなくTBS『寺内貫太郎一家』（一九七四年一月一六日〜一〇月九日放送）である。東京・浅草にほど近い谷中を舞台に、石材問屋を営む一家を描いている（図2-10）。例えばこのドラマのなかで、住み込みで働くことになったミヨコ（浅田美代子）が、主の貫太郎（小林亜星）の怒りを買ってしまうシーンがある。そこで、妻の里子（加藤治子）が寺内家の「しきたり」を説明する。

貫太郎「新聞みたの誰だ！」／里子「え、朝刊ですか。別に誰も、ねえ？」／貫太郎「先読んだの誰だと聞いてるんだ」／ミヨコ「あの、あたしですけど」／貫太郎「新聞というものはな」／里子「あら、ごめんなさいね。ミヨちゃんにはまだ言ってなかったわね。うちではね、新聞やお風呂はお父さんが最初、それから周平、それからおばあちゃん。ちゃんと順番がね」

このあからさまな男尊女卑は、女流作家である向田が描くからこそ許されたが、むしろ、向田はこうした消えつつある東京における家父長制のともしびを、フィクショナルな場を通して再び創造しようとした。彼女のなかに〈東京〉喪失の抵抗としてあったのは、明らかに、古い昭和への回帰である。向田は〈東京〉の喪失の背後に息づく「力強さ」を、東京・下町の再創造に託したのである。こうした下町ノスタルジアを、向田自身は〈現代のメルヘン〉と言った。

図 2-10　TBS『寺内貫太郎一家』(1974)

あのころが懐かしいなァという思いと、家庭というものは本来、そういうものではなかったのか、という反省からです。考えてみると〈核家族〉時代の今の若い人たちには、血の通い合いとか、触れ合いってことが薄れているんじゃないでしょうか。かわいそうですよ。言ってみれば〈現代のメルヘン〉を、私は書きたかったわけなんです。(『毎日新聞』一九七五年四月一四日夕刊)

向田が放つ台詞も、いまでは死語となった下町の言葉が多用された。たしかに一九六〇年代にも東京・下町を描くドラマは多々あった。例えばNHKテレビ指定席『ドブネズミ色の街』（一九六三年一二月二八日放送）は、オリンピック前に変貌する東京・下町を、子どもたちの生き様から描いた傑作だった。ここにあるのも、下町の賛美である。

しかし、一九七〇年代に向田が描くのは、あくまで「下町ノスタルジア」である。いわば脚色された家庭であり、父親像であった。みなでちゃぶ台を囲んで朝食をとる風景は、もはやフィクショナルな〈東京〉でしか見いだすことはできない。ここにあるのは、まさに一般的に言われている下町のイメージ、つまり、「情宜に厚い人間模様に織りなされた庶民の町のイメージ」（小木新造・芳賀徹・前田愛編 1986a: 45）であった。こうしてドキュメンタリーで進行していた〈東京〉の喪失を、向田はドラマという手法を用いて、かつてあったはずの温かい家庭の平凡な日常から切り取っていったのである。

ここで一九七〇年代に活躍した、もう一人の脚本家を挙げなければならない。山田太一である。一九七〇年代の〈東京〉の喪失に対し、過去の残像から描いたのが向田邦子だったとするならば、ニュータウンという新しい現実と向き合いながら描いたのが山田太一だった。ドラマは東京の再創造だけでなく、東京における新たな土地の発見を試みていくことになる。これこそが、テレビ・ドラマにおける東京の「郊外の発見」だった。

下町から郊外へ――山田太一の東京論

向田邦子は消えゆく東京の風景に注目したが、山田太一は現代の東京を見つけだし、それを批判的に描いてみせた。一九七〇年代、山田が脚本を手がけたTBS『それぞれの秋』（一九七三）や『岸辺のアルバム』（一九七七）、『沿線地図』（一九七九）といった作品群は、東京郊外で展開される家族の物語であった。向田による下町物語から、山田による郊外物語へ転換したのである。山田は後に『岸辺のアルバム』の舞台をふりかえって次のように述べている。

現代を最も反映させている人物を描くとすると、下町、あるいは農村のように、土地と結びつくことのない、根の無い人たちを、となる。で、東京の郊外が舞台となってしまう。（『朝日新聞』一九八二年九月一八日夕刊）

しだいに希薄化していく家族を、温かいものとしての復権を願った向田に対し、山田は冷たいものとしての現実をつきつける。

山田太一の描く家庭は和気藹々たる下町的な陽気な家庭ではない。少年（少女）非行、子供たちの叛乱、主婦の浮気、夫権・父権の失墜、老人の孤独――そうした「ドラマ」が突然日常生活のなかに侵入してきた不安定な家庭である。家族同士がポンポンいいたいことをいいあうけれど、最終的には全員が許し合い理解し合っているという旧時代の心暖まる家庭とは逆に、山田太一の家庭は、家族同士表面的には実に平和な一家でありながら、その底では個人個人がバラバラになっている、心冷える家庭である。（川本三郎 1984: 127）

この心冷える家庭の物語の舞台として、山田が「発見」したのが東京であり、それも京王線沿線や東急東横線、田園都市線といった東京の郊外であった。そこには向田的な下町のぬくもりはない。寺内貫太郎のようにホンネで家族がぶつかりあうことはなく、冷めたタテマエの家族である。この家族が住まう地は、東京西南の新興ニュータウンでなければならなかったのであり、ここにおいて家族の物語が下町から郊外へと舞台を移していくことになったのである。

TBS『それぞれの秋』（一九七三年九月六日～一二月一三日放送）は、そうした山田による郊外の発見の端緒となったドラマである。オープニングは東急東横線の線路を背景とし、多摩川沿いの物語であることが暗示されていた。気の弱い大学生、新島稔（小倉一郎）が主人公である。第一話で稔は、ガールフレンドの信子との別れを半ば暴力的に彼女の兄弟に迫られ、あっさりと認めてしまう。消沈する稔は、憂さ晴らしになると友人に電車内での痴漢を薦められ、逡巡する。思い悩むホームは田園調布駅である。これが浅草や谷中では成立しないことは明らかである。結局、痴漢をした相手が不良グループの番長の女（桃井かおり）で、彼女らのたまり場に連れていかれると、そこには可愛がっている妹の陽子がいる。普段、家では無邪気を装っている妹の、外の顔を知ることになるのである。こうして兄と妹は、それぞれの秘密を握りあうことになる。

稔は独白する。「この無邪気そうな妹。そして僕。みんな何事もないようにしていて、その実、陽子は不良グループに入っているし、僕は痴漢みたいなことをしちゃったんだ。みんな一人ひとり何をして、心のなかでどんなことを思っているのか、分からないと思う」。そして、父親もある日、駅で転んだといって顔に痣をつくって帰ってくる。しかし、転んだ痣ではないことは明らかだった。第一話の最後、稔はまた独白する。「家族というものを僕は新しい眼で見始めたように思う。それぞれが何を考えているのか、どんなことをしているのか。お互いにちっとも知らない集まりなのではないかと」。

東京に住む現代の家族が「秘密」をもった集団であることを見抜いた山田太一は、その生活の場を多摩川周辺の新興ニュータウンに設定した。郊外の一見平凡な一戸建てのなかにこそ、家族の「秘密」をかかえた舞台があり、山田は新しく中流核家族の物語を東京の郊外に求めたのである。稔が痴漢をしたのが東急東横線なら、TBS『沿線地図』(一九七九年四月一三日〜七月二〇日放送)でエリート銀行マン一家の長男・志郎(広岡瞬)が電器屋の一人娘・道子(真行寺君枝)と出会うのは田園都市線である。この郊外(しかも電車内)での突発的な出会いが、家族崩壊の物語につながっていく。

こうした山田による郊外の発見の到達点が、TBS『岸辺のアルバム』(一九七七年六月二四日〜九月三〇日放送)であることは、たびたびテレビ史や都市論のなかで語られることであり、疑いようもない。『岸辺のアルバム』からみた郊外論は、もはや定型であるが、それらの多くはあくまで番組を材料とした郊外論であり、後にも述べるように、この一九七〇年代後半のドラマこそ東京の郊外を「発見」した。いつも郊外を語るときに、決まってこの番組を参照してしまう思考枠組みこそ、問わなければならない。

よく知られているように、TBS『岸辺のアルバム』は、実際の出来事に基づいている。

図2-11　TBS『岸辺のアルバム』(1977)

一九七四年九月一日、台風一六号による集中豪雨で多摩川の堤防が決壊し、東京都狛江市では三日間で一九戸が流出した。ドラマも同じ、東京都狛江市の四人家族の物語である。商社（繊維機械部）に勤める四四歳の父・田島謙作（杉浦直樹）、洋裁の内職をする三八歳の妻・則子（八千草薫）、大学一年の長女・律子（中田喜子）、高校三年の長男・繁（国広富之）。多摩川の氾濫によってマイホームの決壊という クライマックスに向かって、四人の物語は徐々に崩壊へと進んでいく。このドラマのもっとも象徴的なシーンの一つは、家族の「秘密」を知った繁が、平穏を装う家庭に決定的なヒビを入れるシーンである［第一二話］。

繁「お父さん、気が狂ってるのかも知れないけど、頭のなかがいっぱいでどうしようもないんだ」／則子「なにがいっぱいなの」／謙作「なにがいっぱいなんだ」／繁「みんなのインチキだよ」

家族の「インチキ」に嫌気がさした長男・繁は、この台詞の後、父が商社で東南アジアから女性を輸入していること、母が浮気をしていること、姉がアメリカ人に堕胎させられたことを次々と全員の前で告白していく。そして繁は「これが本当の俺んちさ！」と叫びながら、父と殴り合いをするのである(図2-11)。

繁が「これが本当の俺んちさ!」と叫びながら、父親を殴る舞台は、下町ではありえない。『寺内貫太郎一家』でも親子の喧嘩は絶えなかったが、あくまで家父長である貫太郎が息子を投げ飛ばしていた。郊外ではこの構図が逆転し、息子が父親を投げ飛ばす。山田太一はこの家族の逆転に相応しい場所を、「東京の郊外」に発見したのである。こうして一九七〇年代、テレビ・ドラマにおいて、家族と場所がパラレルな関係を保ちつつ、フィクションのなかで〈東京〉が発見された[14]。

たまプラーザの幻景——鎌田敏夫の東京論

山田太一によって発見された「東京の郊外」は、多摩川を越えたところで物語化されていくようになっていく。TBS『金曜日の妻たちへ』(一九八三年二月一一日〜五月一三日放送[第一シリーズ])で描かれるのは、都心から見て多摩川を越えた「たまプラーザ」であり、この新興ニュータウンで繰りひろげられる不倫劇が「キンツマしちゃう(不倫する)」という流行語を生んだ。ドキュメンタリーによって喪失した〈東京〉は、ドラマのTBSを中心として郊外物語が再創造されていく。

物語は、家族ぐるみで付き合う三家族によって展開する。中原家(古谷一行、いしだあゆみ)、田村家(泉谷しげる、佐藤友美)、村越家(竜雷太、小川知子)は、そうした「ともだち家族」である。山田太一によって崩された核家族は、横の関係へと変化したのである。この脚本を手がけた鎌田敏夫は次のように述べている。

核家族という言葉があった。家族のひとりひとりが、ひとつの核にしっかり集まっていた。そして、他の核と融合した。いま、家族はもう少し外へ向かって開けてきたのではないだろうか？（『金曜日の妻たちへ』DVD付属パンフレット）

主題歌はボブ・ディランの「風に吹かれて」のカバーで、オープニング映像も郊外住宅地を背景に、徹底的に洋風が演出される。事実、第一シリーズの第一話のファーストシーンは、中原家の中流家庭像のすべてを表している。中原家の窓際に置かれた彩花、書棚のウィスキーグラス、立てかけられたシューベルトのCD——。これらはたまプラーザの幻景である。こうした擬似洋風のショートケーキハウスは、たびたび社会学的にもその均質性と虚構性として論じられてきた（若林幹夫2007）。若林も自覚的に論じるように、こうした郊外論自体、一九七〇年代後半から八〇年代に花開くニュータウン・ドラマがきっかけとなっている。整頓された空間の物語は、テレビ・ドラマによって発見され、創造されていったのである（図2-12）。

こうして一九八〇年代前半、テレビによって発見された郊外において、自立した物語が完成する。これを都市社会学から見れば、第二次郊外化が生んだドラマであった[15]。

郊外化は、六〇年代の第一段階郊外化＝団地化と、八〇年代の第二段階郊外化＝ニュータウン化の、二段階がある。団地化は［地域空洞化×家族内閉化］つまり専業主婦化を、ニュータ

ウン化は［家族空洞化×市場化&行政化］つまりコンビニ化を意味した。（市川哲夫編 2015: 92-3）

一九七〇年代後半から八〇年代、ドラマは「第二次郊外化」を的確に捉え、〈東京〉を描いていた。月刊アクロス編集室編（1987）の言葉を借りれば、このときドラマは「第4山の手」を可視化することに成功した。「第4山の手」とは、多摩市、町田市、横浜市にまたがる多摩丘陵、北は所沢、南は藤沢までいたる広大な新興住宅地ゾーンのことである。この「新中流家庭の住む西南郊外というロケーションに〝ドラマのＴＢＳ〟のうまさがあった」（月刊アクロス編集室編 1987: 10）。

図 2-12　TBS『金曜日の妻たちへ』（1983）

形成されたての第4山の手には新鮮で自由な空気が漲っている。やはり金妻のよろめきにしても、もはや古株山の手に属する世田谷・杉並あたりが舞台ではサマにならなかっただろう。（月刊アクロス編集室編 1987: 11-12）

以上のように、一九七〇年代～八〇年代前半にかけて、テレビ・ドラマは東京郊外のイメージ付けに成功する。ことさらドラマのなかの〈東京〉は、現実よりも先行した家族像を提示することで先鋭化していった。一九七〇年代以降のドキュメンタリーにおける〈東京〉の喪失に際し、ドラマというジャンルで抵抗したのである。三人の脚本家の関係性をまとめれば、東京の北東の「下町ノスタルジア」へと向かったのが向田邦子で、その後、山田太一がその向きを反転させ、多摩川周辺の西南を「家族崩壊」の物語として批判的につむいでいく。そして、鎌田敏夫はこの「第4山の手」における「たまプラーザ」の自立した物語をむしろ肯定的なものとして完成させた。「金妻シリーズは、テレビドラマ的なやり方ではあるが、とにかく第4山の手のライフスタイルについての鮮明なイメージをつくることに成功した」（月刊アクロス編集室編 1987: 24）。こうして一九八〇年代前半、ドラマによって〈東京〉の喪失への反動として、〈東京〉の郊外が発見されていったのである。

3-2 「地方の時代」の逆説

ホームドラマの変質と〈東京〉の喪失

ここまで見てきた一九七〇年代の向田邦子の下町物語から、山田太一や鎌田敏夫の郊外物語への変化は、ホームドラマ自身の変質でもあり、重要なのがこの変質もまた最終的にドラマにおいても〈東京〉の喪失（=〈地方〉の発見）につながっていったという事実である。

前章にて詳述したように、そもそも一九六〇年代の日本製のホームドラマは二つの神話によって支えられ、その二つとは〈安定の神話〉と〈自足の神話〉であった。〈安定の神話〉とは、家族に何らかの問題が起きても、毎回、物語の終盤には必ず安定へと向かう神話であり、〈自足の神話〉とは、家庭が外部の社会から自立した、自己完結的な閉じられた体系として描かれる神話である。一九六〇年代のドラマは、この二つの神話によって〈東京〉における豊かな家郷を創りだしていたことはすでに述べた。一九六〇年代前半、多くの労働者たちが上京し、自らの家郷＝〈第一の家郷〉を失なうなかで、新しく東京に築いたのが〈第二の家郷〉であったのであり、一九六〇年代のホームドラマは、この二つの神話をもって東京に〈第二の家郷〉を創造したのである。一九六〇年代に大衆化したテレビは、そうした家郷喪失者に「東京における幸せな物語」を与える潤いの装置となった。

しかし、一九七〇年代に向かって、このホームドラマの神話は解体する。次々に〈安定〉と〈自足〉から逸脱した、変則的なドラマが制作され、それらが視聴者に受け入れられるようになった。その到達点が、山田太一が描いたTBS『岸辺のアルバム』の家族崩壊であったことは言うまでもない[16]。こうしたホームドラマの変質は、一九六〇年代にテレビが築いた東京における〈第二の家郷〉の崩壊を意味した。地方から上京し、東京に新しく家庭を築いて幸せに暮らすという「住宅私有」そのものが幻想であることを突きつけたのである。山田太一が描いたのも、マイホーム幻想の崩壊である。「山田太一の描く東京近郊の中産階級は、戦前からの中産階級というより父親の代に東京に出てきたような高度成長期の中産階級である」（川本三郎 1984: 131）。だからこそ、山田は〈第二の家郷〉の崩壊を、マイホームの決壊という直接的な方法で描いたのであり、ここにあるのも近代都市・東京批判であった。

『岸辺のアルバム』の最終話、多摩川の堤防が決壊し、父・謙作は雨のなか家へと戻る。家に入った謙作は、この家を守ると言い、妻・則子はそれを責める。

謙作「ここにいるんだ」／則子「馬鹿なこと言わないで」／謙作「なぜ馬鹿なことだ。どんな思いでこの家を買ったと思ってるんだ」／則子「無茶言わないでください」／謙作「ほかになにがある。この家のほかに何があるんだ。」／則子「何がって」／謙作「律子はあんな男と一緒になるというし、繁は出て行った。お前は何をした」／則子「お父さん」／謙作「会社は倒産寸前だぞ。そのうえ、この家までやられてたまるか。この家だけだ。この家だけが俺が働いてきた成果なんだ。この家だけじゃない」／則子「堤防があぶないって言ってるのよ。この家と死ぬ気？」／謙作「死んでもいいさ。学校に避難してたなんてどうかしてたよ。なぜ自分でこの家を守ってやろうと思わなかった。守ってやるぞ。土手に立って守ってやる。屋根にへばりついても守ってやる。流されたら一緒に流されてやる」／則子「馬鹿なこと言わないで」

東京で〈第二の家郷〉を作りだした苦しみを知る謙作にとって、その崩壊は耐えがたいものだった。マイホームとアルバムこそが、謙作の〈家郷〉の実在だったからである。彼が必死に守らねばならなかったのは、〈第二の家郷〉を支えたものたちであった。だからこそ、「この家だけだ。この家だけが俺が働いてきた成果なんだ」と語る。しかし、それを妻・則子は否定する。「あなたはいつだって逃げていたわ。仕事に逃げて、子どもと私とも本気で向き合おうとはしなかったわ。アルバムが大事だと言ったわね。アルバムが大事でも、本当の繁や律子や私は大事じゃないんだわ。あの綺麗ごとのアルバムとこの家が大事なんだわ」。こうして、数冊のアルバムを残して、マイホームの幻想が散った後、一九八〇年代は「ポスト・マイホーム」(川本三郎 1984: 129) の時代へと突入する。最終話、家を完全に流されて散った屋根のうえに登り、四人はどこか遠くを見つめていた。この四人の視線の先には、東京での〈第二の家郷〉のその後があったのではないか (図2-13)。

たしかに『岸辺のアルバム』を例に出し、家族の崩壊と郊外論を論じることは、もはや紋切型の結論である。しかし、これをテレビ番組史の文脈に改めて置き換えてみたとき、ドラマが自ら創りだした東京での〈家郷〉を、自らの手で壊していく過程であることが分かる。それは前章から本章へのつながりで言えば、〈東京〉の措定の否定であり、近代都市・東京批判であった[17]。

図2-13 〈第二の家郷〉のその後

郊外化を語るときに言及されるこれらの番組は、近代都市・東京の否定のなかで生まれた結果にほかならない。テレビが〈東京〉を措定するために創りだした〈第二の家郷〉を、テレビ自身が〈郊外〉という場を使って壊したのである。この意味で言えば、ドキュメンタリーと補完的な関係にあったドラマもまた、結局、〈東京〉の喪失という枠組みへと向かわざるをえなくなったことが分かる。事実、以下に見てくように、テレビ・ドラマもまた、『岸辺のアルバム』で近代都市・東京批判を行なって以降、とりわけ一九八〇年代前半に「地方の時代」と連動していくことになったからである。それが「ポスト・ホームドラマ」の代表格とも言うべき、フジテレビ『北の国から』であった。

〈東京〉からの脱出――倉本聰の東京論

一九七〇年代のホームドラマの変質にともない、東京で失われた〈家郷〉をまたテレビのなかで創りだす必要があった。つまり、『岸辺のアルバム』の四人が見つめた「先」を描く必要があった。一九八〇年代前半のテレビ・ドラマはこの問いに答えることから始まる。それゆえに、一九八〇年代前半のドラマは〈第二の家郷〉の崩壊後の新しい〈家郷〉を再び創造し、家郷が東京以外の〈地方〉で構築されていくことになった。

一九八〇年代前半、東京の外側における新しい〈家郷〉の創出を描いたのが、フジテレビ『北の国から』である。フジテレビ『北の国から』(一九八一年一〇月九日〜一九八二年三月二九日放送〔全二四回〕)は、東京から富良野(麓郷)に移住した父子三人の物語である(図2-14)。その後、続編として、一九八三年、八四年、八七年、九二年、九五年、九八年、二〇〇二年と続いた。

『北の国から』の脚本は、倉本聰である。向田邦子が下町に注目し、山田太一や鎌田敏夫が郊外を発見し、そして倉本聰が辿りついたのが〈東京〉からの脱出であった。とうとう倉本は〈東京〉の外側に新しい〈家郷〉の復権を託したのである。この有名脚本家の系譜(=ホームドラマの変遷)からは、それぞれの〈東京〉への距離感が見事なまでに現われている。〈東京〉の喪失に際し、向田は下町ノスタルジアに向かい、山田は郊外の家族崩壊劇を描き、鎌田はそこで不倫劇を描き、そして倉本は東京の外部に〈家郷〉を求めた。かつて「テレビのなかの東京」で築かれた〈第二の家郷〉は崩壊し、いま再び東京の外側に〈第三の家郷〉が築かれようとしていたのである。これは先に見た紀行ドキュメンタリーと同じまなざしである。言うまでもなく、この〈第三の家郷〉はかつて〈第一の家郷〉を経由したうえでの、Uターンとしての〈家郷〉の創出であった。

物語は黒板五郎（田中邦衛）が、妻・令子（いしだあゆみ）の不倫をきっかけに、東京から郷里の富良野へと帰るところから始まる。そこは富良野の中心地から二〇キロ離れた「麓郷」と呼ばれる地区で、豪雪地帯である。五郎はかつて自分の住んでいた場所に、息子の純（吉岡秀隆）と螢（中嶋朋子）を連れ、父子三人での自給自足の生活を始める。ここで徹底的に描かれるのが、脱〈東京〉である。さだまさしの主題歌、フォークギターを基調とした音楽、そして時折インサートされるキタキツネ、キツツキ、エゾシカなどの自然の動物たちが、反都市の物語を助長する。

図 2-14　フジテレビ『北の国から』

当初、令子も富良野行きに猛反対した。「あの子たちまだ子どもよ。東京を一度も離れたことだってないのよ？　それをいきなり北海道の……そんなマイナス二〇度にもなる……」。富良野の生活にすぐに慣れていく螢に対し、純は東京での生活に未練がある。番組は純にナレーションを務めさせることで、彼を東京人から見た目線で語らせていた。富良野に着いた直後、純は五郎からここでの自給自足の生活を聞かされて、唖然とする。

純「電気がなかったら暮らせませんよッ」／五郎「そんなことはないですよ（作業しつつ）」／純「夜になったらどうするの！」／五郎「夜になったら眠るンです」／純「眠るったって――だって、ごはんとか勉強とか」／五郎「ランプがありますよ。いいもンですよー」／純「いー。ごはんやなんかはどうやってつくるのッ!?」／五郎「薪でたくンです」／純「そ。――そ。――テレビはどうするのッ」／五郎「テレビは置きません」／純「アタア！」

興味深いことに、ここではテレビ自身がテレビを否定している。かつて近代化の装置としての役割を担ったテレビは、富良野では都会の装置として、忌避される存在となっている。やや飛躍して言えば、ここにおけるテレビとは〈東京なるもの〉である。当初、東京へ逃げ出そうとしていた純も、しだいに大自然との出会いに触れ、生きる喜びを感じるようになっていく。東京での生活を一度経験したうえでの、新しい〈家郷〉＝〈第三の家郷〉がこうして東京の外側に築かれていったのである。

この物語が〈第三の家郷〉と言えるもう一つの要素がある。それは、この物語が、「家族の解体」から始まっていることである。令子の不倫によってバラバラとなった黒板家は、父子三人で富良野に〈第三の家郷〉を築いていく。『岸辺のアルバム』の最終話、四人の家族が流失したマイホームの先に見ていたものとは、この黒板家の生活だったのかもしれない。〈第三の家郷〉は、家族の崩壊後に始まった、〈東京〉の否定の物語である。

そして重要なのが、この〈第三の家郷〉は、〈東京〉からの絶えざる攻撃にさらされていたことである。それが『北の国から』の場合、東京にいる令子からの視線であった。夫婦の対立が、そのまま東京と地方の対立となっている。第一話の冒頭、令子が義理の妹・雪子（竹下景子）に向かって「あの人には東京は重すぎたのよ」と五郎について語っているように、令子は〈東京〉そのものである。五郎と令子の考え方の相違が、そのまま地域差となっている。

それゆえにこそ、五郎は令子の富良野訪問をかたくなに拒絶した。五郎は富良野という〈第三の家郷〉に〈東京〉が侵入してくることを恐れたのである。令子の訪問は突然だった（「第九回」）。そのとき五郎はちょうどこれから建設予定の風力発電の設計図を書いており、たまたま子どもたちはスキーに出かけていて家にいない。子どもたちに会わせてちょうだいと懇願する令子に対し、五郎はそれをいなす。〈第三の家郷〉に〈東京〉が入ってくることを恐れたのである。

五郎「母親がどうしても会いたいというのを拒否する権利なんて俺にはないよ。あいつらもちろん会いたいだろうしな。ただね、いまもしお前が会ったら――これまでの暮らしはきっと、くずれるよ。これまで三ヶ月、すこしずつできてきた――オレたちのここでの――暮らし方がな」／令子「――」／五郎「とくに純には――何度東京に返そうと思ったか分からない。それでもあいつは少しずつ変わってきた。いや、変わりかけてると言うべきなのかな。あいつはいま強くなろうとしかけている。それをいまここで君に会わしたら――」／令子「分かるの、あなたの言っていることは――でも――」／五郎「令子、こういう風に考えてくれないか。おまえとオレがたとえどういうことになっても――子どもは子どもだ。二人の子どもだ。オレは取りあげようなンて思わない」／令子「――」／五郎「いずれ、あいつらがおとなになったら――いや、一年でもいい二年でもいい、時期がきたらあいつらに――自分の道は自分でえらばせたい。ただ――その前にオレは、あいつらにきちんと――こういう暮らし方も体験させたい。東京とちがうこういう暮らしをだ。それはためになるとオレは思ってる。君にはオレの言ってることが勝手に聞こえるかも分からないけれども」

この五郎の台詞を聴くと、実は〈第三の家郷〉とは、〈東京〉の視線に耐えることによって支えられていることが分かる。このドラマはタテマエでは、「東京で作った地方ではなく、地方から東京へのメッセージを」という倉本の考えのもと、故郷へUターンした男とその子供が、北海道の自然を通じて都会で失なった人間本来の生き方を取り戻す物語とされている（『朝日新聞』一九八〇年一〇月二四日夕刊）。

しかし、ここで描かれているのは、完全なる〈第一の家郷〉ではない。先に見たように、一九八〇年代に入ると上京前の完全なる故郷ではありえず、ここでの富良野＝〈第三の家郷〉は、一度〈東京〉を経由したうえでの故郷である。つねに東京からの視線にさらされることで、成り立っている。たしかに倉本本人が定住する富良野を軸に描かれているが、ドラマのなかでは隠れた中心地としての〈東京〉＝令子がつねに存在していた。反都市の物語であるためには、〈東京〉に支えられている必要があった。なぜなら成田龍一が指摘するように、そもそも「故郷」とは「都市」に支えられるものであるからである。

「故郷」の発見は、そもそも、都市／「都市的なるもの」との遭遇を契機としている。生地を離れた人びとは、支配的文化としての「都市的なるもの」に直面し、「故郷的なるもの」を創出し、対置し、都市において生息する立場を獲得しようとする。（成田龍一 1998: 184）

富良野という〈第三の家郷〉は、〈東京〉によって支えられた家郷であり、つねに〈東京〉との遭遇を運命づけられていた。五郎も令子が東京にいるからこそ、新しい〈家郷〉を築くことができた。家族崩壊の後に再創造された〈家郷〉は、こうして〈東京〉に対峙する反都市の物語として、テレビのなかで受容された。言わば、東京の不在から〈東京〉が描かれたのである。

〈東京〉から旅する人を見る

思えば、東京の不在から〈東京〉を描くという構図は、ドラマに限らずドキュメンタリーでもあったことである。ここまでドキュメンタリーからドラマへの流れを見たとき、実はこれらはジャンルでの違いはなく、一九七〇年代から一九八〇年代前半までテレビ全体のなかで共通した枠組みにあったことに気がつく。

例えばディスカバー・ジャパン・キャンペーンの一環として、一九七〇年に始まった読売テレビ『遠くへ行きたい』を見てみれば分かる。国鉄の旅客誘致のために生まれたこの紀行番組は、先行するNHK『新日本紀行』と違い、「移動する旅人を撮ること」に主眼を置いていた。当時、テレビでは使われていなかった小型のビデオカメラを駆使し、リポーターが各地域へと移動しながら撮影した。最初の半年間（二六回）のリポーターを務めたのが、永六輔である。永がアドリブで旅する様子を見るという構図が、NHK『新日本紀行』にはないコンセプトであった（『調査情報』一九七一年四月号）。

ここで確認したいのは『遠くへ行きたい』では、まさに文字通り、リポーターが「（東京から）遠くへ行く」ことをコンセプトにしていたことである。永自身が作詞した番組のテーマソングも「知らない町を訪ねてみたい。どこか遠くへ行きたい」と歌っていた。オープニングは移動する列車の先に据えらえたカメラによって、疾走する線路の風景が描写される（図2‐15）。もちろん、ディスカバー・ジャパン・キャンペーンの一環にあって、リポーターが移動する交通手段は、列車であった。

初回は、「岩手山　歌と乳と」（一九七〇年一〇月四日放送、演出：今野勉）であり、リポーターの永が、石川啄木の生まれた地・盛岡へと向かった。番組の冒頭、永六輔が上野駅に佇むところから始まり、そこで永は次のような独白をする。「遠くへ行きたい。僕にとってふるさとは帰るところではなく、つねに訪ねていくところです」。繰り返しになるが、ここに「（東京から）遠くへ行きたい」という番組のコンセプトが集約されている。

さらに、ここでは〈上野〉の描写が反転されていることにも気づく。かつて一九六〇年代、上野駅は地方からの終着駅だったが、一九七〇年代、上野は地方へと向かう発車駅として番組のなかで転換している。これは先に見た「集団就職の終わり」とも関係するが、上野駅は終点ではなく、始点となったのである。さらに言えば、ここから読みとれるのは、東京から「汽車に揺られて何時間」という距離感の誕生である。ここには隠れた中心地としての〈東京〉があることは言うまでもない。だからこそ、〈東京〉から「遠くへ行きたい」のである。この番組には、一九八〇年代前半の『北の国から』まで続く〈東京〉の不在を基軸とした東京の物語があった。

図2-15　YTV『遠くへ行きたい』オープニング

以後、第二回「おけさの島　佐渡」（一九七〇年一〇月一一日放送）、第三回「福岡　ぴいとろを買う」（一九七〇年一〇月一八日放送）、第四回「ぼくの好きな京都」（一九七〇年一〇月二五日放送）、第五回「土佐・一番列車に乗る」（一九七〇年一一月一日放送）、第六回「みすずかる　安曇野乗鞍」（一九七〇年一一月八日放送）、第七回「出雲・八重垣・縁結び」（一九七〇年一一月一五日放送）と続いていくが、これらはすべて、東京から地方へと向かう「下京物語」であった。かつてのおのぼりさんは、永六輔という「おくだりさん」へと変質したのである。

一九七〇年代以降、テレビは紀行ドキュメンタリーによって、東京の外部に広がる〈地方〉を創造し始めたことはすでに述べた。キー局だけでなく、地方局も巻き込んでさまざまな土地の風景が紹介されることで、テレビのなかで地域文化が注目され、〈地方〉が演出された。しかし、ここで注意しなければならないのは、これらはあくまでも「電波的な郷里」（今野勉 1976: 147）であったということである。ドキュメンタリーが取材地の喪失後に「紀行ドキュメンタリー」を流行させていったように、ドラマがホームドラマの変質とともに「脱都市の物語」へと進んでいったように、多くの〈鄙〉の情報が、テレビのなかで電波を通して描かれたのである。そしてここで気をつけなければならないが、これらは都市と対立した〈地方〉というよりも、〈東京〉によって創られた〈地方〉であったということである。ここに本章で辿ってきた〈東京〉の喪失の一貫した論理が隠されている。

〈東京〉喪失の論理

以上をふまえて、本章（第2章）の議論をまとめてみたい。一九六〇年代後半以降、テレビによる「同時性」空間が崩壊し、次々に地方局が開局した。こうした事態はそれまでの〈東京〉の措定の枠組みが崩れつつあることを示し、結果、「テレビのなかの東京」においても一転して近代都市・東京批判が行なわれるようになった。それにともない、ドキュメンタリーでは東京の内部における取材地が喪失し、日本全国をめぐる紀行ドキュメンタリーが隆盛した。その一方で、ドラマでは補完的に〈東京〉は発見されたが、ここでもその基底には近代都市・東京批判があり、その帰結として〈地方〉での家郷物語があった。ここで全体を貫いていたのが、〈東京〉の喪失であった。では、こうした一九七〇年代から八〇年代前半における〈東京〉の喪失は、テレビ越しの東京史において、いかなる意味をもっていたのだろうか。

一九七〇年代から八〇年代半ば、反権力から生まれた「地方の時代」や「地域主義」というキーワードは、中央集権に対して新しく「地域」を復権していく動きであったことはすでに述べた。ここで仮想敵とされたのが、言うまでもなく「東京」である。その結果として、テレビ・ドキュメンタリーでもテレビ・ドラマでも、近代都市・東京批判が行なわれ、東京の外部＝〈地方〉で物語が形成されていくことになった。一見すると、この時期のテレビでは〈東京〉は描かれなくなり、むしろ地域分権を促したメディアであったと見ることができる。

しかし、実は、このような〈地方〉をまなざす視線は、ある両義性を孕んでいた。地域主義とは、地域をまなざせばまなざすほど、実は、中央を強化させる危険があったのである。地域を唱えることは、コインの裏表のように、東京の強化を謳うことにもつながった。当時、綱沢満昭は、地域主義の危険性を次のように指摘していた。

すべての領域にわたって日本の近代が、中央集権を基軸にしてすすめられたため、それにたいする反発がこれまたあらゆる領域で避けられない感情として拡大、深化していったことはいうまでもない。しかし、ここで考えてみなければならないことは、そのような「反都市」、「反中央」、「反中央集権」などの感情や思想的気流を安全弁として日本の近代はあったという事実である。中央集権批判は、かならずしも、権力批判や国家批判に向うものではなく、また、地域、地方の側に独占されてあるわけのものではない。それどころか、都市の軽佻浮薄な人心を嘆き、農村の牧歌的美しさを語る反中央・反都市感情は、しばしば、より強固な中央集権への

巧妙な民衆コントロールの手段となって機能した。（綱沢満昭 1979: 87）

そして、綱沢は最後にこう付け加えている。

ひょっとすると、玉野井らの「地域主義」が流行し、拡大すればするほど、より完璧な中央集権的統治が達成されるのではないか、という気持を抱くのは私一人の邪推というものであろうか。（綱沢満昭 1979: 95）

綱沢が早くから警鐘を鳴らしたように、地域をまなざすベクトルは、逆説的だが、中央集権を強固するベクトルへと向かう危険を孕んでいた。玉野井らが目指した「地域主義」は、意図せずして公権力によって利用され、中央集権を強固なものにする危険があり、その典型例が「田園都市国家構想」であった。一九七九年に大平正芳内閣によって主導された田園都市国家構想は、新しい国づくりを目指し、人間と自然をテーマに都市にゆとりをもつことが夢想された。玉野井らが夢みた地域主義の思想は、美辞麗句で並べられた公権力の政策に回収されていく。そうだとすれば「地方の時代」とは、実は、東京一極集中への加速を準備してしまったのではないか。

事実、テレビ史の文脈で捉え返してみても、このことは当てはまる。一九六〇年代から七〇年代にかけて開局した地方の新規局は、一見、「地方の時代」の産物であった。しかし、結局、新規開局のＵＨＦ局の多くは、フジテレビや日本教育テレビの傘下に入り、新しく別のテレビ・ネットワークのなかに取り込まれていくことになる（村上聖一 2010）。これはすでに多くの県でＴＢＳや日本テレビ系列の局が存在したからというテレビ的な事情であり、結局、新しく開局した地方局でさえも特定のキー局と結びついてしまうのがテレビ産業の実態であった。一九七五年に大阪で起きた「腸捻転解消」[18]も、キー局を中心としたさらなるテレビ・ネットワークの強化につながった一例である。

「地方の時代」を積極的に牽引したのは他でもないテレビであり、たしかに一九七〇年代以降、地方局の建設にともない、ドキュメンタリーにおいて「地域」の文化を紹介し続けてきた。しかし、テレビもまた、キー局依存を捨てきれず、結果的に「中央」を強化する言説を流し続けた。テレビとは「地方の時代」を謳いつつも、東京を一極集中させる動きに加担し続けてきたメディアだったのである。それは一九七〇年に始まった紀行ドキュメンタリー『遠くへ行きたい』しかり、ホームドラマの変質によって誕生した『北の国から』しかり、結果として、きわめて〈東京〉中心の発想に基づいていたことがその証左である。そこには旅人である永六輔によって「東京から遠くへ行く」という構図があり、黒板家も「東京（＝令子）に支えられる」ことで成り立つ富良野の生活があった。とりわけ『遠くへ行きたい』は「おくだりさんたちがメディアの威光を体現して田舎を求めているという姿が想定される」（『放送批評』一九七六年七月号）と言われたように、ここにはつねに「〈都〉の〈鄙〉に対する優越」があった。

そもそも、一九七〇年代以降のテレビによるローカリズムは、当初から手放しの賞賛を与えられるものではなかったことも確認しておきたい。県域のローカル局（ＵＨＦ局）が次々に開局し、全国のいたるところで複数の民放が見られるようになったとしても、それは地方に対する中央文化の流入量が増したことを意味する。当時、例えば中野収は、テレビという電波特性にはローカリズムなどありえないとする立場をとっていた。テレビではたとえ地域的な話題であっても、ひとたびネットワークに乗ると拡散され、文化が均質化してしまうからである（『放送文化』一九七七年八月号）。テレビ産業とは、一九五〇年代にネットワーク化して以来、閉じたジャーナリズムを形成しづらい宿命を背負っていた。結果的に地方局が増え、紀行ドキュメンタリーが隆盛し、脱東京のドラマが流行してもなお、キー局のいる〈東京〉がそびえ立つ存在感を見せつける逆説を孕んでいたのである。

結局、一九七〇年代から八〇年代前半において、テレビは「地方の時代」を謳いつつも、東京一極集中の構図を作りあげてしまった。テレビのなかで〈地方〉が演出されればされるほど、結果的に〈東京〉の輪郭が先鋭化されたのである。ゆえに、一九七〇年代から八〇年代前半は「地方の時代」が叫ばれつつも、東京の不在から〈東京〉が規定された時代だった。本章で見てきたような、ネットワークの再編成と、それにともなう紀行ドキュメンタリーの隆盛、ホームドラマの変質と〈第三の家郷〉の創造は、結局、一九九〇年代の東京一極集中への足掛かりとなったのである。

第3章　「お台場」の誕生
――〈東京〉自作自演の時代　一九八〇年代後半〜九〇年代

1　遠視の変形

　前章では、一九七〇年代から八〇年代前半における〈東京〉の喪失について確認した。テレビは〈東京〉の外部にそのまなざしを向けて「地方の時代」を牽引した一方で、〈東京〉の不在から〈東京〉を規定した。続いて本章で議論していくのは、一九八〇年代後半から九〇年代のテレビ越しの東京である。ここでのキーワードは、〈東京〉の自作自演である。そのためにまず、一九八〇年代後半から九〇年代にかけての「虚構の映像共同体」の成立（＝テレビによる東京）と、それにともなう「お台場」の誕生（＝東京のなかのテレビ）について考えていきたい。

1-1　虚構の映像共同体

世界都市・東京へ

一九八〇年代後半から一九九〇年代は、東京の立ち位置が劇的に変化した時期である。よく言われるように、一九九〇年代に入ると情報化・国際化の時代へと突入し、地域格差が拡大する。東京は地方と対峙することをやめ、自立した「世界都市」としての歩みを始めていくことになった。ここにも「地方の時代」の逆説を見ることができる。〈東京〉の喪失は、一九八〇年代末から一九九〇年代にかけて隆盛する「世界都市・東京」言説を招いたのである。こうした「地方の時代」から「東京の時代」への転換は、本書の文脈で言えば、二つの規制緩和がもたらした結果であった。第一に東京の都市空間の規制緩和、第二に放送制度の規制緩和である。

第一に、東京の都市空間の規制緩和は、一九八〇年代後半から一九九〇年代にかけて、第三次全国総合開発計画（三全総）から第四次全国総合開発計画（四全総）へ移行するなかで行なわれた。もともと人口分散を目標にした三全総は、地方への「定住構想」を理念に掲げるも実現に至らず、終わった。前出の玉野井もそうだが、地域主義はしばしば抽象論に陥り、具体策が不足した。それゆえに「七〇年代の「地方の時代」の現象は、もともと一時的な現象にすぎず、地方のダイナミズムによるものではなかった」（大内秀明 1987: 10）と総括される。地方の復権が空論に終わった三全総は、次の四全総へと引き継がれ、この移行によって一九八〇年代後半以降、東京はバブル経済へと突入し、一極集中が加速した。

一九八七年に閣議決定された四全総は、当初、東京への一極集中を憂慮すべきとして多極分散型国土が謳っていたが、これに異議を唱えたのが中曽根康弘であった。中曽根は「東京や大阪の抱える問題が日本の問題であり、大都市問題に解決の方向が見つけだせないと、日本の問題も解決できない」とし、大都市の重点化に舵を切ったのである（五十嵐敬喜・小川明雄 1993）。ここにおいて大都市集中抑制とはベクトルを間逆にした、大都市重視の姿勢がとられることになる。その後、中曽根によって主導されたのが、規制緩和、民間活力導入による東京の再開発であった。まさに中曽根によって主導された四全総の時代は、「都市が規制緩和の名のもとに、規制という都市の防具をはぎとられて、民間企業の利益稼ぎのために放り出された時代」（五十嵐敬喜・小川明雄 1993: 92）であった。こうして中曽根首相による四全総は、高らかに東京の一極集中を宣言することとなった。一九八〇年代後半から一九九〇年代は、規制緩和による不動産や株への投機で資産価格が高騰し、実態とはかけ離れたバブル経済が支配することで、東京における地価が暴騰した。

一方、同じ時期、放送制度もまた規制緩和され、〈東京〉のあり方に影響を及ぼすことになった。一九九〇年代以降、衛星時代を迎えて民放の新規開局の意欲がしぼみ、地上テレビ放送の市場が飽和していくことになる。こうした事態を受けて、一九九五年「マスメディア集中排除原則」が規制緩和された（村上聖一 2015）。同原則はそれまで資本構成を制限し、放送事業者の系列化に一定の歯止めをかけるものだったが、放送対象地域が重ならない場合、支配基準の議決権の割合が緩和されることになった。「これによって、東京キー局がローカル局に出資する場合、複数の放送事業者に対して、それぞれ二〇パーセント近くの議決権を保有できるようになった」（村上聖一 2015: 70）。この一九九〇年代の放送制度の規制緩和によって、いずれのネットワークにおいてもキー局の影響力がさらに強まり、東京の資本がいたるところに入るようになっていく。一九九〇年代のテレビ産業は、国と連動しながらより中央集権的なメディアとなったと言わざるをえない。

こうして都市空間と放送制度双方の規制緩和を受けて、〈東京〉は再び一極集中への加速を始める。これは当時、東京がグローバルなコンテクストに置かれることで、「世界都市・東京」となったこととパラレルであった。都知事（当時）の鈴木俊一も、「最近の国際化、情報化の進展のなかで、東京が国際金融をはじめとする高次の機能を有する世界都市としての役割を果たすことが、期待されている」（鈴木俊一 1990: 256）と高らかに述べたように、東京は国際化のなかで積極的に意味づけられた。東京を特別な地域とみなし、それを「世界都市」と名付け、グローバルな文脈に落とし込むことで、東京一極集中の口実ができた。実際、一九八七年四月の東京都知事選では、鈴木俊一が「世界都市」を公約に掲げて再選した。

これは前章からの流れで考えたとき、明らかな構造転換であることが分かる。ここまで見てきたように、一九六〇年代以降の東京は基本的に〈地方〉との関係のうえで成り立っていた。上京物語、地域へのまなざしなどは全て、ベクトルの向きの違いこそあれ、〈東京〉と〈地方〉とが対峙する構図にあった。しかし、一九九〇年代、〈東京〉は〈地方〉と対峙する存在ではなくなり、むしろ、ニューヨークやロンドン、パリといった〈グローバル・シティ〉と対峙する存在となった。一九九一年にサスキア・サッセンがニューヨークやロンドンとともに東京を「グローバル・シティ」

として論じたこともその証左である。東京は日本のモデルから、世界のモデルへと変貌し、「世界都市・東京」としての役割を期待されるようになったのである（町村敬志 1993）。

ゆえに、前章までに見てきた構図、すなわち〈地方〉との関係のうえで成り立つ〈東京〉は、一九九〇年代にほぼ失効する。当時、奥田道大が的確に論じたように、「東京は、むしろ乖離を拡げるというか、共通の文脈を断念するところに、世界都市・東京の現在がある。（…）東京の都心だけがこの共通した地平との接点を欠いたまま、「日本のモデル」そして「世界のモデル」として自己運動化を続ける」（奥田道大 1987: 34-5）。一九八〇年代後半から一九九〇年代のテレビもまた、放送制度の規制緩和とともに、この〈東京〉の一極集中に加担したのである。

自閉化するテレビ

東京が〈グローバル・シティ〉となりえたことは、当時の放送産業の国際化とも対応していた。一九八〇年代後半、東京が世界都市へと舵を切るなかで、テレビも衛星時代に突入したからである。一九八九年六月一日、NHK衛星第一テレビと衛星第二テレビが二四時間の衛星放送を開始し、一九九一年四月一日には民間初の衛星放送である日本衛星放送（JSB）、通称WOWOWが開局した。テレビもまた急速に進む国際化、情報化の荒波のなかで「多メディア」時代を迎えることになったのである。

衛星放送の特徴は、何よりもまず地球規模で映像のやりとりが可能になったことであり、それまでの地上波テレビのようにネットワーク間での番組交換という形をとらなくなったことである。これはテレビによる「同時性」空間が地球規模に拡大し、地球の裏側で起こっている出来事が、瞬時に衛星回線を通してリアルタイムで伝達可能になったことを意味する。

しかし、テレビの空間が地球規模に広がった一方で、一九八〇年代半ば以降、テレビは「自閉化」という逆説的な方向にも進んでいったことは、きわめて重要である。例えば当時、ジャン・ボードリヤールは、テレビと湾岸戦争をめぐる一連の論考のなかで、テレビの「シミュラークル」について指摘した。テレビという複製技術によって生まれたオリジナルとコピーの氾濫は、一九九〇年代に入り、オリジナルでもコピーでもある「シミュラークル」を生んだ。ここではもはやテレビ映像のイメージと指示物との間に差異がなくなったことが指摘された。

一九九〇年八月にイラクによるクウェート侵攻をきっかけとした湾岸戦争をめぐり、ボードリヤールは、「宙づり状態（サスペンス）」＝「戦争が起こらない状況」に呑み込まれていくと予測した。それは、テレビを見るわれわれがすでに、メディアが展開する世界的な舞台のうえで情報の「人質」となり、「潜在的には毎日爆撃にさらされている」（Baudrillard 1991=1991: 18）からだという。しかし、ボードリヤールの予測に反して、湾岸戦争は勃発する。その最中も、ボードリヤールは「湾岸戦争は本当に起こっているのか？」と言い、戦争が終結してもなお、「湾岸戦争は起こらなかった」と主張した。

この狂気的なまでのボードリヤールの態度は、湾岸戦争という「現実」をテレビの外部で実際に起こっている出来事と無自覚にみなす思考を断ち、外界が存在しない「愚か」なメディアを受容する視聴者たちに警鐘を鳴らすものだった。この考えは、ジョン・フィスクが解説するように、「何百万という数のテレビ画面上に再生産されるイメージと別個の、オリジナルとしての現実というものは、存在しえない」（Fiske 1991=1995: 83）ことを主張するものであった。ここでは現実と虚構の二項対立を超えたテレビ的リアリティの発見があり、テレビの環境は複製でもオリジナルでもあるシミュラークルのただなかに投げだされたことを提起するものであった。

衛星放送時代に突入し、他国で起こる戦争がテレビのなかで次々にリアルタイムで受容されるようになったこととは裏腹に（むしろ、容易に世界の情報が受容されるようになったからこそ）、テレビが映しだす外界そのものが疑われ、オリジナルでもコピーでもあるシミュラークルを生成する装置としてテレビは位置づけられるようになったのである。このことは、テレビの外側にある現実と、テレビの内側にある現実そのものの関係を問いかえす視線が誕生したことを意味し、テレビは映すべき現実を見失ない、しだいに自閉化し始めたことを意味していた。実際、日本のテレビ番組でも、一九八〇年代半ば頃から、明確にテレビの「自閉化」が起きていた。

その象徴的なジャンルが、テレビ・バラエティや報道番組であった。日本において一九八〇年代半ばから一九九〇年代にかけてのテレビ文化を考えるとき、バラエティや報道からテレビの自閉化を読み解くことは重要である。なぜなら、これらはテレビ本来の「遠視」機能の変形を示していたからである。

総バラエティ化現象

一九八〇年代半ば以降の日本のテレビ文化は、バラエティよって支えられていたと言っても過言ではない。フジテレビ『オレたちひょうきん族』（一九八一〜八九）に代表されるバラエティ番組は、それまでの入念なリハーサルをしたうえで玄人芸として成立したＴＢＳ『8時だョ！全員集合』（一九六九〜八五）を軽やかに乗り越え、キャラクターによる即興芸やパロディを笑いとした。タレントだけでなくスタッフも積極的に画面のなかに登場することで笑いをとるこのバラエティの手法は「巨大な内輪空間」（北田暁大 2005a: 152）を形成し、本来は隠匿されていなければならないもの（カメラや企画の裏側など）が表に出て、時にはやらせを許容するテレビ文化を成立させた（北田暁大 2005a）。

当時、こうしたバラエティ番組の手法は、報道番組にも波及し、一九八五年に始まったテレビ朝日系列『ニュースステーション』がその典型的な番組であった。それまでＴＢＳのアナウンサーだった久米宏を起用し、従来の重々しい生真面目な報道番組ではなく、「中学生でもわかるニュース」（久米宏 2017: 138）を目指して、番組は始まった。『ニュースステーション』が示すテレビの自閉化は、当時完成したばかりの赤坂のスタジオ空間に具現化された。服装や奥行きのあるセットだけでなく、テーブルの質感や座り方、話し方、ペンの色までもこだわり、スタジオ空間を創造したのである。久米宏は次のように述べている。

> それまでのニュース番組は「いかに正しくニュースを伝えるか」がすべてであり、セットに多額の資金を投入することなど想像すらしなかっただろう。しかし「ニュースを番組にする」ということは、原稿の内容に加えてキャスターの表情や話し方、出演者の服装、セット、小道

具などをすべてつくりあげていくということだ。そして、テレビではこの外観やイメージ、雰囲気が決定的に重要な要素となる。『ニュースステーション』は全国各地の都市生活者に向けて発信する。そのためスタジオセットのイメージは、都心の高級マンションの一室のような、都会的でおしゃれなオフィス空間、具体的には「新しい街アークヒルズのビル最上階に、リビングを兼ねた久米宏の個人オフィスがある」というコンセプトにした。（久米宏 2017: 186）

久米自身も語るように、『ニュースステーション』を支えたのは、「細部に対する僕のこだわりと配慮」（久米宏 2017: 221）だった。このことが意味するのは、久米は外界の見せ方というよりも、映り方に自覚的であったということである。すなわち、この番組では情報の内容というよりも、演出の仕方が重視されていた（西兼志 2017）。

その後、一九八九年一〇月に筑紫哲也をキャスターとしたTBS系列『筑紫哲也ニュース23』が放送を開始し、久米と筑紫はスタイルは異なるものの、両者が競い合う形で報道拡充の端緒となった。これは無論、衛星放送の登場によって地球の裏側で起きていることをリアルタイムで伝達可能になったことの結果であったが、同時に、キャスターたちが画面のなかで目立ち始めたことは、当時のバラエティ文化の内輪空間と連動しつつ、情報内容よりも演出手法が重視されるようになったことの証であった。

こうして一九八〇年代半ばから一九九〇年代にかけての日本のテレビ文化は「巨大な内輪空間」を生成する、自閉的なものとして存在し始めるようになった。[1] 言い換えれば、「あらゆるジャンルがバラエティに近づき、バラエティがメタジャンルになっていく」（西兼志 2017: 87）。テレビは外側の現実を伝えるというよりも、自閉化した空間を視聴者に見せるメディアへと変化したのである。これは遠くを視せるというテレビ本来の「遠視」としての役割の決定的な変化でもあった。

昭和から平成のテレビへ

テレビの「遠視」機能が変形する決定打となったのは、昭和天皇の死去であった。一九八〇年代後半から一九九〇年代のテレビの視線の変化を考えるとき、この昭和天皇死去報道は外せない。一九八九年一月七日に昭和天皇が死去した後、一月七日と八日にかけてテレビ各局は特別編成を組み、NHKや民放各局は四〇時間以上にわたって報道した。天野祐吉は、このときのテレビの様子を「二日間は窓に暗幕がかけられたように、世間の風景がまったく見えなくなってしまった」（『朝日新聞』一九八九年一月一三日）と書き記している。まさに一九八〇年代末に起こったこの出来事は、テレビの「視る」機能を変形させた。

もっとも、すでにテレビ局では密かにXデー非常事態番組の計画は練られており（『放送レポート』一九八九年一月号）、前年九月に昭和天皇が吐血したときも、フジテレビ『オレたちひょうきん族』（一九八八年九月二四日放送）は御容態詳報によって中止され、翌日の『笑っていいとも増刊号』（二五日放送）も『子猫物語』に差し替えられるなど、「自粛」の用意はあった。病床より「病気」を扱うドラマはもちろん、「生きる」「誕生」といったテーマのテレビCMも差し替えられた。ゆえに、当日の死去報道を見てみても、驚くほどスムーズに放送が行なわれていることが分かる。スタジオのコメント、東京駅前からの中継、皇居の空撮、そして、アナウンサーが喪服姿となり、中曽根康弘をスタジオに呼んでの謹言——。これは「昭和最後の日」への準備の結果として、自粛の名のもとにテレビという「窓」を塞いだ「自閉化」として捉えることができる(図3・1)。

この二日間のテレビ報道を、当時、吉本隆明は次のように強い口調で否定的に語った。

図3-1　昭和天皇死去報道(NHK)

まず、全体の印象をいえば、「参ったね」「うんざりした」「食傷した」ということにつきる。こんなことはひとつの局が一日だけやるか、全局がある時間帯をさいて報道特集するくらいで充分なことだ。それなのにどのチャンネルを廻しても、黒ずくめの背広に、黒っぽいネクタイをしめたベテランのアナウンサーを司会にして、これまた黒ずくめの背広にネクタイのゲストが、うその感情とはいえないまでも儀礼的なたてまえの、あたりさわりのない追悼のコトバを述べあっていい気になっている。これが二日間も全テレビ局(三チャンネルNHK教育テレビを除いた)で朝から晩までつづいたのだ。(吉本隆明 1991: 132-3)

このとき吉本が嘆いていたのは、本来の遠視の機能を忘れたテレビの姿である。かつて遠くのものを視せていたテレビは、天野が指摘したように、このとき視線を塞いだのである。吉本が「参ったね」と語るように、ひたすら黒ずくめの背広で、あたりさわりのない天皇への追悼コトバが内輪空間にあふれた。昭和天皇の死を伝えたテレビは、昭和最後の日、外界への遠視を拒んだのである。[2]

「虚構の映像共同体」の成立

以上に見てきたテレビの自閉化の背景には、当時、地上テレビ放送の市場が飽和していた事情も大きい。平成に入り、いくつかテレビ朝日系列を中心に「平成新局」が開局したものの、一九九〇年代以降、経済力に乏しい地域での新規開局は困難になった（村上聖一 2015）。バブル経済の崩壊や衛星時代への投資に追われたキー局による新規局開設の意欲がしぼんだことも、その大きな原因であった（小田桐誠 1994）。昭和から平成に変わり、国内のテレビ局市場が飽和したとき、テレビはその視線を変えたのである。ただ、テレビの自閉化は先のボードリヤールの指摘のように、世界的な現象でもあり、例えばウンベルト・エーコも一九八三年に「失われた透明性」と題する論考のなかで、「パレオTV」から「ネオTV」への移行として論じていた。エーコは「ネオTV」について次のように定義した。

> ネオTVの主要な特徴は、外部世界について語ることがますます少なくなっているということである（パレオTVはそうしていた、あるいはそうしている振りをしていた）。それが語るのはテレビ自身、人々とまさに築きつつある接触（コンタクト）である。それが語る内容や対象は

さして重要ではない。（Eco 1985=2008: 002）

すなわち、テレビはそれまで映し出していた外部空間を単に指標することをやめ、自らの内部空間を参照し始めるようになったことを、エーコは「パレオTV」から「ネオTV」への移行として論じたのである。先に見た『ニュースステーション』の演出重視や、バラエティの内輪空間の登場は、こうした日本における「ネオTV」化の結果であった。こうして「テレビは出来事、つまりテレビがたとえ存在しなくても起きるはずの独立した事実をもはや映し出さなくなった」（Eco 1985=2008: 013）。エーコによれば、テレビはテレビとしての存在を隠すことはなくなり、むしろ、その存在を誇示するようになったのである。バラエティの内輪空間と、それにともなうニュースのバラエティ化は、外部空間を映しだす「窓」としての機能から、テレビの内部空間のなかで完結する「鏡」へと変化し、ジャンルの境界が曖昧になったことを意味した。その転換の決定打が、日本の場合、昭和天皇死去報道だった。

この「ネオTV」化は、繰り返し述べてきたように、「遠視」の変形として理解することができる。遠くのものを単に視せるのではなく、テレビは視聴者の関心と共鳴しながら、自閉的にテレビ空間へとその視線を向けた。とりわけ昭和天皇の死去後のリアリティ・ショーの流行は「ドキュメンタリー史の終わり」とも論じられ（Bignell 2005: 26）、「遠視」を得意とするドキュメンタリーの終焉として、伝統的な手法の拒絶と言われた[3]。

当時、こうした日本のテレビの視線の変化に気づいた吉本隆明は、テレビの自閉化を「虚構の映像共同体」（吉本隆明 1991: 29）と呼んだ。吉本によれば、テレビ局はほとんど二四時間ぶっ通しで映像を流す「奇妙な、得体の知れない自己顕示の共同体」であり、「虚像を実体であるかのように流布する幻影の共同体」であった。実際はただの企業体にすぎないのだが、テレビ局は映像を加工し、イメージを流布することで「憧れの職業」となり、その結果、「才色ともにいちばん優れた女性たちが、この映像共同体の周辺に集まって、才知と容色のハーレムをつくっているような気がする」（吉本隆明 1991: 27）という。ここで吉本が想定していたのが、当時、フジテレビを中心とした女子アナブーム（内輪空間）に沸くテレビ業界であった。

この奇妙な共同体、共同の意志など存在しない映像の姿なき共同体が、さまざまな錯覚や自負や魅力を一般社会に及ぼしながら、膨らんでゆく姿は、いま一段と見ものだという気がする。
（吉本隆明 1991: 29）

この吉本の疑問は、一九八〇年代後半から一九九〇年代にかけてのテレビそのものの変化として捉えることができる。さらに、遠視というテレビ的な機能の根幹が変形し、その視線が反転して「虚構の映像共同体」が成立したとき、テレビと東京の関係もまた変化していく。それは、これから見ていくように、世界都市・東京という文脈のなかで肥大化したテレビ産業が東京という都市空間そのものを物理的に創造し始めるきっかけとなったからである。つまり、何か外側にある〈東京〉の現実を遠視するのではなく、テレビ自らが都市空間そのものを創りだし、そこに新たな〈東京〉のイメージを虚構的に意味づけていくことになった。物理的な都市空間のなかに、テレビは「虚構の映像共同体」を実現していくことになったのである。ここで重要な役割を果たしていくのが、フジテレビの〈お台場〉の新社屋であった。バラエティで巨大な内輪空間を演出して以降、フジテレビは実際の都市空間においても内輪空間を形成し、それが〈お台場〉という地につながったのである。

1-2 臨海副都心とテレビ局

臨海副都心というフロンティア

一九九〇年代へと向かうなかでテレビが自閉し、「虚構の映像共同体」を形成したとき、東京の都市空間にも実際にテレビが創る虚構的な場所が誕生した。鈴木俊一都知事（当時）によって新しい空間「臨海副都心」が東京に構想され、一九九〇年代、テレビはそこに〈お台場〉という新たな虚構の空間を創りだしたのである。これが一九九〇年代における「東京のなかのテレビ」＝〈お台場〉であった。以下では、〈お台場〉誕生までの都政の経緯とそこに付与される虚構的な意味について考えていきたい。

鈴木俊一は就任以来、「マイタウン東京」を掲げていた。これはかつての上京者たちに東京をふるさとと思ってもらおうとした構想だったが、三全総から四全総へと移行するなかで、「マイタウン東京」は「世界都市・東京」へとすりかえられていく。すでに見たように、東京は〈グローバル・シティ〉の文脈におかれ、このとき鈴木が新しく夢想したのが、新宿、渋谷、池袋、上野・浅草など、東京を「多心型」の都市構造とすることであった。

もともと開発志向の強い鈴木は、世界都市・東京の実現に向けてこれ以外の「新しいフロンティア」の開拓を目指していた。都知事三期目で実現した都庁の移転に引き続き、鈴木が熱心に取り組んだのが「臨海副都心」の開発である。鈴木は臨海部の開発について、こう述べている。「私としては、東京に残された唯一の広大な未利用空間であるウォーター・フロントを見直し、ここに活路を見出そうと考えたのであります」(鈴木俊一 1990: 115)。ここであくまで臨海部は、多心型構造の一環であることが強調された。「この開発は、東京の都市構造を一点集中型から多心型へと転換させるとともに、国際化・情報化という時代の要請にも的確に応えつつ、この地域に理想の未来型都市を創出することをめざすものであります」(鈴木俊一 1990: 119)。ここにおいて、七番目の副都心として、「臨海副都心」が鈴木都政のなかで位置づけられることとなった。

臨海副都心計画までの経緯を簡単に記せば、一九八五年四月、「東京テレポート構想」が立ちあがる[4]。翌八六年八月、構想検討委員会の中間報告があり、テレポートの基本機能を「高度情報通信基地を備えた国際都市東京のインテリジェント・ビジネスセンター」と位置づけることになった(東京都 1994: 527-8)。一九八八年七月、約七〇〇〇通の応募のなかから「東京テレポートタウン」と命名が決まり、一九八九年四月、臨海部副都心開発基本計画が策定された。臨海副都心開発は、都心から約六キロで、この未開の臨海地四四八ヘクタールに居住人口六万人、就業人口一一万人の巨大計画が始まった。もはや空間がないとされた狭隘な東京に、こうして新しい空間が文字通り、創造されていったのである。これから述べていくように、これが一九九〇年代の虚構の映像空間の実現につながっていくことになる。

こうして始まった臨海副都心計画は、ある構想を生みだすことになった。それがよく知られるように「世界都市博覧会」の開催であった。この世界都市博は、三期目半ばの鈴木俊一の野望と、それを打ち破った青島幸男をめぐって、一九九〇年代の都政のハイライトの一つであり、このことがテレビ局立地の意味を大きくさせた。

一九八八年一二月、財界や学者、文化人が集まり、東京世界都市博覧会基本構想懇談会が設置され、このとき建築家の丹下健三が座長を務めた。[5] この世界都市博は、丹下の個人史から見るならば、果たせなかった夢の続きでもある。すでに第1章で詳述したように、一九六一年、丹下はテレビ番組のなかで「東京計画１９６０」を発表した。東京湾に軸状の都市構想を果たせなかった丹下は、自身の夢を新しいフロンティアである臨海部に託した。丹下は「「世界都市東京」に向う大改造」(1987) と題する論考のなかで、これから東京が世界経済のセンターとなるためには七〇〇〇ヘクタールが必要であり、それは新宿、渋谷、池袋といった副都心だけでは引き受けられないと述べている (丹下健三 1987)。たとえ八王子、立川、横浜まで含めても、あと五〇〇〇ヘクタールほど足りない。その持っていく先が、ウォーター・フロント(臨海部)であると主張したのである。ここで丹下が臨海部で新しく構想したのが、「東京計画１９８６」である。計画そのものを「世界都市博」としてイベント化し、大花火を打ち上げようとする発想はいかにも丹下らしい。自らの計画が実現していく過程そのものを、博覧会として開催することが構想されたのである。[6]

テレビ局の誘致

世界都市博覧会は、臨海副都心において一九九四年四月から二〇〇日間、二〇〇〇万人を集める計画となった。オリンピック、万博に次ぐ巨大計画であり、テーマは「都市・躍動とうるおい」と決まった。この博覧会は都市開発のプロセスそのものを発信することに特徴があり、「コンクリート橋脚が剥き出し、ゴミ収集の清掃車が行き交う場面を見世物とする」（佐々木信夫 1991: 127）案もあったが、当然、内外からの批判にあう。

そもそも、臨海副都心の突貫工事は当初から大きな批判の対象であった。都政の内部からの批判も大きく、港湾局に勤務する職員は、臨海副都心計画は拙速で、大企業との癒着、多心型への分散という名の一極集中であるとして痛烈に批判した（三澤美喜 1991）。さらに、『朝日新聞』は社説で『臨海副都心計画』は見直すべきだ」とする記事を掲載し（一九九三年四月一八日朝刊）、進出企業から土地の権利金や借地料を徴収してまかなうのは「地価が毎年六％ずつ上昇することを前提に借地料を設定するなど、バブル時代の発想」であり、計画は破綻すると指摘された[7]。

一九九〇年代、鈴木と丹下が臨海部という新しいフロンティアに抱いた「夢」は、こうしてさまざまな場で糾弾されていくことになる。なんとかして任期中に世界都市博を開催したい鈴木であったが、工期の遅れから開催は一九九四年四月から一九九六年三月に延期された。それでも一九九四年九月には入場前売り券の発売を開始するなど、少しずつ進められたが、よく知られるように、結局、鈴木俊一の後に都知事選を勝ちとった青島幸男が世界都市博を白紙にする。世界都市博の中止を公約に掲げ、民意を味方につけた青島は、公約通り、開催の中止を発表したのである。これに対し、前知事の鈴木や都の幹部は予定通りの開催を強く求めたが、青島は一九九五年五月三一日に正式な声明を発表し、世界都市博の中止を決定した。都市博への準備をしていた中小企業にとっては大打撃で、青島も苦渋の決断であったことが声明から読みとれる。こうして鈴木俊一と丹下健三の夢は、挫折へと変わったのである。

世界都市博は、臨海副都心開発の起爆剤となるはずだったが、その構想はバブル経済最盛期に立案され、地価が上昇し続けることを前提としていた。この状況下では、バブル崩壊後の社会情勢に対応できないことは明らかだった。しかし、ここにテレビ産業という「助け舟」が入ることになる。

世界都市博の中止決定後、問題となったのは臨海部の広大な土地である。進出企業が撤退していくなかで、この「灰色の空き地」をどうしていくかが、喫緊の課題となった。すでに企業誘致は終盤を迎え、世界都市博を期待した中小企業は整備投資で火の車となり、さらには臨海副都心と新橋を結ぶ「ゆりかもめ」が一九九五年一一月一日に開業する。東京都と第三セクターが約一七〇〇億円をかけて整備したこの新交通も、臨海副都心が行き詰まるなかで軌道に乗せていく必要があった。このとき、臨海副都心の起死回生の切り札となったのが「情報化未来都市」構想だった。灰色の空き地にはマス・メディアの誘致が必須であり、とくにテレビ産業のイメージ戦略が期待され、臨海副都心再生の鍵とされたのである。臨海副都心にテレビ局を立地させ、ニュースに限らずドラマやバラエティなどをここから発信することで、臨海副都心を人気スポットへと押し上げていく。

ここで重要なアクターとなったのが、フジサンケイグループ率いるフジテレビであった。

一九九〇年代、フジテレビは臨海副都心の進出企業に当選し、とくに台場地区のイメージを華麗に変えていくことになる。それまでは犯罪現場やごみ処理といったイメージで彩られ、世界都市博の中止によって灰色の空き地となった臨海部を、フジテレビは見事に「おしゃれな男女のデートスポット」へと変えていった。この動きは一九六〇年代のNHKと似ている。第1章で詳述したように、NHKはオリンピックのために返還されたワシントンハイツの跡地に乗り込み、そこからオリンピック中継を成功させた。一方、一九九〇年代のフジテレビもまた、鈴木都政によって開かれた臨海部(ウォーター・フロント)に乗り込み、そこをおしゃれな観光地へと変えていった。戦後東京の地政が変化していくなかで、一九九〇年代、虚構的な映像空間としての〈お台場〉が誕生したのである。

お台場=フジテレビ

フジテレビが変えた〈お台場〉の虚構的な意味について、さらに考えてみたい。そもそも一九八〇年代後半から一九九〇年代の臨海副都心計画は四つの開発地区があった。台場地区、近江地区、有明北地区、有明南地区である。なかでも台場地区は都心からのアクセスも良く、激戦地で、もっとも利権の温床となったとされる地区である。ここに新しくフジサンケイグループのフジテレビ社屋(FCGビル)が誕生する。世界都市博の中止によって打撃を受けた臨海副都心計画にとって、ここにマス・メディアの拠点を作ることは重要であり、なかでもテレビ局によるイメージ戦略は必須であった。一九九七年、フジテレビの社屋が建設されたことをきっかけに、予想通り、台場地区は〈お台場〉としておしゃれな空間に変わることになった。

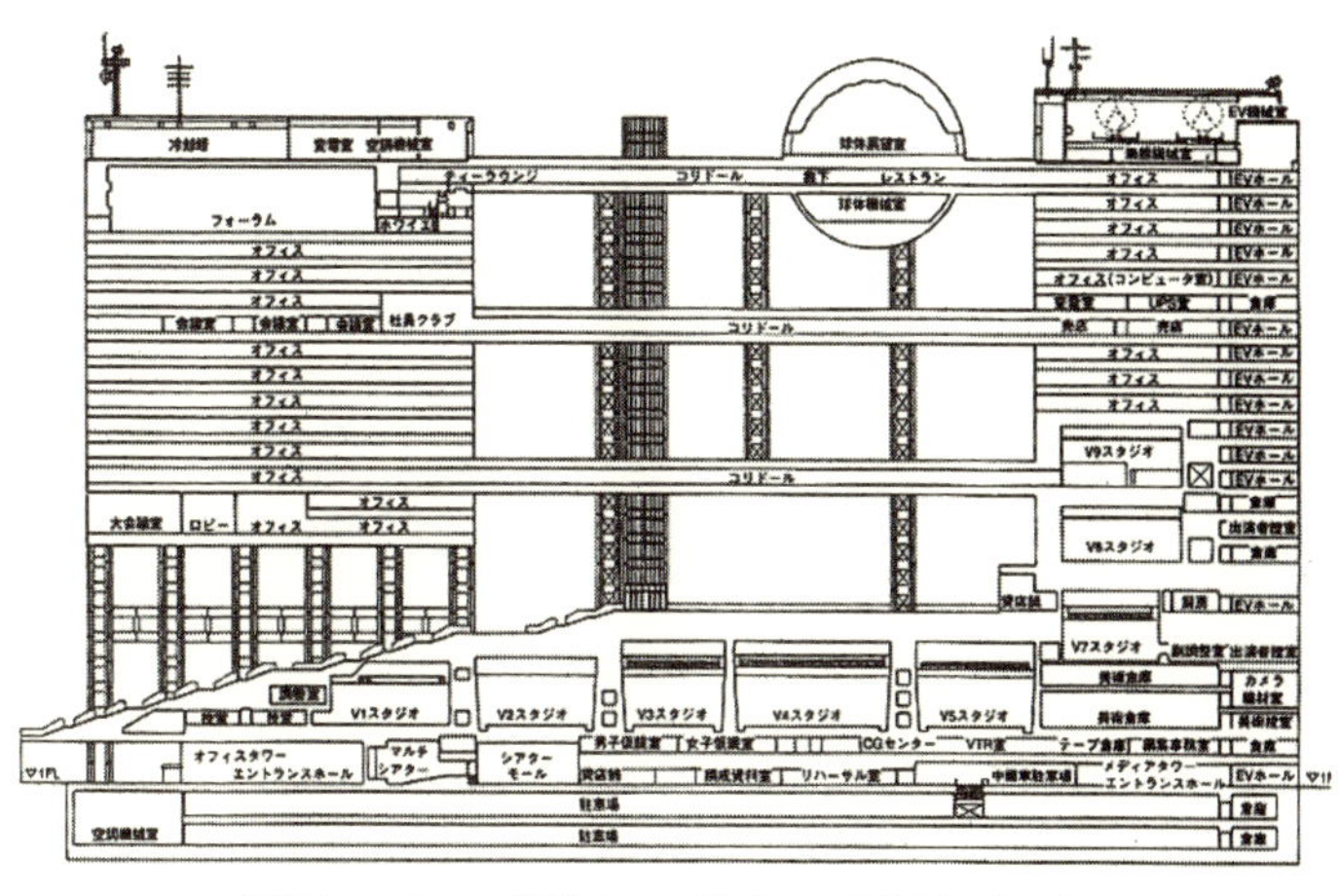

図 3-2　フジテレビ新社屋──丹下健三・藤森照信（2002）

その際、決定的な役割を果したのが、フジテレビ社屋の建築外観であった。丹下健三が設計したこの社屋の外観が、とくに台場地区で注目されたのである（図3-2）。藤森照信による建築の概要を引用すれば、「一般業務施設が入る西側のタワー、AV制作機能やスタジオを収める東側のタワー、大型のTVスタジオが入る低層部からなる。ふたつのタワーは六階おきにコリドールで結ばれているが、ここは単なる連絡通路ではなくコミュニケーション・スペースとして活用される」（丹下健三・藤森照信 2002: 471）。

また、『フジテレビジョン開局50年史』によれば、この本社ビルは他社に先駆けて、放送のデジタル化に対応したトータルデジタルシステムを導入し、どこからでも生放送を可能にしたという（フジテレビ50年史編修委員会編 2009）。まさにこの新社屋は、社屋のどこからでも放送できることをモットーとした、社屋全体がメディアとなったビルである。なかでも特徴的なのが「球体の展望室」で、地上二五階相当に設置された直径三二メートルの展望室は、臨海副都心のなかでも圧倒的に目立つ存在となった。新橋駅からゆりかもめに乗ったとき、車窓からこの球体は一目で確認でき、それがフジテレビの社屋であることは乗客の多くが知っている。

一九九七年四月二日より、球体展望室の一般公開が始まったが、フジテレビではこの移転に際して大編成を行ない、同年三月二一日から「ザッツお台場エンターテイメント!」を放送し、新宿河田町から〈お台場〉への移転を自らアピールし続けた。後に見ていくように、こうした番組との連動は、一九九〇年代のフジテレビの重要な都市戦略の一つである。その甲斐あって、球体展望室の一般公開初日には一万八九四人が入場し、五月のゴールデンウィークには約一五万人が訪れた。

週刊誌も移転後すぐに「お台場の新名所! フジテレビ〝観光コース〟が超人気」として特集を組み、「都市博中止で予期せぬ〝孤島〟お台場のシンボルとなってしまったフジテレビの新社屋」と書いた。

直径三二メートル、重さ一二〇〇トン、外装は総チタン、地上約一〇〇メートルの位置に浮かぶ展望室は開場記念で入場無料。一般視聴者が観光できるとあって、一日平均一万人強を集客中。海越しに東京タワーや都庁が見えるとあって、早くもお台場を代表する新名所という感じだ。「芸能人に会えたらいいなと思って来ました」とは取材当日、長蛇の列の先頭に並んでいた青森の男子高校生四人組。(『FLASH』一九九七年六月一〇日号)

ここに書かれた情景からは、もはや「見るテレビ」ではなく「見に行くテレビ」へと放送局の役割が変化していることが分かる。芸能人に会いたいという目的とともに、球体のなかに入りたいという欲望を喚起した。東京タワー以来、戦後日本の塔の思想は、一九九〇年代に入ると、テレビ局自身が作る建築の塔へと転回した。世界都市博の中止によって開発が危ぶまれた臨海副都心は、こうしてフジテレビによって「情報化未来都市」として実現したのである。

この開発はもはや、世界都市博をやったのと同規模であったとも言える。事実、同年の夏休みには〈お台場〉に三三〇万人（フジテレビに一二〇万人）が訪れたことを受けて、東京都の経済・港湾委員会（一九九七年一〇月二三日）で、ある委員はこう発言した。「三三〇万人の人が来た、またはフジテレビに一二〇万の人が来た、休憩の観覧室へ行って景色を見たりして、いろんな意味で大変知名度が広がってきたわけですね。ある意味では世界都市博をやったと同じぐらいの力が出てきたと思うんですよ」。人びとに世界都市博の中止を忘れさせるほど、フジテレビは都市博の中止による臨海部開発の失速を引き受け、V字回復させていったのである。

観光地〈お台場〉へ

もっとも、世界都市博中止後の臨海副都心イメージ作りに貢献したフジテレビであったが、その進出に際し、闇工作があったことは当時から疑念をもたれていた。バブル崩壊後の東京にあって、唯一といっていいほど計画され続けた臨海副都心をめぐっては、都政と企業との癒着がたびたび指摘された（岡部裕三 1993）。一九九〇年五月、臨海副都心への進出企業の第一次公募が行なわれた際、公募対象となったのは全一八区画（台場一〇区画、有明南五区画、青海三区画）であったが、なかでも台場地区にあるF区画（二・一ヘクタール）は新交通の東京テレポート駅に直結し、北側にお台場海浜公園を望む絶好の立地だったため、進出希望が一一倍の激戦区となった。希望も大企業ばかりで、日本経済新聞社、松下電器産業、凸版印刷、日本火災海上保険、三菱信託銀行などであった。

この激戦区において、フジサンケイグループはもともと二区画に分割されていた台場F区画を一つにまとめて進出申請し、この一等地をまるごと獲得することになったことを受け、当時、中川一徳はフジサンケイグループの「周到な移転工作」があったことを指摘した。「中空に巨大な球体を戴く、この奇抜な外観の構造物が立ち上がるまでには、相応しい奇妙な生い立ちがあった」（『文藝春秋』一九九七年四月号）。

中川一徳（2005）によれば、なんとしてもグループの総合本部を作りたいフジサンケイグループと、臨海副都心を多心型の一つとして情報未来都市にしたい鈴木俊一の思惑とが合致したときに出来たのがフジテレビの社屋だったという[8]。もちろん、この闇工作は真実ではない側面もあるかもしれない。本書もフジサンケイグループがどこまで癒着に絡んでいたかを明らかにすることが目的ではない。しかし、フジサンケイグループによる拠点計画がフジテレビの社屋建設へと具体化したとき、都政にとって、世界都市博と同じくこの計画が臨海副都心計画の起爆剤として成功したことは先に述べたとおりである。一九六〇年代、ワシントンハイツの跡地に放送センターを建設しようと奔走したNHKと同じく、一九九〇年代のフジテレビもまた、その局舎の位置にこだわった。これは放送局の社屋をどこに置き、どこから情報を発信していくかというきわめて「都市-産業」的な側面が、東京においては重要であるからにほかならない。フジテレビは都政と結びつきつつ、一九九〇年代のテレビの主役となっていったのである。

台場地区へのフジテレビの進出を契機として〈お台場〉が完成し、海浜公園、ヴィーナスフォート、自由の女神像、レインボーブリッジなど、お台場は異国情緒ただよう東京の観光地となっていく。これは情報都市から観光都市への転換でもあった。フジテレビのアナウンサーたちによる座談会のなかで、お台場に仕事場があることの長所を聞かれ、福井謙二はこう答えている。

> 私が思う長所は、職場に知り合いを連れて来られるってとこですね。会社がイコール観光地っていうのは、なかなかないでしょ。（『まっぷるマガジン』二〇〇一年一〇月一五日号）

社員もまた、〈お台場〉という観光地に自社が位置していることを自認し、それを誇示した。実際、お台場を特集した二〇〇〇年代の『るるぶっく』の表紙には、必ずといっていいほどフジテレビの局舎が映りこんでいる（図3-3）。〈お台場〉に行くということが、フジテレビの周辺に行くことと同じ意味を帯び始めたのである。そして、もう一つ重要なのが、そこで描かれるのは決まって一組の若い男女であることである。〈お台場〉はおしゃれな夜景を楽しむデートスポットとしての意味を付与され、都市空間そのものがテレビによって虚構的に創られていく。一九九七年四月一七日号の『アサヒ芸能』にも、フジテレビ前がデートスポットとなることが強調されていた（図3-4）。

図 3-3 〈お台場〉＝フジテレビを演出する 2000 年代の『るるぶっく』

丹羽美之はこのフジテレビによる〈お台場〉の創造を論じ、「テレビは単に「現実を反映」するのではなく「現実を生産」する主要な要因のひとつとして機能」（丹羽美之 2005: 94）し始めたことを指摘している。なかでもフジテレビが局舎を中心に「イベント化」する事態に注目し、これを「飛び出すテレビ」空間と名付けた。フジテレビは〈お台場〉でテレビの世界を現実化するようなイベントを次々に開催し[9]、自社の周辺で大規模なイベントを開催していった。来場者数も年々増え、「お台場冒険王」と「お台場合衆国」では、毎年四〇〇〇万人を超えた。これらのイベントはフジテレビで放送するバラエティ番組を中心に、番組内で使用されたセットを現実の空間で再現し、来場者を楽しませるものであった。まさに、テレビによる「虚構の映像共同体」が〈お台場〉にそのまま現実化したことになる。ここに一九九〇年代のテレビの自作自演があった。

図3-4　デートスポットとされるフジテレビ——『アサヒ芸能』1997年4月17日号

> お台場は最初から「イベント」と「メディア」によって成立する街であった。別の言い方をすれば「メディア」が発信すべき情報を「イベント」によって自ら作り出していく自作自演的な都市がお台場であった。とりわけ一九九五年に都市博が中止された後、このお台場のマッチポンプ的な役割を積極的に引き受けていったのが、他でもないフジテレビである。フジテレビは、一九九七年の移転以来、単に「メディア」として電波を発信するだけでなく、「イベント」によって人びとを動員し、お台場のイメージそのものを作り出す役割を中心的に果たしていった。こうした「お台場と言えばフジテレビ、フジテレビと言えばお台場」というイメージを作り上げることに成功した。（丹羽美之 2005: 107）

都市空間を虚構的に演出していく手法は、一九九〇年代のフジテレビの大きな特徴であった。東京の都市空間をドラマの舞台として演出し、そこで男女のラブストーリーを創出する。その一方で、バラエティを使って自社周辺をイベント化していく仕組みは、一九九〇年代のフジテレビ独自の路線であった。これから詳述するように、ここには番組内容と都市空間を抱き合わせながら、視聴者の身体を現実と虚構の狭間へと誘おうとするフジテレビの明確な戦略があった。

テレビによる「虚構の映像共同体」の成立（＝テレビによる東京）、そして、一九九七年の〈お台場〉の完成（＝東京のなかのテレビ）をより理解するためには、こうした一九九〇年代の「テレビのなかの東京」をつぶさに見ていく必要がある。一九九〇年代、東京を中心として消費社会へと突入していくなかで「テレビのなかの東京」はどのように描かれていったのか。以下では、まず、一九八〇年代後半のテレビ・ドキュメンタリーのなかで描かれる世界都市・東京を確認し、東京の「いま・ここ」が描かれなくなった事態に着目し、続いて、主に一九九〇年代のドラマのなかで「東京に行けば誰でもドラマのような恋が出来る」という演出をするフジテレビのトレンディドラマに着目する。

一九九〇年代、テレビは東京を虚構的な都市空間へと変え、東京はテレビによって意味づけられていったのであり、この「東京のなかのテレビ」と「テレビのなかの東京」の連動にこそ、〈東京〉の自作自演の本質があった。

2 世界都市・東京の表象

一九八〇年代後半以降、世界都市・東京へと転換するなかで、テレビは自閉し、実際の都市空間のなかに〈お台場〉を創造した。このとき、「テレビのなかの東京」で〈東京〉はいかに描かれたのか。本節ではまず、一九八〇年代後半に放送されたテレビ・ドキュメンタリーのなかで描かれる〈東京〉を考えてみたい。ここには世界都市・東京を「スピード」として表象し、その一方で、東京の「いま・ここ」を捉えられなくなったドキュメンタリーのまなざしがあった。

2-1 〈東京〉のスピード

都庁建設予定地で遊ぶ子どもたち

一九八〇年代後半、都知事に再選した鈴木俊一は、二一世紀に向けて大規模な都市改造に着手し、臨海副都心計画を実現させた。その結果、東京がグローバルな文脈に位置づけられ、「世界都市・東京」へと変貌したことはすでに述べた。こうした世界都市・東京への転換のなかで、日本のテレビ文化は自閉し、「ネオTV」化した。このとき、「テレビのなかの東京」はどのように描かれたのか。以下では主に一九八〇年代後半に放送されたドキュメンタリー番組が描く〈東京〉を見ていきたい。ドキュメンタリーで〈東京〉を完全に捉えきれなくなったことが、一九九〇年代のトレンディドラマの流行につながっていくことになる。

一九八〇年代後半、ドキュメンタリーでは「新宿副都心」が世界都市・東京の象徴的な地として繰り返し描かれていたことは一つの特徴である。とりわけ一九七〇年代以降、超高層化する西新宿（新宿副都心）は東京におけるグローバル化の拠点と位置づけられ、かつての若者たちの場が超高層ビルへと変貌した。淀橋浄水場の埋め立てによって広大な敷地が生まれたことで、次々に超高層ビルが建設され、例えば、一九七一年に京王プラザホテル（地上四七階）、一九七四年に新宿住友ビル（地上五二階）と新宿三井ビル（地上五五階）、一九七九年に新宿センタービル（地上五四階）などが建設された。こうした新宿副都心の形成が、一九八〇年代後半における「世界都市・東京」の象徴として、テレビのなかで盛んに表象されていったのである。

例えば、これは一九八〇年代後半のテレビCMを見てみると分かりやすい。ポップバンド「米米クラブ」を起用したスポーツドリンクのCM（味の素「TERRA」、一九八六年）では、西新宿の高層ビル群を背景に、彼らが巨大な地球儀に追いかけられるシーンから始まっている。そこで彼らは「僕らは地球も飲み干したい」と言い、スポーツドリンクを飲み干しながら「新陳代謝じゃ」と叫んでいた（図3-5）。このCMのなかで新宿副都心は世界との対峙が暗示され、東京を特徴づけるスクラップ・アンド・ビルドが身体的な比喩として語られていた。

当時、超高層化していく西新宿の象徴的な出来事が、東京都庁舎の移転であった。それまで丸の内にあった東京都庁舎は、一九九一年、総工費一三九一億円をかけて西新宿へ移転した。この約一万三〇〇〇人の大移動も、東京における多心型構造の一環とされ、世界都市・東京の象徴的な地としての新宿を確立した[10]。新都庁舎は、旧都庁舎と同じく丹下健三が設計し、地上四八階の第一本庁舎、三四階の第二本庁舎、七階の議会からなり、まるでゴシック建築を思わせるような権威主義が批判された。設計コンペを競った磯崎新による案は低層で事後的にも注目されたが、結局、鈴木俊一とも結びつきの強かった丹下案が採択された。この二人の関係が〈お台場〉のフジテレビ社屋の建設へとつながったことはすでに述べたとおりである。

当時、この都庁移転をめぐって、翻弄される新宿住民側から描いた優れたドキュメンタリー番組がある。この番組が特徴的なのは、「世界都市・東京」へと変貌するなかで、忘れられたコミュニティに注目したことであった。NHK『首都圏スペシャル　ウチの隣は超高層ビル〜西新宿少年日記』は一九八七年一〇月二二日に放送されたドキュメンタリー番組である。都庁移転まで四年と迫った西新宿を描いている。この番組では、新宿副都心高層ビル街に隣接する淀橋第三小学校五年一組の子どもたちを通して、変わりゆく西新宿の風景を捉えていた。子どもたちが住む西新宿六丁目は、明治時代から職人たちが住む地区だったが、二年前に都庁の移転が決まってから土地の動きは激しさを増し、町の小学校の児童数はこの四年間で一〇〇人減少して、いまは二〇〇人あまりしかいないという。番組は、西新宿に住む子どもたちの目線で、世界都市〈東京〉の変貌が捉えられていく。

図 3-5　東京の「新陳代謝」

図3-6　NHK『西新宿少年日記』(1987)

この番組において、もっとも印象的なシーンは、子どもたちが「都庁建設予定地」と書かれたフェンスをよじ登り、敷地内で遊ぶシーンである。ここに四年後、丹下健三設計による権威の塔が立つのだが、予定地はまだ原っぱで、子どもたちはバッタやチョウをつかまえて無邪気に遊んでいる（図3・6）。これはドキュメンタリーが記録した、いまはなき貴重な風景でもあった。再開発によって中野へと引っ越しが決まっている女の子みかどんは「新宿がいい」とつぶやく。彼女が理想とするのはかつての新宿であり、世界都市・東京の文脈に呑み込まれていく新宿ではない。ここには一九九〇年代へと向かう「世界都市・東京」言説への反発が少女の言葉を通して描かれていた。

番組は、みかどんが引っ越してしまった後、友人の男の子もりたちが、彼女へのプレゼントを買うシーンで終わっている。ここで語られるもりのナレーションも、重い。

みかどんへ。もりより。このプレゼントは僕とたけで決めました。喜んでいただけましたでしょうか。僕はまだ新宿で頑張っていきます。でも、もしかして東京が全部超高層ビルになってしまったら、そのときはみかどんが一〇〇階に住んで、僕が九九階に住めばいい。またいつか会えるでしょう。

この番組は、一貫して子供たちの目線で〈新宿〉を捉えているところに特異性がある。子供の目線で捉えられた〈新宿〉は、巨大な権力に支配された場であり、鈴木による副都心計画は、ミクロなレベルで子供たちの遊び場を奪い、子供たちの関係までも引き裂いていった。高層ビルのなかでエレベーターを使って楽しそうに遊ぶ子供たちの姿は、どんな状況でも遊び場を開拓していく微笑ましさを映しだしている反面、再開発により遊び場を奪われていく子供たちの悲痛な叫びとしても受け取れる。副都心計画は、子供たちの目線を通して見てみると、いかに地元住民の声を排除しているかがうかがえる。「小さい頃はここにずっといれると思ってた」という、みかどんの言葉や最後のもりのメッセージはあまりにも重く、新宿という街が超高層ビル化していくなかで失われていくものにこの番組は目を向けていたことが分かる。(11)

しかし、一九八〇年代後半、ドキュメンタリーのなかで「地域共同体としての東京」が描かれたのを最後に、一九九〇年代直前のドキュメンタリーは劇的に変化していくことになる。テレビのなかで「世界都市・東京」言説は、その「スピード」としての側面のみが強調されていくことになったのである。

NHKスペシャル『TOKYOスピード』

世界都市へと変貌する一九九〇年代の東京を前にして、テレビ・ドキュメンタリーは〈東京〉を「スピード」として表象した。ここではかつてのように東京を「都市下層」から描こうとしたり、

「方法論」から問おうとする意図はなく、〈東京〉の都市空間を描くことそのものを放棄したように見える。三全総から四全総へと移り、東京が一極集中していくなかで、この新たな〈東京〉表象は生まれた。

NHKスペシャル『TOKYOスピード――21世紀へのデザイン実験都市』は、一九八九年一一月一九日に放送された六〇分番組である。放送は四全総が閣議決定されてから二年後で、鈴木俊一によって「世界都市」が唱えられ、新宿副都心が形成されていく時期にあたる。まさに一九九〇年代に入る直前に放送されたこの番組は、一九九〇年代の「テレビのなかの東京」の特徴を先取りし、〈東京〉への認識の変化を示した番組であった。

番組の冒頭、高速道路を疾走し、車の光が線上に流れる画面上に、タイトル「TOKYOスピード」が浮上する（図3‐7）。この番組タイトルの表示の仕方から、一九九〇年代へと向かう東京の認識の仕方がいままでの認識とは異なることが分かる。ここで描かれているのは、光の流線で表現された「スピードのなかの空間」であり、番組タイトルにもある「スピード」をキータームとして〈東京〉が認識されている。番組では、東京が、伝統・風土を無視した過剰な引用による建築群が乱立する「ポストモダン都市」として、あるいは、情報のみが特権化されていく「電脳都市」として変貌する様に着目している。番組の冒頭、コメンテーターの柏木博（デザイン評論家）は次のように言う。

いま、モノ・お金・情報、そういうものが同じ電子的な回路を通して流れている。そんな社会に変わっていってるわけですね。つまり、あらゆるものが、情報として猛烈なスピードで消費されていっているわけです。――いま、東京全体が、こうした電子的な街、つまり電脳都市へ向かって猛烈に動いていているわけです。

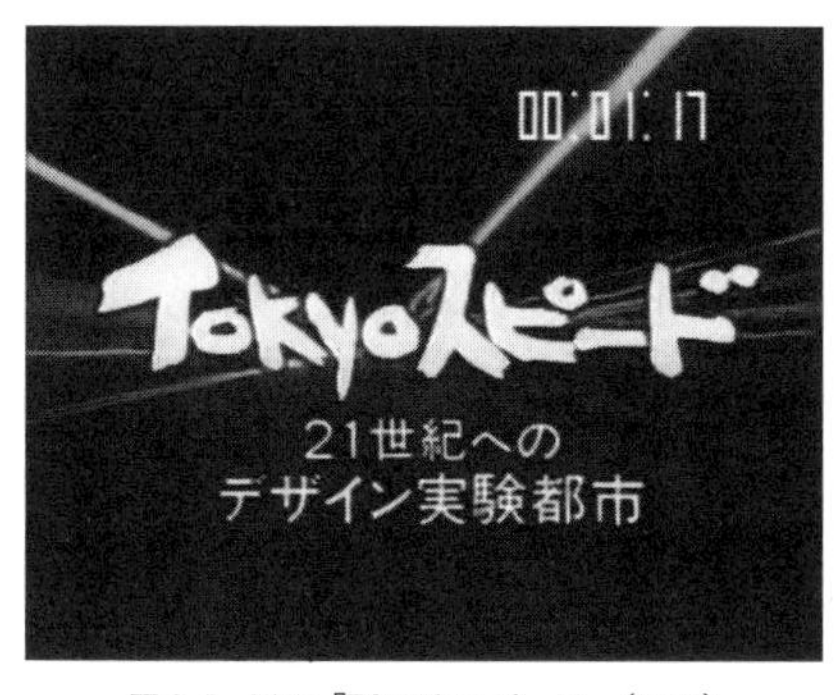

図3-7　NHK『TOKYOスピード』(1989)

あるデザイナー集団は番組のなかで「二年間ぐらいが、いま東京の都市の中での限界リミットだと思います」と語り、彼らが企画した渋谷のカフェは、ジェット機の主翼と古代ギリシャの装飾が入り混じるポストモダン建築を創りだす。設計者は「われわれにとって日本は、見果てぬ理想郷のようなものです。なんでも望みが叶う約束の地だと言ってもいいでしょう」と得意げに語った。これは一九八〇年代末に、急速に都市の規制緩和が進んだ当時の東京を表わした負の言葉でもあった。「TOKYOスピードについていけるか」が合言葉であるという彼らにとって、東京とは、まさに実験場であった。

さらに番組では、映画『ブレードランナー』(一九八二)のセットデザイナーのシド・ミードが登場し、東京について語っている。「日本のみなさんが『ブレードランナー』を気に入ってくれたのは、おそらくあの映像が、東京で目にする実際の風景そのものだったからでしょう。ここからも色んなビルが見えますが、決して美しいとは言えませんね。(…)この街には統一が無く、あらゆるものが折り重なって出来ているのです」。ポストモダン都市・東京について言及する際、決まって参照される『ブレードランナー』は、劇中の雑然とした未来の街並みが現代の東京を想起させた。廃墟とハイテクが同居する近未来都市、それが世界都市・東京であると番組は主張する。

また、フィリップ・スタルク設計のスーパードライホール（一九八九年竣工）を映し出しながら、コメンテーターの柏木博は次のように語った。「東京ではいかに奇妙な建物が出現しても、もはや誰も異を唱えません。街自体になんの主張もないのです。東京は日本人の東京ではなくなっていると、言っていいかもしれません」。番組内でフィリップ・スタルクが自分のスケッチを見せながら「こちらが東京の建物です。で、こちらが灰皿です。どちらも同じようなものです」と語るように、グローバル・シティ・東京は、外国人デザイナーの格好の実験場となった。

こうした事態を生みだしてしまったのは、前述のように、中曽根康弘による内需拡大を目的とした規制緩和や、鈴木俊一による大規模な東京改造が大きいことは言うまでもない。一九九〇年代に向け、形骸化した四全総のもと土地投機と地上げが繰り返され、東京はスクラップ・アンド・ビルドの街となった。番組では、東京は歴史や伝統も「情報」として消費する、「時々刻々と記憶を喪失していく都市」となったと解説する。そして、コメンテーターの柏木は言う。

東京の街のなかにいると、自分がいったいどこに立っているのか分からなくなります。どこまで行っても、どこまで高く昇っても、全体が見通せません。――ここでは目の前にある部分だけが、きわめてリアルで精巧に見える。しかし、電子基板のように無味乾燥なものばかりです。その結果、現実と非現実の境目がなくなり、どちらも同じように存在しているという奇妙な感覚、つまり、ハイパーリアルな感覚に襲われるのです。

この柏木の発言は、一九九〇年代の東京が現実と虚構が入り混じる都市になったことを指摘し、後に述べるように、一九八三年に開園した東京ディズニーランドを「自己完結的な空間」とする社会学的な語り口と同じであった。東京では情報だけがコピーされ、「東京らしさ」が拡大されていく。番組のラストシーンにおいて、電子音のなかで柏木が語ったのは、一九九〇年代へと向かう〈東京〉の未来である。

二一世紀を前にして、東京の電脳都市化が急速に進んでいます。東京という街のなかを、東京マネーが異常なスピードで駆け巡っています。そこではモノも人間も細かく分類され、情報として扱われてしまいます。この先にどんな未来が待っているのでしょうか。人々は切り離されたまま、それぞれが自分だけの未来を見ることになるかもしれません。ここは世界にも例のない、壮大な都市の実験場なのです。

この一九八九年に放送された番組の特徴を見いだすとすれば、以下の三点になる。第一に、東京の特定の空間を描かなくなっていることである。確かに番組では、固有な地名は登場するものの、徹底的にその地域特性は排除されている。すべて「東京らしい」という言説に回収され、それぞれの地域性は剥奪されていた。番組はさまざまなデザイナーたちの言葉やＳＦ映画からの引用の集合体からしか、東京という街について言及できていない。第二に、この番組では東京に住まう人びとの顔が見えないことである。東京に住んでいる人びとの声がまったくない。それよりも印象的なのは、ところどころに挿入される「東京の俯瞰」のカットである。東京の俯瞰図は、東京の情報が可視化された虚構的な都市としての印象を与えている。第三に、東京を語ることは、もはや東京について描かなくても成立していることである。番組では、小樽、富山、ディズニー・ワールド、アーコサンティといった東京以外の都市について言及していたが、東京という街を離れても、東京という街について言及できる現状があった。

一九九〇年代へと向かう東京は、どこからどこまでが東京であるという境界そのものが失効し、ドキュメンタリーでは東京そのものを表象することが困難となっていた。これは前章で記述した取材地の喪失をさらに更新するものであった。もはや東京を語るうえで東京という街自体について言及する必要はなくなったのである。東京らしさはどこでも見つけることができるものとして描かれることになる。このことが示唆しているのは、東京の地域としての表象が消滅したということ、すなわち、ドキュメンタリー番組によって東京の「いま・ここ」が捉えられなくなったという一九九〇年代の時代性である。

2-2 いま・ここの〈東京〉を描かないテレビ

〈東京〉の空間を描かない

一九八〇年代末にドキュメンタリーが東京の「いま・ここ」を描けなくなったことを、さらに深掘りしたい。先に見た『TOKYOスピード』では、なぜ地域性が剥奪され、東京を離れているにもかかわらず東京について言及できてしまっているのか。これは一九八〇年代末のドキュメンタリーのなかの〈東京〉を読み解くための重要な問いとなる。

たびたび述べてきたように、一九八〇年代後半から一九九〇年代の東京は、マネー・ゲームによる金融の巨大化、脱工業化によるサービス化、軽薄短小型のハイテク産業化といった転換期にあった。これは東京が国際化・自由化、情報化、サービス化の中心となるなかで、空間的距離がなくなっていったことを意味していた。情報という実体のないものが支配し、空間的距離がなくなるなかで、「世界都市・東京」言説が隆盛したのである。ここにおいて東京は、従来の対〈地方〉から、ニューヨーク、ロンドンなどとの対〈世界〉へと移行した。そしてこのとき、東京を示すキータームとして「速度／スピード」が浮上する。若林幹夫は次のように指摘している。

資本制近代の歴史的な展開という点から見れば、一九八〇年代から九〇年代にかけて東京を語るキーワード群の一つとして機能していた「速度」や「スピード」といった言葉は、八〇年代における資本の蓄積形態の変容に伴う都市空間の再編成と、九〇年代以降の情報技術革命に向けての新たな都市インフラの整備が生みだした、都市空間の様相の加速度的な変容と情報流通速度の増大という、明治期以降一世紀以上続く速度体制の新たな展開とその現れを捉えようとしていたのだと言うことができる。（若林幹夫 2003: 114）

「速度」や「スピード」といった言葉は、三全総から四全総へといたる過程で目指された「世界都市」をもっとも端的に示す言葉であった。こうして「速度」や「スピード」を意識し、対〈世界〉を目指した当時の東京をめぐる情況を、内田隆三は「超‐都市化」（内田隆三 2002: 261）と呼んだ。内田によれば、資本の力とゲームが支配し、〈歴史‐空間〉が剥奪され、もはや国という枠を超えた「超‐都市化」の時代を迎えたという。こうしたなか「サイバー都市」、「電脳都市」、「速度都市」といったポストモダン言説が溢れ、例えばポール・ヴィリリオは「ヴァーチャル都市」（Virilio 1996=1998: 84）と言った。

『TOKYOスピード』はこのようなポストモダン言説に影響されながら、東京イメージを創ったことは間違いない。前述のように『TOKYOスピード』では東京の固有性は剥奪され、東京の特定の空間をまったく描いていない。「二一世紀を前にして、東京の電脳都市化が急速に進んでいます」と断定的に語る最後のナレーションがそれを物語るように、『TOKYOスピード』は特定の空間を表象できなくなり、スピードとしての表象を余儀なくされた転換期の番組であった。この番組での東京の表象不可能化に関して、前出の内田による言及は示唆的である。

東京の現在を表象しようとして場所を小さく分節していっても、それでも表象できないし、また全体のレヴェルでも東京はなかなか表象できない。全体と部分の二重の位相において東京がある種表象不可能になっているんですね。一九八九年に柏木さんがNHKで制作した「TOKYOスピード」にしても、考えてみれば東京が表象不可能なものになっていったことを表現している気がするんです。というのは、東京をある空間ないし場所として表象できず、スピード＝速度としてしか表現できなくなってしまったわけです。（内田隆三・若林幹夫 1998: 69）

内田が言うように、一九九〇年代に突入する直前のテレビ・ドキュメンタリーのなかの〈東京〉は、「全体」と「部分」の二重の位相において表象不可能化した。これは本書がここまで辿ってきた〈東京〉の否定でもある。例えば第1章における『日本の素顔』が描く〈東京〉では、ガード下など東京の明と暗が対比されている〈場〉を設定し、その一部分から東京という「全体」を眺めようとする視線があった。一方、第2章において確認した『ドキュメンタリー　メッシュマップ東京』でも、東京をどう捉えるか模索しつつも、メッシュマップを手掛かりにさまざまな地域の声を集めることで、東京は「部分（＝局地）」として表象されていた。しかし、この流れをふまえれば、この『TOKYOスピード』という番組から読みとれるのは、第1章における「全体」でも、第2章における「部分」としても〈東京〉を捉えていないということになり、むしろ、「全体」と「部分」の二重の位相で描けなくなったのが、一九九〇年代へと向かうドキュメンタリーのなかの〈東京〉だったのである。

東京の「アーカイブ」を描く

一九八〇年代末に東京の「いま・ここ」を描けなくなったドキュメンタリーは、また別の側面からも確認できる。『TOKYOスピード』と同時期に放送されたドキュメンタリーにおいて、東京の「過去」が描かれていたからである。NHK特集『東京百年物語』（一九八九年三月一二日放送）は、そうした東京の「いま・ここ」を描けなくなったがゆえに「過去」を描いた番組であった（図3-8）。この番組は、昭和天皇に慰問に訪れる国民を映したテレビ画面に食い入る老人のショットから始まる。老人の名は井沢寛平、一〇〇歳である。妻と三人の息子を亡くし、東京・山谷の簡易宿所の一室に一人で住んでいる。番組では、一〇〇歳を迎えたこの老人の人生と重ねながら、近代都市へと向かった東京の一〇〇年の歴史を描いていく。途中、彼の台詞が印象深い。

田舎にいても、子供は戦死しちゃったから。田舎で百姓なんか年とってできないから。東京へ来ればなんだかんだってやれるから。それで東京にばかり。東京はねえ、みんな困れば東京へ行くの、田舎では。よくても東京へ来るの。困っても東京へ来る。

東京に長く住む者の人生は、東京の歴史と重なる。関東大震災、太平洋戦争、占領、高度経済成長……。ことあるごとに東京の街を襲った出来事は、一人の老人にも襲いかかる出来事となった。

一〇〇歳を迎えた老人にとっても、出かせぎ、息子の死、妻の死という困難を乗り越えての今日がある。老人の人生と東京の街の歴史は、ともに一〇〇年という時を刻んできた、と番組は語る。

そして、一九八九年一月七日、昭和天皇死去。東京駅から皇居へと続く行幸道路には、多くの国民が記帳のために列をなした。テレビに映る天皇の肖像を見ながら、井沢寛平は言う。「正月だというのに死んじゃしょうがねえなあ。一月くらいは生きていなくちゃ。どうして死ぬんだかなあ」。天皇が死んだ日、寛平は百寿の記念に都からもらった銀の杯で安酒を飲み干す。山谷の老人は、天皇が映るテレビを上から下へと見つめる。一〇〇歳の老人から、八七歳で死去した元現人神へ向けられる視線は、昭和の終わりを象徴していた。

図 3-8　NHK『東京百年物語』(1989)

ここにおいてドキュメンタリー番組における〈東京〉のまなざしが、「過去」へも向いたことに気がつく。タイトルの『東京百年物語』が示すように、テレビは〈東京〉の「いま・ここ」を描くことをやめ、「過去」へとそのまなざしを変容させたのである。『東京百年物語』は、一人の老人の人生と照らし合わせることで、東京の歴史を描いていた。途中、その決定的な出来事として描かれるのは、やはり昭和天皇の死去である。先に見たように、昭和の終わりが、テレビのなかの東京を「過去」へと向かわせた。この番組からも、先に見たウンベルト・エーコの「パレオTV」から「ネオTV」への移行を読みとることができる。「テレビは出来事、つまりテレビがたとえ存在しなくても起きるはずの独立した事実をもはや映し出さなくなった」(Eco 1985=2008: 013)。このときドキュメンタリーもまた自己言及するようになり、いままでに自らが撮りためてきた「アーカイブ」にその拠り所を求めていくことになったのである。[12]

こうして、一九八〇年代末のテレビ・ドキュメンタリーが東京の「いま・ここ」を描けなくなるなかで重要な役割を担ったのが、テレビ・ドラマである。とくに顕著だったのが、一九九〇年代の「トレンディドラマ」であった。月曜夜九時の時間帯に設定された「月9」と呼ばれるテレビ・ドラマ群において、とくにフジテレビが積極的に〈東京〉における消費社会を描いていくことになったのである。それは〈お台場〉と連動しつつ展開された、東京の「いま・ここ」を超える虚構的なイメージであった。

3　恋愛を遠視するテレビ

一九八〇年代末のドキュメンタリーが東京の「いま・ここ」を描かなくなって以降、一九九〇年代の〈東京〉を演出したのが、フジテレビのトレンディドラマだった。とりわけ一九九〇年代、若い男女が東京のなかで恋愛劇を演じ、テレビのなかで消費都市の物語をつむいでいった。さらにフジテレビによる〈お台場〉の完成は、「東京のなかのテレビ」と「テレビのなかの東京」の連動を生み、自作自演的に〈東京〉が演出されていくことになった。

3-1　ドラマ「月9」と東京

フジテレビのトレンディドラマ

一九九〇年代のフジテレビは、ドラマのなかで〈東京〉を創造した。とくに月曜夜九時の時間帯に放送されるドラマは「月9」と呼ばれ、フジテレビのドラマの代名詞となった。一九九〇年代のフジテレビは、月9全盛の時代である。一九九七年の〈お台場〉の都市開発へと向かうなか、フジテレビはドラマで〈東京〉を積極的に演出した。

とくに一九九〇年代初頭、月9の物語の王道は、大都会・東京での消費社会を謳歌する男女たちの日常を描くものであった。決まって主人公たちはカタカナ職業を名乗り（例えばデザイナーなど）、ファッショナブルな装いをしつつ、話題のカフェやバーに行く。まるでファッション誌から飛び出たような主人公たちは、ある日偶然道ばたで出会い、複数の男女が集まって、明るい恋愛模様を繰り広げる。テレビのなかで男女たちは着飾り、恋を歌う主題歌も大ヒットして物語を煽った。こうした集団恋愛劇を見て視聴者は「自分も東京に行ったらこんな生活ができるんだ」と錯覚をしたに違いない。集団恋愛劇は東京という舞台で演じられるからこそ意味をもった。

そもそも、一九九〇年代のフジテレビの月9は、一九七〇年代から八〇年代のTBSのドラマから受け継いだものだった。第2章で見たように、山田太一の家族崩壊劇から鎌田敏夫の集団恋愛劇へといたる流れは、一九九〇年代にフジテレビの若い男女のトレンディドラマへと変質していく。

このとき手本とされたのが、鎌田脚本のＴＢＳ『男女７人夏物語』（一九八六）であった。非婚時代が流行語となるなかで、未婚の男女が繰り広げる恋愛劇は話題となり、このドラマの成功を機に、若い視聴者たちに訴える「等身大のヒロイン像」が目指された。

フジテレビの月９において、視聴のターゲットとされていたのが二〇代前半の女性である。会社帰りのＯＬたちの眼に止まるドラマ作りを考え、フジテレビではプロデューサーシステムを採ることで、ドラマを「商品」として展開していくことになる。初期月９を牽引したプロデューサーの一人、山田良明は次のように言う。

> 僕らはドラマを作品としてよりもまず商品として成立させ、お客さんが本当に見たいものを作ろうとし始めました。お客さんとは、誰か。僕らがお客さんにしたいのは、やっぱり若い人だ。しかもドラマに振り向きもしない、二〇歳を中心とした女性たちだ。その頃はバブル経済まっただ中の賑やかな時代で、たとえば仕事を終えたＯＬが「今日は連続ドラマがあるから家に帰る」などということは有り得ないと思われていました。彼女たちを週に一度、決まった時間に家に帰らせるなんて無理だよと言われたけれども、僕らは家に帰らせるようなドラマを作りたかった。じゃあ、どんなドラマなら家に帰って見てくれるのか。（古池田しちみ 1999: 17）

このときに手本としたのが、先のＴＢＳ『男女７人夏物語』であり、若い女性が共感できる等身大の主人公たちのドラマだった。そのためには、ドラマのなかの世界を、彼女たちにとって身近な世界としなければならない。それが、恋愛、結婚、仕事という三大テーマだったのである。そして、身近な世界を包みこんでくれる場が〈東京〉であったことは言うまでもない。山田はさらに言う。

若い女の人たちに見せるには、テーマがどうの、何を伝えるとかではなく、ドラマで描かれることがいかに彼女たちにとって身近な世界であるかということ、彼女たちの一番の興味は恋愛と結婚と仕事であり、そこに情報性を加えて、ドラマとしてだけではなく情報番組としても見られることが大切なのではないかと僕らは考えました。恋愛、結婚、仕事の三つを織り込んで、画面を見たら問い合わせたくなるようなファッションやヘアーメイクにして、今、みんなが最も注目しているエリアを舞台にする。部屋は、こういう空間に身をおきたいと思うようなインテリアにする。視聴者の願望を映像にして、女性雑誌のグラビアを見るようなドラマにしたらどうだろうかと考えたわけです。（古池田しちみ 1999: 18）

月9では、おしゃれで楽しいラブコメディを目指し、東京でのロケを多用した。若い女性たちが興味を引きそうなファッションやブランド物、家具を映し、お洒落なバーやデートスポットを次々に紹介していく。こうしてフジテレビにおけるトレンディドラマが始まる。最初の月9作品は『君の瞳をタイホする！』（一九八八）と言われているが、当時は完全な恋愛ものは当たらないという制作陣の危惧から「刑事もの」の要素が加わっていた。しかし、このドラマのなかの男女たちは、刑事とはいえ、消費都市〈渋谷〉で思う存分はじけていく。一九九〇年代へと向かうトレンディドラマでは、徹底的に非現実化した消費都市〈東京〉が演出されたのである。この流れが、後に〈お台場〉という虚構の都市空間へとつながった。

では、非現実化した〈東京〉とは何か。山田と同じく、月9のプロデューサーを務めた河毛俊作の言葉が興味深い。彼は〈東京〉でこそ成り立つ物語を希求していたことがよく分かる。

> 月9に限らず僕がドラマを作る上で常に思っているのは「このドラマが演じられているのは都会だ」ということ。都会というのは、何も青山や六本木のことじゃない。いろんな田舎から銘々の夢みたいなものを持って来た人がゴチャゴチャに集まって、ばらばらな形で住んでいる。そこにはゲイもいればレズビアンもいて、ヘテロセクシャルな人がいる。その中にアーティストもいて、証券マンもいて、八百屋さんもいる。そういう都会の話をやりたいんですよ。田舎の小さな村であれば、おそらくお互いの私生活に踏み込むことがルールで、あそこの娘は変な格好をしているとか、あそこの後家さんが誰それとつき合ってるとかみんなで言い合って、もたれあいながら共同責任にしていく。その共同体から、独立したと言えば聞こえはいいけれど自分の意志であれ弾き出され、家族から落ちこぼれたやつらが都会に集まって、さぁどうするというのを僕は描きたい。（古池田しちみ 1999: 63-4）

河毛が描く一九九〇年代の〈東京〉では、集ぅ人びとたちに血縁関係はない。かつて『北の国から』で黒板五郎が〈東京〉から逃れ、極寒の地で懸命に復権を目指した〈家郷〉はそこになく、

〈東京〉は単に偶然居合わせた人びと同士が集まる場でしかない。河毛の言葉を借りれば、「都会のルールは、ひとりひとりが自己責任を持って〝もたれあわない〟こと」(古池田しちみ 1999: 64) である。ここに一九九〇年代のドラマが作る〈東京〉の虚構が浮き彫りになる。一九九〇年代のトレンディドラマの舞台は、なんとなく〈東京〉でありさえすればいいのである。これが一九八〇年代末にドキュメンタリーが東京の「いま・ここ」を描けなくなって以降、フィクショナルに展開されていく「テレビのなかの東京」の形であった。

図 3-9 フジテレビ『君の瞳をタイホする!』(1988)

ドラマが描く消費都市〈東京〉

初期月9は「!の時代」から始まった。『君の瞳をタイホする!』(一九八八)、『君の瞳に恋している!』(一九八九)、『愛しあってるかい!』(一九八九)、『世界で一番君が好き!』(一九九〇)など、タイトルの最後には必ず感嘆符が付いている。この呼びかけの対象は、先述のように、二〇代前半の女性であった。一九九〇年代に入るなかで、ドラマが若い女性たちに向けて開拓された。

『君の瞳をタイホする!』(一九八八年一月四日~三月二一日放送)の物語の始まりは唐突だった(図3-9)。バイクで疾走する沢田一樹(陣内孝則)が、土門隆(柳葉敏郎)の車のバックミラーを壊し、二人は路上で喧嘩を始める。そこに、田島鋭次（三上博史）、佐藤真冬（浅野ゆう子）、高田佐知子（三田寛子）らが通りかかる。田島、佐藤、高田は、渋谷区道玄坂署の刑事であり、喧嘩する沢田と土門を連行すると、実はこの二人はその日付で署に配属予定の刑事だったことが分かる。たまたま喧嘩の現場に居合わせた刑事たち、連行したのがたまたま同僚の刑事であったという偶然の連発は、月9の特徴である。第一話の冒頭、偶然の出会いによって、登場人物たちが一気にそろうことになる。その後、九州男児の沢田と金持ちの土門を対立軸としながら、複数の着飾る男女をめぐる恋模様が展開されていく。

このドラマでは捜査の場面が物語の中心軸となっていない。ファッショナブルな装いをした男女がたまたま刑事であったというだけで、ほとんど〈渋谷〉をめぐるラブコメディである。これはまだ純愛ものに抵抗があり、「刑事もの」の要素を入れた背景があったことは既述の通りであるが、『君の瞳をタイホする!』では刑事ものというよりも男女の群像劇をそのまま物語化し、舞台となる〈渋谷〉を情報として伝えていった。例えば各回のエンディングでは役者たちが素の自分を見せるコーナーがあり、毎回「今週のお店」として渋谷のトレンドスポットを紹介した。

このドラマは、とくにオープニング映像も印象的である。タイトルバックの後、渋谷の上空から突然ビリヤードボールが落ちてくる。三人の主人公の男たちは、そのボールに追われながら、ＰＡＲＣＯ周辺を逃げ惑う。渋谷１０９の前には、女性二人がキューを持って立っている。このシーンはドラマにおける女性たちの主導権を暗喩しているという以上に、〈渋谷〉という街の舞台性を示している。男性たちは演じる一つのコマとなって、女性たちに振る舞い方を規定され、〈東京〉がその舞台として切り取られていた。

続く『君の瞳に恋してる！』（一九八九年一月一六日〜三月二〇日放送）は、昭和天皇の死去によって番組の放送開始日が遅れた経緯をもつ番組である。このドラマの始まりも唐突だった。第一話の冒頭、福岡から上京する瞳（中山美穂）は、偶然、新幹線のなかで高校の同級生——ＤＪをする麻知子（菊池桃子）、銀行員の照代（藤田朋子）と席を隣り合わせになる。ここでも出会いの偶然によって、このドラマの主人公たちが出揃い、物語の進行が暗示される。東京駅に着いたとき、瞳が「東京か……」とつぶやくのも印象的である。ここには上京し、必死に東京に染まろうとする瞳の「東京への憧憬」が見える。であればこそ、瞳はすぐに〈代官山〉に物件を探しにいくことになる。そこにはなんとなく代官山という以上に、住む理由が設定されていない。瞳は照代にルームメイトにならないかと誘うとき、ありったけの東京イメージを語る。一方、照代にはそうした地方上京者の憧れがない。二人の掛け合いが妙である。

瞳「代官山よ、代官山。おシャレな街に住んでみたいと思わない？」／照代「（キョトンと）代官山って？」／瞳「（唖然と）知らないの？　東京に何年住んでるのよ。じゃあ、自由が丘は知ってるよねえ？」／照代「——」／瞳「六本木！」／照代「失礼ね」／瞳「青山」／照代「なんとなく——」／瞳「ベルコモンズ」／照代「ベルコモ？」／瞳「信じらンない」

そして、瞳は照代に「博多弁やめな」と諭すのである。地方上京者は東京のルールに染まらなければならない。その後、代官山で物件を探す瞳は、路上で偶然、鈴木元（前田耕陽）と出会い、不動産屋でも一緒になり、一足先に希望の物件を決めてしまう。この代官山のミングル（シェアハウス）に瞳、麻知子、照代の三人が住むことになるのだが、隣に挨拶にいくと、そこには元とその友人の耕平（大鶴義丹）がいる。瞳は耕平ともすでに顔見知りで、飲み会帰りのエレベーターのなかで突然キスを迫られたことがあった。ほぼありえないこの出会いの偶然は、初期月9の真骨頂である。その後、物語は、森田（石田純一）や耕平の姉・蛍子（かとうかずこ）など年上の男女も混ざり、集団恋愛が多角関係へと発展していく。瞳や麻知子は性に開放的で、気軽に初体験や経験人数について語れてしまう。それが一九九〇年代へと向かうドラマのなかの〈東京〉だった。

『東京ラブストーリー』のなかの〈東京〉

トレンディドラマの王道は、なんといっても、フジテレビ『東京ラブストーリー』（一九九一年一月七日〜三月一八日放送）だろう。「恋愛の神様」と言われた柴門ふみの漫画原作のこのドラマは、一九九〇年代のトレンディドラマを「純愛もの」へと変えていく。物語はきわめてシンプルで、スポーツ用具会社に中途入社した永尾完治（織田裕二）と、同僚の赤名リカ（鈴木保奈美）、そこに完治の高校時代の同級生、関口さとみ（有森也実）と三上健一（江口洋介）が繰り広げる多角関係がテーマである。とくに赤名リカからカンチ（永尾完治）への一途な恋が話題となった（図3-10）。

第一話、愛媛から単身上京し、不安そうな顔を見せるカンチに向かってリカが、〈東京〉について語るシーンがある。それは偶然の出会いに満ちた、希望の〈東京〉であった。

リカ「どうした？　元気ないなあ、声に」／カンチ「そうですか？」／リカ「八月三一日の小学生みたい。なんか東京に嫌なことでもあるの？」／カンチ「いや、嫌な事というか、ちょっと不安なのかな」／リカ「どうして？」／カンチ「そりゃあやっぱ不安ですよ。愛媛から一人出てきて東京で何あるか分かんないし」／リカ「そんなの何があるか分かんないから元気でるんじゃない」／カンチ「そういうもんなんすか」／リカ「大丈夫～。笑って笑って。いまこのときのためにいままでの色んなことがあったんだってそんな風に思えるように」

図3-10　フジテレビ『東京ラブストーリー』（1991）

リカの「何があるか分かんないから元気でるんじゃない」という台詞ほど、一九九〇年代の月9が描く〈東京〉を示した言葉はない。東京に来たら何かが起こることを暗示した台詞であった。しかも、この台詞は開発途上の芝浦埠頭を背景に発せられ、臨海副都心計画を連想させる（図3-11）。このリカとカンチの関係を見ていると、「東京では誰もがこんなラブストーリーができる」という幻想を抱かせた。ゆえに、このドラマの主題歌が小田和正の『ラブストーリーは突然に』であることほど合うものはない。二〇〇万枚以上を売り上げることになるこの主題歌は、一九九〇年代の〈東京〉を「あの日　あの時　あの場所で君に会えなかっ

図3-11 「何があるか分かんないから元気でる」と語るリカ

たら」と歌い上げた。まさに、出会いの偶然に満ちた東京讃歌である。

一九九〇年代、赤名リカによって日本人女性の恋愛観が変わったと言っても過言ではない。帰国子女のリカは、思ったことをすぐに口に出す女性である。「うちに遊びにおいでよ」「ねぇ、セックスしよ」と軽く言ってしまえる、しかもまったく嫌味なく言ってしまえる希有な女性である。こうしたストレートな愛情表現と開放的な性表現は、「！の時代」から引き継がれた月9の手法でもあった。

いまださとみのことが好きなカンチに、リカは「もうこれでカンチはさとみちゃんのことでいっぱいなんだね。空き部屋なんてこれっぽっちもないんだね。でも、私白旗あげるつもりないから」（第二話）と言い、「恋愛はさ、参加することに意義があるんだから。たとえだめだったとしてもさ。人が人を好きになった瞬間ってずーっとずーっと残っていくものだよ。それだけが生きてく勇気になる。暗い夜道を照らす懐中電灯になるよ」（第三話）と語る。リカと一夜を過ごしたことを悔いるカンチに、リカは「東京の女の子」についてこう語る（第四話）。

あのね、教えてあげる。カンチは田舎から出てきたばっかりだから知らないかもしれないけど、東京の女の子ってそういうこと全然気にしないんだよ。東の空からお日様がのぼった瞬間に、夜のことなんか全部忘れちゃうの。

自分の思ったことをそのまま口に出すリカは、〈東京〉という消費都市のなかで、普通は言えない開放的な性表現を言い放ち、そうしたタブーを軽々と乗り越えていく。『東京ラブストーリー』の視聴者は、こうした自由奔放なリカの振る舞いに共感し、自分の言動と比較した。演じた鈴木保奈美でさえも、自分とは対照的なリカがうらやましいと女性誌で語っている。

私自身は、好きな人ができても自分からは動けない人。だから〝リカ〟は、ちょっぴりうらやましい。主張が強く激しくて、好き勝手に生きてるようで、実はとても不器用な…。かわいいんですよ、すごく。(『女性自身』一九九一年二月一二日号)

一九九〇年代におけるドラマのなかの〈東京〉を考えるためには、この主人公との「同化」についても考えていく必要がある。とくに視聴者がどのように『東京ラブストーリー』の赤名リカを見て、どこに共感していたのか。ここに、一九九〇年代の〈東京〉をめぐる、視聴者と東京とテレビの連動を見ることができる。

虚構の現実化──トレンディドラマの視聴者

『東京ラブストーリー』（一九九一）を視聴者はどのように受けとめたのか。とくに視聴のターゲットとされた二〇代前半の女性たちの反応を見てみると興味深い。それは端的に言えば、ドラマのなかの恋愛への異常なまでの「憧憬」だった。その一例が、当時の女性週刊誌から読みとれる。『女性セブン』一九九一年三月七日号では「赤名リカみたいな恋がしたい！」と特集が組まれ、ここではリカのような自由奔放な恋に憧れをもつ女性読者に対し、赤名リカみたいな恋をするための「必須7か条」が書かれている（図3-12）。一、好きな人には「セックスしようよ」と大胆にいえる。二、人の目を気にしない。三、相手を信じることができる。四、見当違いのヤキモチは焼かない。五、勘が鋭い。六、見返りを求めない。七、自分の気持ちに正直。

ここで重要なのが、視聴者は赤名リカを画面の向こう側の存在として認識するのではなく、リカに憧れ、同化していることである。一九九〇年代の月9がいかに視聴者の目線を獲得することに成功していたかがうかがえる。そして、『東京ラブストーリー』以後の月9に特徴的なのが、「自分語り」を始める女たちである。ドラマのなかの等身大のヒロインに、自分の恋愛経験を重ね、画面につっこみを入れ、ときに自省した。こうして現実とフィクションが交錯していく。『東京ラブストーリー』を見て行なわれた女性の鼎談が興味深い（『文芸春秋』一九九一年七月号）。コラムニスト（A）、フリーライター（B）、作詞家（C）による発言は、もはや現実と虚構の区別がついていない。とくにドラマのなかのさとみへの憎悪は、まるで現実の女性に対する憎悪のようである。

Ａ「昔だとテレビは家族で見るものだったけど、いまはみんな自分の部屋にもテレビがあって、ひとりで見てる。それで見おわった後、必ず友だちと電話のやりとりがあるんですよ（笑）。さっきの、どう思うって」／Ｂ「そうそう、このドラマは友だちと一緒に見るのが楽しかった。大体友だちになるタイプって意見が同じだから、凄く共感したり一緒に怒ったりしてね。ただ、大人数になると「あのさとみって女、何なの!!」とか「リカリン、可哀想過ぎる！」とか、ギャーギャーうるさくてしょうがない（笑）」

Ａ「登場人物について、好きだとか嫌いだとか友だち同士で話し合うでしょ。それが楽しかった。人気が出た秘訣もそのへんにあるんじゃないかな。私はさとみがすごくイヤなの」／Ｃ「そう、あいつは許せない（笑）」／Ｂ「リカはカンチのことをとても好きなんだけど、カンチっていうのは、関口さとみのキープ君なんですね。さとみはカンチの高校時代のマドンナだったけど、これがしたたかな女で、同じ同級生なんだけど、医大生でかっこよくて、プレイボーイでお金持ちの三上と付き合い始める。だけど三上はモテるから、うまくいかないん

図 3-12 『女性セブン』1991 年 3 月 7 日号

じゃないかと感じ始める」／C「三上と同棲していると、ホッとすることがない。で、カンチに安らぎを求めるわけね」／B「そう。キープしておいて、結局カンチに乗り換えようとする」／A「そこが嫌らしいのよ。三上のことで、すぐにカンチに相談しちゃう。魂胆が見え見えよ」／B「留守番電話に、「永尾くん、私、さとみ」って、すごく湿っぽいメッセージを残すんですよ」

この鼎談では、以後、ほぼさとみへの憎悪が続く。三上とカンチで決めかねる煮え切らない態度は、さとみが計算高い女であることの証なのだという。「さとみタイプの子って、会社にもいっぱいいるでしょ。すぐお茶をいれたり、上司のご機嫌とるのがうまかったり、そういう女の子って、子どものときからそうなのよね」。さとみとカンチのシーンは、「悪魔の時間」と呼ばれたほどである（古池田しちみ 1999: 96）。面白いのは、男性視聴者は、さとみに対してまったく違った意見をもっていたことである（『女性セブン』一九九一年三月七日号）。「さとみは、けなげに三上のことを待っていて、そんな女の子らしいところが好き」（二四歳男）、「さとみは、放っておくことができない気持ちにさせる。やさしくしてあげたいな」（二一歳男）といった類である。女性のさとみに対する意見と異なるのは、月9の視聴対象が女性だったからであろう。

いずれにせよ、若い女性視聴者たちによるさとみへの憎悪は、リカへの共感へと反転し、「赤名リカみたいな恋がしたい」という感情へとつながっていく。第一話の最後、三上とさとみのキスを目撃してしまったカンチに、リカはこう励ます。「淋しいことがあっても、眠れない夜があってもそんな夜にはこうやって星空を見上げる」――。これを受けて、二四歳のOLはこう感想を述べていた。「彼がおちこんでいるとき、〝がんばって〟しか言えない私。今度はこのリカのセリフ、使ってみようかな」（『女性自身』一九九一年三月一二日号）。ドラマの台詞を現実世界に持ち込もうとする思考は、一九九〇年代のテレビの特徴の一つである。繰り返しになるが、その到達点が〈お台場〉という虚構都市だった。現実世界とフィクションとが交錯し始めた若い女性視聴者は、性格や台詞の同化とともに、空間の同化へと展開したのである。

『女性セブン』一九九一年一二月五日号では、「ヒロイン気分になれる部屋！」を特集した（図3-13）。ここでは「トレンディ・ドラマの主人公と同じ空間にあしたから住める23の裏ワザ」として、例えば中山美穂主演のフジテレビ『逢いたい時にあなたはいない…』（一九九一年一〇月七日～一二月一六日放送）を例に挙げ、遠距離恋愛に思い悩むヒロインとなるためには、一、「テーマカラーを決めて部屋にアクセントを」、二、「ひとつだけリッチな家具を選んでポイントに」、三、「狭い部屋には一点だけ縦長の家具を置いてみる」などと詳細に解説して

図3-13 「ヒロイン気分になれる部屋！」『女性セブン』1991年12月5日号

いる。

ここではヒロインになるために、自分の生活空間を変更するまでになった事態を示している。部屋のインテリア、家具など、ヒロインと同じ空間にすれば、ヒロインのような明るくて切ない恋ができる。これは何も部屋という閉じた消費空間だけの話ではなく、〈東京〉という消費都市全体の問題でもあった。すなわち、東京に行けば、ヒロインのような恋ができるという錯覚をドラマは視聴者に抱かせていったのである。東京に行けば、仕事もあるし、お洒落な部屋に住めるし、素敵な恋にめぐりあえる。突然道ばたで素敵な異性に出会い、大恋愛へと発展していく可能性に東京は満ちている。雑誌の特集が、そうした当時の視聴者心理を浮き彫りにする。

小田和正の大ヒット曲をなぞれば、まさに一九九〇年代の〈東京〉とは、ラブストーリーが突然始まる場所だった。一九九〇年代の〈東京〉とは、恋愛のための場所となった。トレンディドラマは輝ける集団恋愛という幻想を、積極的に〈東京〉を舞台に演出し続けたのである。

もちろん、一九九〇年代のトレンディドラマは、上記のような純愛ドラマがすべてではない。むしろ、トレンディドラマは徐々に変質し始めていく[13]。しかし、これらの脱トレンディドラマの前提としてあったのも「純愛もの」だった。一九九〇年代のトレンディドラマは、東京に行けば何かができるという幻想を、一貫して視聴者に抱かせた。事実、一九九〇年代後半になっても、象徴的なシーンがあった。フジテレビ『ラブジェネレーション』（一九九七年一〇月一三日〜一二月二二日放送）にて、片桐哲平（木村拓哉）と上杉理子（松たか子）が、次のように〈東京〉を語りあうのである。

理子「東京ってさ、空がピンク色なんだね」／哲平「あれスモッグだよ」／理子「きれいだね、私さ、こういうのもきれいだと思う」／哲平「なにお前、生まれ東京じゃないの」／理子「長野。夜になるとね、真っ暗になって星が一〇〇万個くらい光ってるみたいな山奥で育ったの」／哲平「それなのにいまは東京のスモッグの空の下で安月給でOLやってるってわけか」／理子「そういうこと」／哲平「なんで帰んないの」／理子「なんでだろう、東京ってなんかありそうだから。まだ自分をあきらめたくないいんだ」／哲平「俺もそうかもな。俺もまだ自分のこと諦めたくない」

一九九〇年代後半、バブル経済が崩壊し、どこかトレンディドラマの描く世界が綺麗ごとの幻想だと視聴者たちが薄々気づき始めてもなお、ドラマのなかの主人公は「東京ってなんかありそう」「自分をあきらめたくない」と語りあう。これはトレンディドラマによる、一貫した一九九〇年代の「テレビのなかの東京」の創造であった。

3-2　記号化された東京の物語

テレビCMのなかの〈東京〉

一九九〇年代、テレビが〈東京〉を虚構的に意味づけていく手法は、当時のテレビCMのなかでも確認できる。例えば東日本旅客鉄道『TYOキャンペーン』（一九九一年）は管見の限り二つのバージョンがあるが、ともに音楽グループ「CCガールズ」が東京の空中を浮遊する構成となっている。一つは、浅草の雷門から始まり、つくばインターナショナル、東京タワー、疾走する首都高を背景に彼女たちが浮遊し、口をそろえて「三日行かないと、もう東京は終わってる」と言う。キャッチフレーズを「いちばん新しい東京へ」として、スクラップ・アンド・ビルドの東京の虚構性を強調する。もう一つは、東京タワーから始まり、後楽園ホール、新宿新都庁を背景に四人の身体が浮遊する（図３-１４）。CCガールズは電話という電子コミュニケーション空間に囲まれながら、「今日のファッション、決めかねてる。それが東京」と歌う。そして、最後に彼女たちが口をそろえて言うのは、「東京なら、できる」。いったい何が「できる」のかは一切明かされない。これは赤名リカが語った希望の都市・東京と同じ視線である

図3-14　TYO キャンペーン

このテレビCMは「東京の正しい楽しみ方」をテーマに、東京への誘致を謳ったものである。CCガールズは東京上空を浮遊しながら、東京では何かができる（空を飛ぶことだってできる）ことを示していく。実はCCガールズは、一九九四年三月に世界都市博覧会の「二年前行事」において、都庁前の都民広場でコンサートを行なっている。このCMはそのための布石でもあった。

東京ではなんでもできるという幻想は、一九九〇年代の〈東京〉の特徴であり、月9のなかでも東京に来たらこんな恋ができるという幻想を人びとに抱かせた。先に見たこの月9的手法は、テレビCMの表現のなかでも使われていた。その代表的なものが、『クリスマス・エクスプレス』シリーズ（一九八八〜）だった。一九八七年、国鉄の民営化によって誕生したJR東海は、CMのなかで長距離恋愛をするカップルがクリスマスに再会する物語を描いた。山下達郎の音楽「クリスマス・イブ」と連動して『クリスマス・エクスプレス』シリーズと名付けられ、トレンディドラマの手法と同じように、音楽と映像が同期した。とくに構成としては、遠距離恋愛の二人を描いた中山美穂主演フジテレビ『逢いたい時にあなたはいない…』に近い。

図 3-15　JR 東海

シリーズ第一弾のCMは、東海旅客鉄道『JR東海ホームタウンエクスプレス』（一九八八年）である。一人の女性（深津絵里）が待てども来ない彼を駅のホームで探し、ふてくされている。そこにムーンウォークしながら彼が現われ、二人はホームで抱き合うという構成で、「帰ってくるあなたが、最高のプレゼント」というナレーションが付されている。第二弾は、東海旅客鉄道『クリスマス89』（一九九〇年）で、花束をかかえた一人の女性（牧瀬里穂）が改札口へと急ぎ、そこに到着する彼を柱の影に隠れて待つというものである（図3-15）。出会いの瞬間をあえて描かない物語の余白という意味では、第二弾のほうが完成度は高い。このシリーズの特徴は、駅を単なる移動の場所として描くのではなく、人と人が出会う場所へと意味づけ、クリスマスという時間性を付加している。一九九〇年代の〈東京〉では、特別なときに何かが起こり、何かが始まる場所として描かれていた。

この〈東京〉の虚構性が、一九九七年の〈お台場〉の完成へとつながっていくことは言うまでもない。その主役となったフジテレビもまた、一九九〇年代半ばに企業CMを制作していたのは興味深い。フジテレビジョン『フジテレビがいるよ・主婦』、『サラリーマン』、『祝福』（一九九五年）の三部作である。放送時期は、〈お台場〉移転の二年前のことである。このCMではすべて主人公たちが「心の声」でつぶやくところから始まる。例えば、倦怠期の夫婦（第一弾）では、若い子に視線を向ける夫に対し、妻が「そんなに若い子がいい？　あの子と寝たい？　こっち見てよ。私のことちゃんと見て。興味ない……バカみたい」と心のなかでつぶやく。また、居酒屋（第二弾）では、うるさい客に対して、中年の男性が「聞こえてるよ、そんなにでかい声出さなくなって」とつぶやく。さらに、結婚式に出席した女性（第三弾）は、心の中で「変なドレス、変な男、変な親……結婚なんて……」とつぶやく。これらのすべての心の声に対して、ある声が聞こえてくる。――「フジテレビがいるよ」。

三者とも身近な個人に不満をもち、その心の声に対して「フジテレビがいるよ」と寄り添う演出で共通していた。このテレビCMを「虚構の時代」の産物として捉えるならば、現実からは目を背け、フジテレビ制作の虚構のドラマへと逃げ込むように指示しているかのようである。主婦、中年サラリーマン、独身女性、すべての属性の人びとに対し、「あなたに寄り添っている」というフジテレビの心のなかの演出は、結婚しなくても、仕事がうまくいかなくても、フジテレビさえ見ていれば、社会や身内の不満が解消されることを伝えているかのようである。

以上に見てきた一九八〇年代後半から一九九〇年代のテレビCMもまた、東京に行けば何かができるという幻想を視聴者に与えていた。その意味で言えば、トレンディドラマと同型であった。

〈お台場〉以後のドラマのなかの東京

一九九〇年代の月9は、二〇代前半の若い女性に向けられていたことはすでに述べた。彼女たちの興味のひきそうなファッションやブランド物、家具、お洒落なバーやデートスポットを、ドラマのなかで次々に紹介することでヒロインや舞台となる〈東京〉に「憧憬」を抱かせた。この戦略は見事にはまり、若い女性視聴者たちはヒロインのような恋に憧れ、ヒロインの部屋を真似し、着飾る男女たちがいる〈東京〉に幻想を抱いた。ドラマやCMによって〈東京〉は演出され、現実とフィクションは交錯した。

こうしたトレンディドラマの流行のなかで、フジテレビの〈お台場〉移転は完了する。前節で確認したように、臨海副都心の進出に成功したフジサンケイグループは、一九九七年、台場F地区にフジテレビの社屋を建設した。球体の展望室の奇抜さもあいまって〈お台場〉は観光スポットへと変わり、フジテレビは自社の周りでイベントを開催し、「見るテレビ」から「見に行くテレビ」となった。

〈お台場〉への局舎移転後、フジテレビのドラマ戦略はさらに複雑化していくことになる。すなわち、自ら創りだした〈お台場〉という虚構の空間のなかで、ドラマの主人公たちを演じさせるようになったからである。フジテレビはトレンディドラマのなかで単に〈東京〉の華やかなイメージを創出するだけでなく、自らが創った〈お台場〉のなかでさらなる虚構を創造したのである。先にも触れたフジテレビ『ラブジェネレーション』（一九九七）もその一例である。このドラマの物語は深夜の〈渋谷〉から始まる。終電車を逃した片桐哲平（木村拓哉）が渋谷パンテオンの前で途方に暮れていると、偶然、そこに恋人と喧嘩した上杉理子（松たか子）が現われる。哲平は理子をナンパして、一晩をともにするが、翌日、二人は会社の同僚であることが分かる。出会いの偶然設定は、従来の月9の通りである。

しかし、このドラマで重要なのは第一話の最後、哲平と理子が〈お台場〉へと向かうシーンであった。理子が「未練捨てましょごっこしよっか」と言いだし、夜道を二人は〈お台場〉へと向かう。哲平は高校時代の元恋人の未練、理子は恋人からもらった婚約指輪を外すため、レインボーブリッジを歩きながら、お台場海浜公園を目指すのである。この道中でのやり取りが先に引用した二人の会話である。理子「なんでだろう、東京ってなんかありそうだから。まだ自分をあきらめたくないんだ」／哲平「俺もそうかもな。俺もまだ自分のこと諦めたくない」。

お台場海浜公園に着き、理子は婚約指輪を投げ捨てようとしながら言う。「ここで捨てたかったんだ。ここでね、もらった指輪だから」。理子にとって〈お台場〉は始まりの場所であり、リセットする場所であった。結局、投げ捨てられなかった指輪を哲平が誤って捨ててしまい、二人は朝まで指輪を探すことになる。これを機に距離を縮める二人にとって〈お台場〉は始まりの場所となった（図３・１６）。フジテレビが創りだした〈お台場〉はこうしてドラマのなかの主人公たちによって、さらなる恋愛の物語が付与されていった。最終回のエンディングでもまた、レインボーブリッジが見えていた。

図3-16 〈お台場〉に向かう哲平と理子（『ラブジェネレーション』）

フジテレビ『With Love』（一九九八年四月一四日〜六月三〇日放送）においても、〈お台場〉は同じ意味づけをされていた。長谷川天（竹野内豊）と村上雨音（田中美里）は、同じ職場で顔をあわす関係だが、あるとき偶然から、二人は匿名のメールのやりとりをするようになる。天は「hata」と名乗り、雨音は「てるてる坊主」と名乗った。そして、天と雨音が初めて出会う約束をする地が、〈お台場〉の自由の女神像前だった。天はメールでこう告げる。「明日の夜　自由の女神の前で待っています」。見知らぬ相手に心を寄せ、出会いを約束する地も〈お台場〉だった。

こうして新社屋の建設以降、とりわけフジテレビのドラマのなかで〈お台場〉は恋愛の空間として演出され、視聴者たちには「ロケ地」となってさらなる観光地へとつながった。しかし、〈お台場〉をめぐるドラマは、必ずしも「恋愛もの」だけではなかったのは特筆すべきことである。虚構の空間・お台場の舞台として人気を誇ったが、実は「刑事もの」だった。やや深読みをすれば、『君の瞳をタイホする！』への原点回帰とも読み取れる。

フジテレビ『踊る大捜査線』（一九九七年一月七日〜三月一八日放送）は、〈お台場〉にある湾岸警察署が舞台である。ところが所在地は港区台場三丁目二番八号で、実在しない。つまり、このドラマは〈お台場〉の架空の警察署の物語として設定されていた。サラリーマンから転職（脱サラ）した青島俊作（織田裕二）は、湾岸署の刑事となる。採用面接の際、彼は「青島俊作、都知事と同じ名前の、青島です」と名乗るが、これは世界都市博を中止へと追い込んだ張本人へのフジテレビなりの皮肉なのかもしれない。第一話で主人公の青島が降り立つのは、東京テレポート駅である。すぐ脇には、完成して間もないフジテレビの社屋が見える（図3‐17）。開発途上の〈お台場〉はまだ空き地が多く、オープニングでは青島が空き地の脇を通って出勤するのも印象的であった。ドラマのなかでも湾岸署は「空き地署」と揶揄され、青島が配属された強行犯係の机も、驚くほどに整頓され、まるで〈お台場〉のようである。

『踊る大捜査線』は、同じ刑事ものでも先の『君の瞳をタイホする！』とは明らかに異なり、物語の主軸が警視庁（本店）と所轄警察署（支店）との対立を軸に描かれ、とくに「空き地署」と揶揄される湾岸署はその劣等感を自認しながら、ときにコミカルに自らの場所の虚構性について嗤いあった。例えば第一話、空き地署に久々に舞い込んできた殺人事件の「戒名」について、課長たちは真剣に（コミカルに）悩むシーンがある。

「戒名なのですが、港区会社員殺人事件特別捜査本部でどうでしょう」／「会社員？　会社役員でしょ」／「そうですね、なら港区会社役員殺人事件特別捜査本部」／「港区というより、台場に絞ったほうが地域性がでるんじゃないですか」／「そうですね、なら港区台場会社役員殺人事件特別捜査本部」／「首絞められて殺されたって、ならさ」／「そうですね、なら港区台場会社役員絞殺事件特別捜査本部」

ここで署長（北村総一朗）が「インパクトがないね」と不満げに言いだす。すぐさま課長が別の名前を提案するも、署長が「あの、会社からさ、レインボーブリッジって近いよね」とごね始め、一同が「ああ、いいですね」と言いあい、署長は「一度ね、うちの署らしくさ、レインボーブリッジって使いたかったんだよね」とほくそ笑む。「では、港区台場レインボーブリッジ付近会社役員絞殺凶悪殺人事件特別捜査本部、これでどうでしょう」となっていく。

図3-17　映りこむフジテレビの社屋（『踊る大捜査線』）

この署長と課長たちの無駄なことへの真剣さは、〈お台場〉という空間が徹底的に強調された結果であった。これは言い換えれば、〈お台場〉という都市の記号化であり、空間の自己完結性の強調である。このドラマでは登場人物たちによって、〈お台場〉の場所性が過度に示されている。会話だけでなく、ドラマのなかで頻繁に挿入されるレインボーブリッジやフジテレビの社屋は、このドラマの物語の範囲が〈お台場〉であることをしきりに強調した。この〈お台場〉のもつ空間の自己完結性は、その後映画された際、レインボーブリッジを封鎖することで捜査範囲が閉じられることでも暗示されていた（映画『踊る大捜査線 THE MOVIE2 レインボーブリッジを封鎖せよ！』（二〇〇三））。

一九九〇年代後半、フジテレビはドラマのなかで〈お台場〉を恋愛空間として演出し、さらには架空の警察署を配置することで、自らの社屋の所在地を虚構的に意味づけた。当然、『踊る大捜査線』も「お台場冒険王」と連動し、ドラマの虚構が現実空間へどんどん介入していく。これは一九九〇年代の「テレビのなかの東京」と「東京のなかのテレビ」の連関を示していた。

〈渋谷〉から〈お台場〉へ

こうした〈お台場〉論から思い起こすのは、東京ディズニーランド論との近接である。一九八三年に東京近郊の千葉県浦安に誕生した「夢と魔法の王国」は、アメリカの消費社会を模倣した「虚構の時代」の産物として社会学的にたびたび語られてきた。東京ディズニーランド論の主たる議論とは、東京ディズニーランドを「「永続性」を要請されていない、一時的、仮説的なステージ・セットであることを前提として作られている「半永続的」な事象」（限研吾 1994: 199）とみなすものである。その際、とくに語られたのが、東京ディズニーランドの「空間の自己完結性」であった。

ディズニーランドを概観するとき、まず目につくのはその空間的な自己完結性である。ディズニーランドでは、建物、土手、木々等の障害物によって内側から外の風景が見えず、園全体が周囲から切り離されて閉じた世界を構成している。東京ディズニーランドの場合、そこを周遊している人びとは決して自分が浦安という町の片隅にいることを意識しないし、大都市東京の郊外にいることすら忘れているであろう。人びとの視界のなかに外部の異化的な現実が入り込む可能性は最大限排除され、演出されるリアリティの整合性が保証されていくのだ。(吉見俊哉 1996: 50)

吉見俊哉は東京ディズニーランドの空間の自己完結性を、ランド内での「俯瞰する視線の排除」から論じた(吉見俊哉 1996)。ランド内ではすべてを見渡すような特権的な位置に立てず、人びとは完全に内部の幻想を享受するように設計されている。こうした「空間の自己完結性」は東京ディズニーランドだけでなく、ハウステンボス(長崎)、志摩スペイン村(三重)、みなとみらい(横浜)、キャナルシティ(福岡)などへも飛び火した。

重要なのが、この東京ディズニーランド論が〈東京〉という都市空間にも適用可能だったことである。東京ディズニーランドはあくまでも空間の自己完結性の見えやすい地として典型的に語られていたのであり、むしろ本質は、この内閉性が東京の都市空間、とくに〈渋谷〉に見られることを論じたものが多くあった。とくに渋谷をめぐってPARCO(パルコ)が展開した空間戦略は、多くの社会学者が盛んに論じてきた。一九七三年に渋谷でパルコが開業して以降、パルコは広告宣伝を押し出し、公園通りなどの都市空間を演出した。

先の吉見もいち早く渋谷とパルコの関係に注目し、パルコの「空間技法」を読み解いている（吉見俊哉 1987）。それによれば、パルコの空間技法とは（1）街のセグメント化、（2）街のステージ化に集約され、パルコは渋谷において価値観の似たもの同士を選別し、都市空間そのものを劇場化させていた。ここでこの空間の担い手となったのが、山の手ないし郊外に住む中流家庭の若者たちで、かつて一九六〇年代後半に新宿に集まった地方上京者たちとは属性が異なった。吉見はこれを〈新宿的なるもの〉から〈渋谷的なるもの〉への変容として論じ、〈渋谷〉の抬頭が〈青山〉〈原宿〉〈六本木〉といった街々との差異化のシステムを構成するようになったと指摘した（吉見俊哉 1987）[14]。

パルコの戦略とは「街をメディア化する」（月刊アクロス編集室 1984: 132-3）ことだった。そのために渋谷の街そのものを、店舗、商品、企画、演出などとステージ化した。アクロス編集部は、パルコの渋谷演出を「環境創出」（アクロス編集室 1984: 182）と名付けている。このようなパルコによる渋谷の空間戦略は、現代都市論として、いたるところで論じられた。〈渋谷的なるもの〉の抬頭を語る都市論は、その後の郊外社会論まで含め、空間の自己完結性を「虚構」として指摘する言説として、ほぼ社会学的な流行は閉じたと言える。

しかし、一九八〇年代後半の吉見から連なる渋谷論（空間の自己完結性論）に決定的に欠いていたのが、テレビの存在を無視していたことであった。一九七〇年代から八〇年代のパルコによる空間戦略は、一九九〇年代のテレビによってより複雑化／極致化した。ここまで見てきたように、とくにフジテレビはドラマのなかで東京を演出し（＝テレビのなかの東京）、さらには〈お台場〉に社屋を建てることで（＝東京のなかのテレビ）、この二つの掛け算として「記号化された都市の物語」

を創造した。これはパルコによる空間戦略から、フジテレビによる空間戦略への移行として指摘できる。一九九〇年代における広告の〈渋谷的なるもの〉は、テレビの〈お台場的なるもの〉へ移行したのである。

「テレビのなかの東京」と「東京のなかのテレビ」の循環

一九九〇年代まで、放送局の内部とは不可視化された場所であった。ラジオ時代の愛宕山や内幸町の放送局舎から始まり、一九六〇年代のオリンピックを契機に渋谷に完成した新NHK局舎だけでなく地方局も、局舎の内部(画面に映るスタジオ以外)は、視聴者に不可視化されていた。放送とは外部世界を提示するが、その内部空間を見せることは決してなかった。それはテレビジョンの語源が的確に示したように、テレビジョンとは「tele-(遠くを)vision(視る)」装置だからである。放送は、あくまでも生産と消費の場が分離されたシステムだった。生産は、消費から隠された場所だったのである。

しかし、一九九〇年代後半、〈お台場〉にできたフジテレビは、積極的に放送局の内部を開放し始める。先に見たように、自社の周辺をイベント化し、テレビのなかの世界を具現化した。さらに、自らが創るドラマにおいて〈お台場〉を物語の要素として積極的に意味づけていく。さまざまな政治的な思惑によって臨海副都心に拠点をもったと囁かれたフジテレビは、本来、生産空間であるはずの場所を、積極的にテレビのなかで消費空間としたのである。

以上の放送局と都市空間の変化を図式化すれば、(図3-18)となる。かつて放送は、生産空間

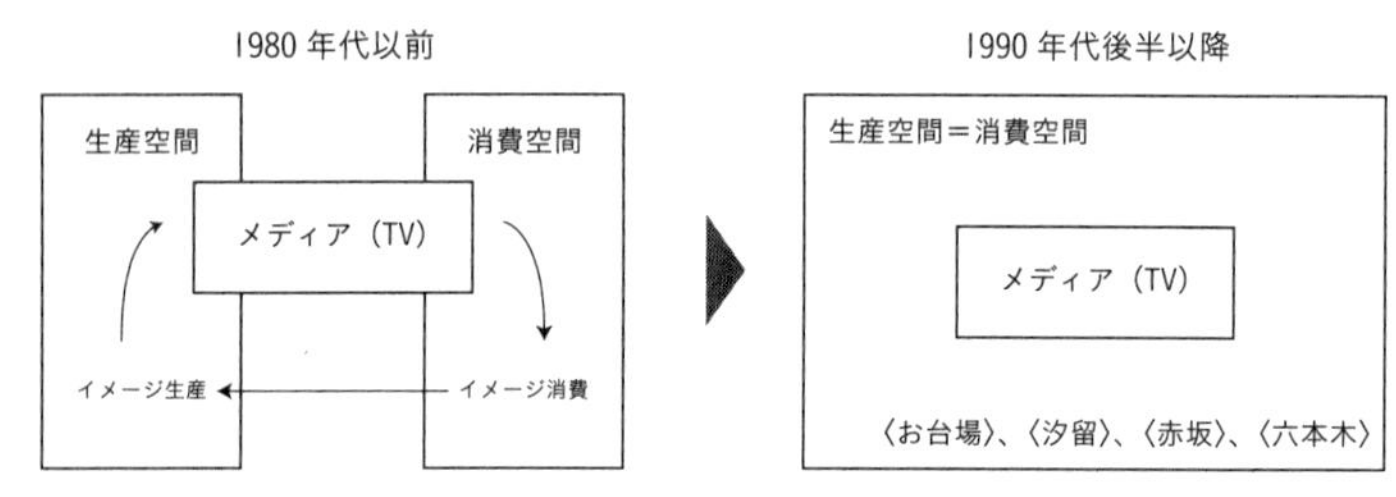

図3-18 「テレビのなかの東京」と「東京のなかのテレビ」の関係図の変化

と消費空間をつなぐ透明の媒体であった。一九五〇年代の都市空間のなかで街頭テレビの前の群衆たちが期待していたのは非日常的な祝祭であり、一九七〇年代の紀行ドキュメンタリー番組に視聴者が期待していたのは見知らぬ土地である。テレビとは、外部の世界を視聴者に見せてくれる電波装置であった。しかし、一九九〇年代後半以降、そうした生産と消費の区分は瓦解し、放送局という生産空間は消費空間ともなったのであり、その象徴的な場所が〈お台場〉だった。

これを本書の文脈に即して言えば、テレビは単に「テレビのなかの東京」を見せる装置ではなくなり、「東京のなかのテレビ」によって創った都市空間において、またさらに別の「テレビのなかの東京」を見せていくという循環した事態を示している。テレビのハードウェアとソフトウェアが融合し始めたのである。もちろん、こうした循環に意識的だった放送局は、フジテレビだけではない。一九九〇年代から二〇〇〇年代、各民放キー局は積極的に局舎を建て替え、あるいは移転することで、その立地地域を意味づけていく。例えば、日本テレビの〈汐留〉、TBSの〈赤坂〉、テレビ朝日の〈六本木〉などである。フジテレビほど空間戦略に成功したとは言えないが、これらのキー局でも自社周辺でイベントを毎夏開催したり、例えば一九九一年に始まったTBS『オールスター感謝祭』では番組のなかで局舎周辺をマラソンさせて「赤坂マラソン」と呼んだりした。一九九〇年代以降の放送局は、意識的に「テレビのなかの東京」と「東京のなかのテレビ」を循環させたのである。

一九九〇年代、テレビは東京にとって「単なる電波発射装置」ではなくなった。一九九〇年代以降の放送局と都市空間の関係は、番組と立地地域とを入れ子にしながら、より複雑な〈東京〉を生みだしたのである。ゆえに注目すべきは、とりわけ二〇〇〇年代以降、〈お台場〉や〈汐留〉が、観光ガイドブックのなかで東京ディズニーランドと並列して語られてしまうことである（図3-19）。

図3-19　東京ディズニーランドと併記される〈お台場〉〈汐留〉――『るるぶ』2004年

すでに多くの論者が指摘してきたように、空間の自己完結性をもつ東京ディズニーランドは「虚構の時代」の産物である。であれば、これと併記される〈お台場〉や〈汐留〉もまた「虚構」の空間である。ただ、放送がより複雑なのは、放送局舎は都市の虚構を単に創るだけでなく、そこを舞台に電波イメージとして番組を創出することであった。この循環が、一九九〇年代のテレビが創る〈東京〉の自作自演の本質であった。これは公共放送であるＮＨＫには見られない要素である。一九六〇年代以来、局舎を変えていないＮＨＫにとって〈渋谷〉は単なる立地地域であり、フジテレビと〈お台場〉の関係性とは異なる。むしろ、港区や臨海副都心で次々に発信し始める民放キー局が、一九九〇年代の主役となったのである。

第4章　スカイツリーのふもとで
――〈東京〉残映の時代　二〇〇〇年代〜一〇年代

1　遠視の終焉

二〇〇〇年代以降、〈東京〉自作自演の時代は終わりを迎えることになる。一九九〇年代的なテレビの自作自演は瓦解を始め、その虚構は崩れていくことになった。その象徴がフジテレビ＝〈お台場〉の買収騒動であり、ここにおいてテレビによる「虚構の映像共同体」は崩壊した。その一方で、二〇〇〇年代以降の「東京のなかのテレビ」では一九五〇年代から六〇年代を繰り返すかのように、塔の建設、オリンピックへと希望を託していくことになる。しかし、二〇〇〇年代以降のテレビは、高度経済成長期の再来とはならず、「遠視」の終焉へと向かうことになる。

1－1　テレビによる虚構の崩壊

「球体」の崩壊危機

前章で確認したように、一九九〇年代の〈東京〉は自作自演的であった。放送局が自社周辺の都市空間を意味づけながら、そこをイメージとして全国に発信した。とりわけフジテレビによる〈お台場〉と「月9」の関係は、当時のテレビと東京の関係を象徴し、恋愛を通して〈東京〉の意味づけに成功した。一九九〇年代、〈東京〉はテレビのなかの消費空間として、民間放送の都市戦略の手中にあった。本章はこのテレビの自作自演以後から始まる。二〇〇〇年代に入ると日本では人口減少が進み、一億総中流社会の幻想が暴かれ始める。このときテレビもまたその虚構が崩れ始め、その象徴的な出来事が〈お台場〉の買収騒動であった。

かつて鈴木俊一との蜜月を囁かれたフジサンケイグループは、臨海副都心の台場地区にテレビ局舎の建設に成功し、〈お台場〉をテレビによる観光都市へと変えた。〈お台場〉とは、一九九〇年代のテレビ局の象徴的な地であった。しかし、二〇〇五年、ライブドアによるニッポン放送株買収騒動が起こり、フジテレビの「球体の展望室」は崩壊の危機を迎えた。当時、インターネット関連企業として急成長を遂げていたライブドアが、巨大化し虚構化したテレビ産業を支配しようと試みたのである。これまでテレビ産業は独占産業として新規参入を拒み続けてきた。その旧態依然の構造に、ライブドアは風穴を開け、経営権を得ようとしたのである。これはヒルズ族から放送局への挑戦であり、〈お台場〉という虚構の崩壊の始まりであった。

この買収騒動は、インターネット産業がテレビ産業を圧倒する時代の到来を予感させた。週刊誌も連日のようにこの話題を取りあげ、とくに華やかな女性アナウンサーを有するフジテレビが、インターネット産業の新興勢力によって支配されそうになる構図を面白がった（図4-1）。言い換えれば、かつて吉本隆明が命名した、テレビによる「虚構の映像共同体」の崩壊を面白がったのである。これは同時に、一九九〇年代のテレビによる空間戦略の終わりを告げる出来事でもあった。

図4-1 〈お台場〉の崩壊危機――『週刊現代』2005年2月26日号

事実、当時ライブドアを率いる堀江貴文が、買収後、お台場のフジテレビ社屋の売却を検討していると囁かれた。

巨大産業であるテレビが新興メディアによって買収されそうになったのは、フジサンケイグループ特有の「株構造のねじれ」が関係していた。グループの中核を担うフジテレビだったが、筆頭株主はニッポン放送であり、この株のねじれを突いたのがライブドアの堀江だった。堀江は『会社四季報』を読んでいるとき、フジテレビの株構造を「何か変だな」と思い、買収を思い立ったという。

斜陽と言わざるを得ないラジオ放送を生業とする会社が、日本を代表するテレビ放送局の大株主になっていた。

しかもニッポン放送株の当時の時価総額は、実質的子会社であるフジテレビ株の時価総額を下回っていた。つまりはニッポン放送を買収すれば、同時にフジテレビをも傘下に入れることができるのだ。（堀江貴文 2015: 263）

ライブドアは二〇〇五年二月八日、市場が開く四〇分前に時間外取引でニッポン放送株の二九・六パーセントを突然取得した。当日、ライブドアよりフジテレビに資本・業務の両面で提携の申し出があったが、フジテレビの日枝久は「寝耳に水。いきなり乗り込んできて、提携申し入れとはどういうことか。提携する気は毛頭ない」と一喝した（『朝日新聞』二〇〇五年二月九日朝刊）。ここに一九九〇年代のテレビ産業を支えたフジテレビの強気な姿勢がうかがえる。しかし、以後、約七〇日間にわたる攻防は、フジテレビも予想していなかったに違いない。二月八日にニッポン放送株を三五パーセントまで取得したライブドアに対し、ニッポン放送がフジテレビ向けに新株予約権の大量発行を発表。二四日にライブドアが東京地裁に新株発行の仮処分を申請し、三月一一日、東京地裁は仮処分を決定。その後、三月末に急展開を迎え、フジテレビとライブドアが協議を発表。四月一八日、両者は和解となった。和解内容の骨子は（1）ライブドアがフジテレビにニッポン放送株をすべて譲渡、（2）フジテレビがライブドア以外の一般株主からニッポン放送株を買い取り、完全子会社化して上場廃止、などだった（『朝日新聞』二〇〇五年四月一九日朝刊）。この和解は、一九九〇年代から巨大化の一途を辿ってきたフジテレビにとって、大きな痛手となった。

とくに和解会見が印象的で、スーツに身を固めた日枝に対し、堀江はだぼだぼの白いシャツを着ていた。一九九〇年代に君臨したテレビ産業が軽々と新興メディアによって危機におちいったことは、それまでのテレビによる「虚構の映像共同体」の瓦解を予告した。この一連の騒動は、堀江の逮捕（証券取引法虚偽記載容疑）によって収束していくが、一九五〇年代以来続くテレビ産業の牙城に堀江が投じた一石は大きかった[1]。免許事業の裏側であぐらをかいてきた内向きのテレビ産業（とくにキー局）は、二〇〇〇年代、初めて自由競争にさらされ、危機におちいったのである。このことは、いままでのテレビのあり方や産業、制度の枠組みが変更をせまられ、新しいフェーズへと突入したことを意味していた。

テレビ不信の高まり

ここで二〇〇〇年代以降のテレビの凋落について、異なる二つの側面から考えてみたい。買収騒動の背景には、テレビがしだいにその虚構性、巨大性をさまざまな場で糾弾されるようになったことがある。第一に、二〇〇〇年代以降のインターネットの普及を背景にした、識者や視聴者たちによるテレビ批判の高まりがあった。『テレビ局削減論』、『テレビは生き残れるのか』といった挑発的な著書が次々に出版され、テレビのつまらなさ、やらせ（過剰演出）、電波浪費、公平中立性などが批判され、一部の論者は「テレビ局をなくせ」という感情論にまでいたるようになった。非難の対象となったのはテレビのもつ伝達の単線性であり、一方的に送り手から受け手へ情報を発信することへの反発であった。

もっとも、テレビのもつ単線性は草創期から議論されていることで、これらはマス・コミュニケーション研究の再熱として捉えることもできる。例えばNHK放送文化研究所によって一九五〇年代後半に行なわれた「静岡調査」では、テレビによる青少年の生活時間や余暇時間、暴力番組の影響など、マス・コミュニケーションとしてのテレビの「逆機能」が実証的に検証され、テレビが受け手に一定の悪影響を及ぼすことが明らかにされた（布留武郎 1962）。

しかし、二〇〇〇年代はインターネットの爆発的な普及によって、テレビの逆機能を実証的に明らかにするのではなく、ソーシャル・メディアの優位性を示すことによってテレビを感情的に批判する言説が目立つようになる。多くの論者によって「ソーシャル・メディアは政治を変える」「新しい民主主義の誕生」「インターネットによる市民革命」と扇情的に喧伝され、美辞麗句が並べてられた。メディア論的に考えれば、これらは「技術決定論」の焼き増しにすぎないが、ソーシャル・メディアを語る論者たちは新しいメディアによる社会変革を声高に唱えた。こうした新しいメディア言説の特徴は、つねに「マス」に対するオルタナティブ言説であろうとすることである。インターネット空間は玉石混淆であるがゆえに、それ自体で自立した言説空間となりにくく、そのための対抗軸として「マス・メディア」を設定することで、自らの言説を存立させようとする。多くの論者がそうであるように、ソーシャル・メディアの可能性は、「マス・メディアにはないもの」という論理で語られる。

その糾弾すべきマス・メディアの先鋒として、二〇〇〇年代以降、つねに批判にさらされたのが「テレビ」であった。テレビ批判のほとんどが情報の「一方向性」への批判であり、そうすることで、ソーシャル・メディア論は自身の「双方向性」への賛美を謳った。その結果、ソーシャル・メディア論が隆盛すればするほど、ますますテレビの崩壊論が語られていく。先の堀江も買収騒動の際、「テレビは画一的な放送を流すだけで、双方向性に欠ける」(『朝日新聞』二〇〇五年二月二四日朝刊)と批判した。さらに、二〇一一年三月一一日に発生した東日本大震災がテレビ不信を加速させた。東日本大震災を契機としてソーシャル・メディアの有用性が広く認知されるようになり、テレビの情報を相対化する意識が芽生えたからである。テレビ的な現実の外側でつながるようになった視聴者たちは、インターネットを使ってテレビの虚構を暴き、嘲り笑うようになった。

こうして広がる「マス・メディア不信」は、視聴者たちに「テレビ=やらせ」意識として伝染し、次第にいかにしてテレビの一方向性の虚実を暴くかが、インターネット言説の主流になっていく。ここにはかつてあった「魔法の箱」としての初期テレビの面影はない。二〇〇〇年代から一〇年代のテレビは「糾弾すべきもの」として視聴者に受容されることとなったのである。

第二に、このような論者たちの強気なテレビ不信を支えたのは、ほかならぬ放送制度自身でもあった。とりわけ、二〇〇三年にBPO(放送倫理・番組向上機構)が発足し、広くその存在が浸透したことも大きい。BPOは「放送番組向上協議会」(一九六九年設立)と「BRO(放送と人権等権利に関する委員会機構)」(一九九七年設立)が合併して発足した、NHKと民間放送連盟による第三者機関である。その役割は、「政治や公権力からの圧力に抗して放送の自由と自主・自律を守るとともに、放送による人権侵害や放送倫理違反をチェックし視聴者を守るという二面性を持っている」(塩田幸司 2019:195)。

そもそもBPOの前身であるBRO設置の背景には、一九九〇年代から相次いだテレビ局の不祥事があった。一九九三年に起きたNHKスペシャル『奥ヒマラヤ禁断の王国・ムスタン』での演出やらせ問題、一九九四年の松本サリン事件で第一通報者を加害者とした過熱報道、一九九五年に坂本弁護士の取材ビデオをオウム真理教幹部に事前に見せたとされる事件など、一九九〇年代半ばよりテレビ自身の問題が徐々に露呈し始めていた。こうした事態を受けて放送倫理を正す目的でBROが設置され、これが二〇〇〇年代にBPOの設立へとつながっていく。BPOは、放送における言論・表現の自由を守りつつ、一九九〇年代的なテレビの「総バラエティ化」を点検する第三者機関として生まれたのである。その後、二〇〇七年に起きた関西テレビ『発掘！あるある大事典Ⅱ』での捏造問題もまた、BPO案件として放送倫理を正す役目を果たした。

放送による人権侵害を防いで放送倫理違反を正し、かつ、公権力からの圧力を回避する第三者機関の存在はきわめて重要である。その意味で言えば、二〇〇〇年代以降、BPOは放送の健全化に一定の役割を果たしてきた。しかしその一方で、視聴者が小さな感情論でテレビを批判し、それをなんでも聞いてくれる苦情対応機関ができたとする、BPOへの「誤解」が広まった風潮も否めない。BPOが放送倫理違反としての声明を出すたびに、行政指導と勘違いし、視聴者は「テレビは糾弾すべきもの」として、より一層テレビ批判を強めるきっかけになった。

そして二〇一〇年代、政府はテレビへの介入をさらに強め始め、「放送の自由」すら脅かされていくことになる。放送法が本来もっていた「放送の自律」と「政府の関与を排除」する制定目的はしだいに曲解され、「放送は限られた電波を独占的に使用し、影響力が強いために規制が必要」だとする間違った解釈が広まり、政府による番組規制が強まっていく（村上勝彦 2019）。こうしてB

POの役割や放送法本来の目的が見えなくなることで、ますます視聴者や政府によるテレビ批判は強まっていくことになった。

表4-1　テレビと生活空間の変容

	1950～60年代初頭	1970年代～90年代	2000年代～
日常生活におけるテレビ	日常生活の撹乱（侵入者）	日常生活への浸透（同居人）	日常生活からの疎外（異物 or インテリア）

テレビの虚構への気づき

ここまで見てきたように、二〇〇〇年代以降のテレビを考えるとき、放送制度とともに視聴者のテレビへの向き合い方が劇的に変化したことは〈東京〉を考えるうえでも重要である。〈お台場〉の買収騒動は、一九九〇年代的なテレビの虚構が視聴者によって暴かれ、批判され始めたことの帰結であり、二〇〇〇年代以降のテレビは、これまでように消費都市を創造し、視聴者がそれを純粋に受容する形態ではなくなったのである。

これをテレビの歴史的な位置の変化からもう一度確認してみたい。一九五〇年代から六〇年代初頭、まだ普及率の低いテレビは日常生活を撹乱する「侵入者」であった。一九六四年の東京オリンピックを経て、一九七〇年代から九〇年代、テレビはほぼ全世帯の日常生活に浸透し、「同居人」となった。ここにおいて一九九〇年代のフジテレビによる虚構の共同体の素地ができたと言える。一九九〇年代は、テレビが家庭のなかで空気のような存在感になったからこそ、視聴者をトレンディドラマの虚構世界に引きずり込むことができたのである。誕生時に生活を撹乱したテレビは、しだいに浸透し、日常化した[2]（表4－1）。

しかし、二〇〇〇年代以降、しだいにテレビは日常生活から疎外される存在になっていく。インターネットの登場や強まる政府の介入によってテレビは糾弾する対象となり、盛者必衰のごとく日常の中心ではなくなり、メディア体験の選択肢の一つとなった。このことはテレビがもはや擬人化した存在ではなくなり、テレビを持たない人にとっては「異物」となり、持つ人にとっても「インテリア」感覚の存在になったことを意味した。とくに日本ではアナログ放送からデジタル放送への完全移行によって、そもそもテレビを買い替えずに「持たない」選択肢も生まれ、若者のテレビ離れが加速した。こうして現実とフィクションを交錯していたテレビは、二〇〇〇年代以降、その虚構空間を視聴者に見破られたのである。

これは〈東京〉にとって重大な変化であった。前章で述べたように、一九九〇年代の「月9」のコンセプトは、若い女性にいかにドラマに振り向かせるかにあった。彼女たちが興味を引きそうなファッションやブランド物、家具、お洒落なバーやデートスポットをドラマのなかで次々に紹介した。東京に行けばヒロインのような恋ができると錯覚させ、視聴者は「東京の現実」と「フィクションの東京」が交わり、ヒロインのような部屋に住むことを夢みた。しかし、二〇〇〇年代、視聴者は、そうした月9の虚構に気づき、冷めた眼で見始めていた。つまり、テレビの幻想にうまく乗り切れず、その虚妄に気づく視聴者が登場したのである。

例えば桧山珠美は、二〇〇四年に「「月9」の終焉」と題する論考を書いている(『月刊民放』二〇〇四年九月号)。桧山は「いわゆる「月9」ドラマにハマった世代として言わせてもらうならば、月9はとうに終わっている」と批判した。桧山によれば、「月9」の勝因は視聴者の求めているものを絶妙なタイミングで提供していたことにあったのだが、最近、視聴者と制作者との間に「ズレ」があるのだという。

若者の恋愛を啓蒙しつづけ、多大なる影響を与えた月9だが、今となっては素人カップルのほうが、はるかにそれを超えてしまっている。とうに、月9ドラマの使命は終わっているのだ。(『月刊民放』二〇〇四年九月号)

ここには一九九〇年代の視聴者のように、東京の現実とフィクションが交錯し、ヒロインの生活に同化しようとする視線はない。むしろ、「素人カップル」の現実のほうがフィクションより勝っているがために、ドラマの虚構があざとく見えてしまっている。視聴者はテレビの虚構を見破り、ときに嗤う存在へと変化したのである。

こうして二〇〇〇年代から二〇一〇年代、テレビ視聴の形態そのものが決定的に変容した。テレビの視聴は受動的なものでなくなり、自ら組み換える能動的なものとなった。例えば録画機の発達による「カスタマイズ視聴」は、自分の好きなときに見る「〝自分本位〟のテレビ視聴」を生み、検索機能によって自分の好きな出演者を自動録画することで、テレビの編成は意味を失った(『放送研究と調査』二〇一三年六月号)。さらに二〇一〇年代に入って、動画配信サービスによる見逃し視聴や過去の番組視聴がクリック一つで可能になったことは、これを加速させていく。テレビは自己都合でカスタマイズされ、視聴がタイムシフトされ、これまでの枠そのものが変容した。

これは第1章で論じたテレビによる「同時性」や、第2章で論じた「編成」が、二〇〇〇年代以降、完全に壊されていく過程であったと言える。ここにテレビによる空間戦略の終焉がある。いままで産業、番組、視聴者が一体となって創りだしてきた〈東京〉の虚像が、視聴者や放送制度の変革によって崩れ始めたのである。ゆえに、フジテレビの買収騒動は、起こるべくして起こった出来事である。放送と通信の融合が進むなかで、新しいテレビの枠組みへの変革が求められたのである。

1-2 災後の塔とオリンピック

東京スカイツリーの建設

二〇〇〇年代に入り、テレビの虚構が崩れていくなかで、「東京のなかのテレビ」では一九五〇年代から六〇年代のそれを繰り返すように、塔の建設、オリンピックへと向かっていくことになる。東京に新しい「放送装置」を建設することで、テレビは再び偉容を取り戻そうとしたのである。しかし、ここにあるのはかつての成功幻想である。高度経済成長期のテレビと虚構を暴かれ始めたテレビでは、その役割は同じではない。

第1章で見たように、一九五八年に建設された東京タワーは、戦後復興の象徴として、東京の都市空間に屹立した。テレビのための塔（日本電波塔）が、その本来の意味を忘却され、結果として「東京とはここだ」と〈東京〉を措定する存在となった。二〇〇〇年代から一〇年代初頭、今度は「東京スカイツリー」の建設が目指されていくことになる。二〇一二年の東京スカイツリーの建設は、その後の二〇二〇年の東京オリンピック招致成功の引き金となり、この流れは一九五〇から六〇年代初頭の動きと酷似する。一九五八年の東京タワー建設、続く一九六四年の東京オリンピック開催という〈東京〉措定の過程を、二〇〇〇年代から一〇年代の〈東京〉もまた目指すことになったのである。

そもそも、東京スカイツリーの建設は、高層ビルの乱立による電波障害の解消のために構想された。これまでの東京タワーだけでは一部に電波障害が生じるようになったため、二〇〇三年一二月一七日、NHKとキー局五社は、電波障害を解消するための六〇〇メートル級の新しい電波塔建設として、「新タワー推進プロジェクト」を発足させた。その結果、建設場所をめぐって、さいたま市、足立区、豊島区、練馬区、墨田区、台東区など計一五か所による誘致合戦が始まった。

ただ当初より、タワーを新しく建設するのではなく、既存の「東京タワー」のアンテナを延伸し、継続利用すべきだとする意見も根強くあった。結局、東京タワー継続案は航空法制限もあって叶わなかったが、それ以上に、テレビ局として新しい塔を建設したいという野心があったことは否めない。当時、インターネット時代に圧倒されつつあったテレビの偉容を再び示すチャンスでもあったからである。とくに一度、一九九九年に「タワー検討プロジェクト」を発足するも計画が頓挫した過去をもつ放送事業者にとって、是が非でも今度の塔は実現したかった。新タワー推進プロジェクトのメンバーであった根岸豊明は次のように述べている。

新・東京タワー計画が頓挫することは、「そういう試みは無謀であり、結局のところインターネットという新たなメディアが成長する時代に、テレビは保守的で変われないのだ」という暗喩も含まれていた、と思う。電波が届けられる環境を改善してテレビ・メディアが持つ可能性を未来に向けて追求できるかどうか。テレビがメディアのトップとして活躍し続けるかどうか。新・東京タワーにはテレビの「決意」が込められていると、私は感じ始めていた。（根岸豊明 2015: 30）

最終的に選定されたのは東武鉄道による「墨田・台東エリア」で、二〇〇六年五月一日、「新東京タワー株式会社」が設立し、プロジェクトは動き始めた。タワー名は東京タワーの時と同じく一般に公募され、一〇万を超える案のなかから「東京スカイツリー」「東京EDOタワー」「ライジングタワー」「みらいタワー」「ゆめみやぐら」「ライジングイーストタワー」の六候補に絞られ、「東京スカイツリー」と命名された。二〇〇八年七月一四日に着工し、二〇一二年二月二九日に竣工した。最後まで候補地としてさいたま新都心も争ったが、結局、新タワーは東京都内に完成した。

高さは六三四メートルで、工事途中に東日本大震災にあうが、その安全性を実証した。地面付近から頂上に向けて塔の断面が正三角形から真円へと変化し、塔の側面が描くラインは、日本の伝統建築の屋根に見られる「起り」や、日本刀の刃のような「反り」の曲線となった（橋爪紳也 2012: 181）。外色は東京タワーとは対照的に藍白が使われている。かつて正力松太郎が夢みた巨大タワーの建設がここに実現した。

この塔をめぐっては、東京タワーがそうであったように、完成前からさまざまな意味を付与された。さらに、東京タワーが戦後復興の象徴となったように、とくに東日本大震災以後、東京スカイツリーは震災復興の象徴となった。いわば「災後の塔」である。東京スカイツリーの描かれ方として多くを占めたのが「沸き立つ地元」としての表象であった。建設される墨区押上は、いわゆる東京の下町にあたる。新たな電波塔が建設されることによって、下町の風情が変貌する未来が語られた。[3] 例えば『ちい散歩』(二〇〇九年一二月一六日放送)では、東武伊勢崎線浅草駅から業平橋駅までの一駅を地井武男が歩きながら、タワーのできる足元を訪ねていた(図4-2)。番組最後に地井が言うラストコメントも、「東京のなかのテレビ」による街並みの変化への期待であった。「今、本当に建設中の新タワー。これを中心にいろんな皆さんに意見を聞いてみると、この町がまったく新しい形に生まれ変わるんではないかという期待と何か希望のようなものと、みなさんがお持ちのようで、非常に楽しみな新タワーではないでしょうか」。この未完の塔への期待は、かつて東京タワーに川本三郎が抱いた思いと合致する。

図 4-2　未完の塔としてのスカイツリー(『ちい散歩』)

東京スカイツリーの描かれ方として同じく多かったのが、「写真に撮れないタワー」としての表象であった。東京スカイツリーは下から見上げるようにして写真を撮らなければ全体を捉えきれない。このことが意味するのは、東京タワーの時と同じく、東京スカイツリーでも本来の電波塔としての意味が後景化し、塔の高さへの欲望だけが残されたことである。正力と同じように二〇〇〇年代でもテレビは「高さ」を希求し、それを「新名所」として紹介した。東京スカイツリーは完成前から、すでに電波塔であることが忘却され、画面には収まらない巨塔や観光地としての意味を付与された。最寄り駅の業平橋駅も「とうきょうスカイツリー駅」に改称され、タワーの足元には商業施設「東京ソラマチ」が新設し、東京スカイツリーは完成前から（完成前だからこそ）、来たる観光地として〈東京〉の代表性を与えられていく。[4]

そして、二〇一二年五月二二日のオープン当日、テレビは生中継でこの新しい塔の誕生を伝えた（図４・３）。東日本大震災での揺れに耐え、高くそびえ立った東京スカイツリーは、めでたく〈東京〉の二つ目のテレビ塔となったのである。東京タワーが戦後復興の象徴であるならば、東京スカイツリーは震災復興の象徴であった。しかし、ここには電波を行き渡らせようとするテレビ塔の役割以上に、もとから放送装置を地域活性化させる建築物とみなす意識があった。そもそも、電波の送信施設をいかに観光地化できるか、あるいは塔から見下ろしたときにどの程度眺望がいいかという「展望台の観光」が、場所の選定において重要な要素だったからである（根岸豊明 2015）。これはしだいに「遠視」の機能が後退するなかで、かつての東京タワーの成功体験を引きずった二〇〇〇年代以降のテレビの姿でもあった。

図 4-3　オープン初日を伝えるテレビ
——『ヒルナンデス！』(2012 年 5 月 22 日放送)

再びのオリンピック幻想

新しい電波塔ができたならば、次に来るべきはオリンピックである。二〇一〇年代、いま再びのテレビ・オリンピックを目指し、〈東京〉措定の幻想に突き進んでいくことになる。これは歴史が証明している事実でもあった。ラジオ放送時代の愛宕山の鉄塔（一九二五年）→幻の東京オリンピック（一九四〇年）、東京タワー（一九五八年）→東京オリンピック（一九六四年）、そして、東京スカイツリー（二〇一二年）→東京オリンピック（二〇二〇年）。この歴史の近似を見るとき、電波塔とオリンピック開催は不即不離の関係にあることが分かる。歴史的に見れば、電波塔の建設とは、オリンピック招致の必要条件であった。スカイツリー建設前の二〇〇九年のオリンピック招致（二〇一六年五輪）では落選し、建設後の二〇一三年のオリンピック招致（二〇二〇年五輪）で当選したとき、この法則は継承された。事実、二〇一三年のオリンピック招致映像の冒頭では、東京スカイツリーから皇居へとつながるシーンで構成され、さっそく東京スカイツリーは〈東京〉のシンボルとして紹介された。

二〇一三年のオリンピック招致決定の瞬間は、まるで開催を見通していたかのように、テレビ各局が深夜帯にもかかわらず、中継し続けた。二〇一三年九月八日深夜、キー局はスポーツ番組の特別報道番組を組み、開催決定の瞬間を報じた。各局のタイトルは、NHK「いよいよ決定！2020年五輪開催都市」、日本テレビ「上田晋也のGoing!特別版　2020年五輪開催決定の瞬間」、テレビ朝日「池上彰が伝える2020五輪開催地決定スペシャル〜完全生中継！東京に運命の瞬間」、TBS報道特別番組「なるか⁉　2020東京五輪　運命の一日完全生中継」、フジテレビ「すぽると！オールナイト〜2020オリンピック・パラリンピック開催都市決定は東京か⁉　豪華ゲストと完全生中継で運命の瞬間を伝えます」（図4・4〜4・9）。

発表会場のブエノスアイレスだけでなく、東京、他の候補地であるマドリードやイスタンブールとも同時中継を結び、各地で発表の瞬間を見る人びとを映していく。「歴史的な瞬間」であることをアナウンサーやレポーターはしきりに連呼し、開催決定の瞬間までカウントダウンでつないだ。開催決定の瞬間である午前五時二〇分、各局では一斉に「開催決定」のテロップを打ち、スタジオにいる芸能人は喜びあい、パブリックビューイングの会場の盛り上がりを映した。すべてが既成事実であったかのように、「歴史的瞬間」がテレビによってリレーされた[5]。

しかし、新しく誕生したテレビ塔とオリンピックは、かつてテレビが高度経済成長期を生きた〈東京〉措定の時代の幻想である。二〇〇〇年代から一〇年代は「失われた時代」として、高度経済成長期とは異なる、バブル経済崩壊後の「低成長期」である。とりわけ変形したテレビの遠視の機能は、かつてのような「同時性」空間を演出し、擬似環境を創出すること自体が難しくなり、視聴者もテレビ不信のなかでメディア体験の選択肢の一つとして受容し始めている。ここにかつての幻想を追い求める二〇一〇年代の「東京のなかのテレビ」の姿がある。東京スカイツリーとは、まさにロラン・バルトが言った「空虚な記念碑」である。これは番組（テレビのなかの東京）においても、最後の遠視先として〈東京〉の残映を捉えていくようになることからも理解できる。残映とは「暮れ残った日の光」のことである。テレビは虚構の時代後に残された「格差」に目を向け、東京の残映を記録するメディアとして歩みを始める。ここにテレビ越しに東京を語る終わりが見え始

図 4-4　日本テレビ

図 4-5　日本テレビ

図 4-6　NHK

図 4-7　テレビ朝日

図 4-8　ＴＢＳ

図 4-9　フジテレビ

めたのである。

2　テレビが描く東京の格差

ここまで見てきたように、二〇〇〇年代から一〇年代はテレビによる虚構の映像共同体が崩れる一方で、高度経済成長期をなぞるように、東京のなかに新しい放送装置が建設された。テレビは「凋落の予感」と「成長の欲望」の狭間で、〈東京〉をどのように描いたのか。本節では、二〇〇〇年代以降のテレビ番組（テレビのなかの東京）を見ていきたい。そこには〈東京〉の残映（＝見えない格差）を記録しようとするテレビのまなざしがあり、これが最後の遠視先を予感させた。

2-1　ラブストーリーの果ての〈東京〉

恋愛幻想の終わり——坂元裕二の東京論

第3章で見たように、一九九〇年代の「テレビのなかの東京」は、ラブストーリーが突然始まる場所であり、恋愛幻想を抱かせる場所だった。ドラマのなかの主人公たちは「東京ってなんかありそう」と夢いっぱいに希望を語り、視聴者は自らの言動と比較した。一九九〇年代のトレンディドラマは輝ける集団恋愛という幻想を、積極的に〈東京〉を舞台に演出し続けた。しかし、二〇〇〇年代に入ると、こうした中流社会の幻想が次々に露呈し始める。先に見た二〇〇五年のフジテレビの買収危機は、トレンディドラマの虚構の瓦解でもあった。フジテレビによる空間戦略が崩れ、インターネット企業の介入を許したとき、〈お台場〉の空間の自己完結に亀裂が生じたのである。ライブドアがフジテレビを危機に追い込むことができたのは、一九九〇年代のテレビの虚妄を突くことができたからであった。

こうして二〇〇〇年代以降、テレビによって創られた〈東京〉の自作自演が終わり、番組と視聴者が作る〈東京〉が共同幻想となった。では、「東京に行けば誰もが恋愛できる」ことが幻想となったとき、テレビの東京へのまなざしはどのように変化したのか。自作自演的な振る舞いを続けてきたテレビは、二〇〇〇年代から一〇年代にかけて、どのような「テレビのなかの東京」を演出していくことになるのか。

結論から先に言えば、二〇〇〇年代以降、テレビ番組は「東京に行けば誰もが恋愛できる」という幻想を、「格差」という現実へと変えていく。かつて抱いた一億総中流の時代は終わり、不景気による低所得労働者の増加という現実を「格差」として描いていくことになったのである。これは言い換えれば、テレビ自身が生みだした虚構空間の「見えない切れ目」の発見であった。二〇〇〇年代以降、テレビが映す東京は「階級都市」(橋本健二 2011)へと変容し、一九九〇年代の〈東京〉の恋愛から、二〇〇〇から一〇年の〈東京〉の格差へと転換した。

この「格差」への転換を象徴的に示していたのが、脚本家・坂元裕二が描く〈東京〉の変化であった。坂元は一九九一年に『東京ラブストーリー』の脚本家として名をはせ、トレンディドラマからそのキャリアをスタートさせた。当時の月9の視聴者は赤名リカの恋愛に憧れ、ヒロインに同化して「自分語り」をしていたことはすでに述べた。坂元はこうした恋愛物語の王道を、自らの脚本を通じて、しだいに変化させていくことになる。とくに二〇〇〇年代に入り、坂元脚本のドラマは、フジテレビ『ラストクリスマス』（二〇〇四）で意図的に『東京ラブストーリー』の原点回帰をして以降、フジテレビ『最高の離婚』（二〇一三）で中目黒の冷めた夫婦の現実をコミカルに描き、日本テレビ『Ｗｏｍａｎ』（二〇一三）でシングルマザーの現実をシリアスに描いた。かつて月9の王道にいた脚本家が「純愛もの」から離れ、子育てと仕事の両立を迫られる「母子家庭」の現実を描いてみせた心境の変化は、一九九〇年代から二〇〇〇年代への〈東京〉の変化と呼応する。

　なかでも象徴的だったのが、坂元がオリジナル脚本を手がけたフジテレビ『いつかこの恋を思い出してきっと泣いてしまう』（二〇一六）である。この月9で描かれる二〇一〇年代の〈東京〉は主人公たちに重く暗い現実を突きつけ、『東京ラブストーリー』とは対照的な物語であった。以下では『東京ラブストーリー』との対比のなかで、このドラマから見えてくる二〇〇〇年代以降の「テレビのなかの東京」の変化を考えてみたい。

　フジテレビ『いつかこの恋を思い出してきっと泣いてしまう』（二〇一六年一月一八日～三月二一日放送）の物語は、一通の手紙から始まる。引っ越し業のアルバイトをする曽田練（高良健吾）は、友人が盗んだバックのなかに、見知らぬ女性が娘に宛てた最期の手紙を見つける。罪悪感から北海道まで届けに行くと、持ち主の杉原音（有村架純）は意図せぬ婚約に悩んでいた。そのまま音は練の運転するトラックで逃げるように東京へと向かう。

一九九〇年代のトレンディドラマにおける物語の始まりと決定的に異なっているのは、ここでヒロインが東京に「憧れ」をもっていないということである。このドラマのヒロインは、東京からやって来た見知らぬ男のトラックに乗って、偶然に上京する。そして、練は突然姿を消し、ヒロインはいきなり「見知らぬ東京」という現実と向き合わなければならなくなる。第一話の最後、音は生存確認するかのように独白をする。「二〇一一年一月、私は東京で生きています」。

介護老人ホームで働き始める音だったが、休憩時間も少なく、二四時間勤務を上司に強いられる。そこにあるのは、重労働、パワハラ、介護、孤独といった超高齢化社会を迎える東京の「現実」であった。さらに、リムジンで登場するグループ企業の御曹司から突きつけられるのは「格差」である。一方、練も引っ越し業のアルバイトを続けながら、先輩からのパワハラや恋人との飲食代さえ払えない貧困の屈辱を味わっていた。かつて一九九〇年代の月9の主人公たちがカタカナ職業を名乗って集団恋愛していたのに対し、この二〇一〇年代の月9の主人公たちは低所得労働を強いられ、孤独である。ここには『東京ラブストーリー』から二五年後の、階級都市・東京の「現実」がある（図4-10）。

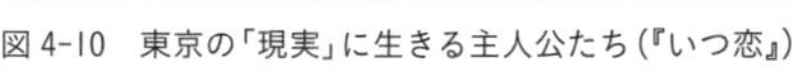
図4-10　東京の「現実」に生きる主人公たち（『いつ恋』）

かつて『東京ラブストーリー』で赤名リカは、東京に来て不安がるカンチに対し、「何があるか分からないから元気でるんじゃない」と笑いながら言った。しかし、二〇一〇年の〈東京〉ではこの台詞は虚しく消えている。二〇一〇年代、「東京ではこんなラブストーリーができる」という幻想などなく、そこにあるのは「働かなければ生きていけない」という現実だけとなった。二〇一六年、赤名リカ風に杉原音に台詞を言わせれば、きっとこう言うだろう。「何があるか分からないから元気が出ないんです」――。であればこそ、音が夜勤して身体がぼろぼろになりながら夜道で練と再会したとき、救いを求める言葉を弱々しく放つのである。「引越し屋さん……。できたらでいいんやけど、名前教えて……。電話番号教えて……。わたしも東京で頑張ってるから」（第二話）。〝頑張らなければいけない〟東京という街の現実に、幻想はもはやない。

手島葵が歌うこのドラマの主題歌（「明日への手紙」）も、かつて小田和正が歌ったもの（「ラブストーリーは突然に」）とまったく意味が異なっている。小田は「あの日　あの時　あの場所で君に会えなかったら」と出会いの偶然を明るい希望として歌っていた。けれども、手島が歌うのは小さな夢を懸命に掴もうとする暗い希望である。「明日を描こうともがきながら　今夢の中へ　形ないものの輝きを　そっとそっと抱きしめて　進むの」。かつて一九九〇年代の主人公たちが抱いた〈東京〉への夢はなく、二〇〇〇年代以降の〈東京〉にあるのは過酷な現実であった。横たわっているのは、階級都市・東京という圧倒的で超えられない現実である。

ゆえに、『いつ恋』に登場する人物たちがドラマのなかで語る「夢」に注目してみると面白い。練が上京したのは、祖父がだまされて奪われた土地を東京で稼いで取り返すためだった。しかし、依然低月給で貯金がたまらず、東京に居続ける練に対して、友人の中條晴太（坂口健太郎）はこう言い放つ。

練くんは帰らないよ。帰ったら気づいちゃうんじゃん。夢が叶わなかったことに。（…）東京は夢を叶えるための場所じゃないよ。東京は夢が叶わなかったことに気づかずにいられる場所だよ。（第二話）

「夢」があって東京にいるのではなく、「夢」を破綻させないために東京に居続けるという台詞は、あまりにも鋭く、重い。一方、音は、介護会社の御曹司に「うちなんかでこき使われるより、違う可能性があったのかもしれないよ。夢とかなかった？」と聞かれ、自分の「夢」についてこう語る。

わかんないですけど、もし夢があったとしたら、私はもう叶ってます。自分の部屋が欲しかったんです。自分で仕事をもって自分のお金でその日食べたいものを食べて、自分の部屋で、自分の布団で眠りたかったんです。これずっと欲しかった生活なんです。（第四話）

二〇一〇年代、「夢」の破綻を恐れる青年と、ミニマムな「夢」で充足するヒロインが暮らす街が東京だった。ドラマでは、練の幼馴染の市村小夏（森川葵）ただ一人がデザイナーになる「夢」を追い続けたが、彼女も挫折する。唯一、いわゆる「夢」を追うものが、泣きをみる世界になったのである。そこには代官山に住むことを夢みた中山美穂の姿も、東京って何かありそうと語る松たか子の姿もない。そして、練にいたっては、東京についてこう吐露していた。「東京は向いてないって思うんです。家に帰っても、帰った気がしません」（第四話）。二〇一〇年代、「テレビのなかの東京」は、「夢」が叶わないことが暗黙に約束された地となった。主人公たちの言動を見ていると、「努力すればナントカなる」社会から「努力してもしかたがない」社会へと移行したことが分かる（佐藤俊樹 2000: 13）。

このドラマを見て視聴者が抱くのは、主人公やヒロインへの「同化」ではなく「同情」であろう。かつての集団恋愛とは幻想で、東京にあるのは若者であっても低所得労働者となりうる実態である。みな練のように夢が破綻することを恐れ、東京を離れることができなくなっている。皮肉なことに、彼らはそうした現実から逃れるために、東京にいる。主人公たちの抱く東京の「格差」が、坂元裕二が描いた二〇一〇年代の「テレビのなかの東京」だった。

東京の格差を描く

もっとも坂元が描いた「格差」や「孤独」といったテーマは、二〇〇〇年代後半から二〇一〇年代にかけて、テレビのなかで繰り返し社会問題化されていた。とりわけドキュメンタリー番組に顕著で、例えば日本テレビ系列『NNNドキュメント'07　ネットカフェ難民　漂流する貧困者たち』（二〇〇七年一月二八日放送）ではネットカフェに寝泊まりする日雇い労働の若者たちの実態をあぶりだし、その後「ネットカフェ難民」としてシリーズ化するなど、非正規雇用者の急増に警鐘を鳴らした(6)(図4-11)。

また、NHKスペシャル『無縁社会 〝無縁死〟3万2千人の衝撃』(二〇一〇年一月三一日放送)と、続く『無縁社会 新たな〝つながり〟を求めて』(二〇一一年二月一一日放送)では、急増する無縁死を社会問題化した。たとえ若者であっても、親族も友人もいない孤独な生活を強いられ、「居場所がない」「自分は必要とされているのか」「何のために生きているのか」「このまま死んだほうが楽ではないか」という心の叫びが紹介された。番組内でときおりインサートされる巨大都市・東京の俯瞰図が、各々の「孤独」をいっそう強調する。『無縁社会』も視聴者からの反響が大きく、キャンペーン報道へと展開した。一番「孤独」のしわ寄せがくるのが高齢者であった。NHKスペシャル『終の住処はどこに～老人漂流社会』(二〇一三年一月二〇日放送)では病院や介護施設に入れず、行き場を失った高齢者たちの「孤独」を追っている。二〇一〇年代の〈東京〉は若者たちがネットカフェを転々とし、そして、居場所を求めて高齢者たちが漂流した。

図4-11 シリーズ化した「ネットカフェ難民」

このように二〇〇〇年代後半から一〇年代、テレビは「格差」や「貧困」を社会問題化した。これは放送番組表内の単語の増加をみても明らかで、「格差」の場合、二九件(二〇一〇年)→三六件(二〇一一年)→六一件(二〇一二年)→一一四件(二〇一三年)と急激に増加している。一方、「貧困」の場合も、五一件(二〇一〇年)→二一件(二〇一一年)

→七五件（二〇一二年）→一三〇件（二〇一三年）と増えている。二〇一〇年代以降、若者の完全失業率が増えるなかで、先の『いつ恋』も低賃金で懸命に働く主人公を描くことになった。労働格差、年収格差、教育格差、医療格差……。こうした都市のなかの隠れた「格差」がテレビによって盛んに描かれるようになったのである。すなわち、「目に見えない階級構造」（橋本健二 2013）が、テレビのなかで顕在化した。虚構の時代以後のテレビが目を向けたのは、こうした〈東京〉に取り残された「残映」であった。

これは、当時の格差社会論と共振したものだった。二〇〇〇年代半ば、社会学では「格差」や「下流」といったタイトルの書籍が出版され、これにともない「格差」という言葉がマス・メディアでも目立つようなった。二〇〇六年の「ユーキャン新語・流行語大賞」では「格差社会」が選出され、「格差」という言葉はさらに一般化した。当時、山田昌弘は将来に希望をもてる人と将来に絶望している人の分裂のプロセスに入ったことを論じ、それを「希望格差社会」と名付けた（山田昌弘［2004］2007）。

山田によれば希望格差社会の要因は「リスク化」と「二極化」があり、前者はいままで安心だった将来が予測できなくなって不確実になったこと、後者はこれまでの中流社会が変質して「勝ち組」と「負け組」に分かれたことを示している。山田の主張はとくに賃金の格差という「量的格差」の拡大だけではなく、「質的格差」そして「心理的格差」の拡大へと向けられている。人生の不安定化によってやる気が喪失し、リスクフルな現実から逃走する、「希望の格差」が生まれたのである。

表4-2　テレビのまなざしの変化

	1950～60年代初頭	1970年代～90年代	2000年代～
日常生活におけるテレビ	日常生活の攪乱（侵入者）	日常生活への浸透（同居人）	日常生活からの疎外（異物 or インテリア）
テレビのまなざし	〈異常民〉	〈常民〉	〈(見えなき) 異常〉

これはまさに赤名リカから杉原音への心理的変化であった。とくにこの希望の格差は東京という都市に対する希望の有無によって計ることができる。東京に明るい希望をもっていたリカに対し、音は不確実な未来のなかで東京を不安に生きている。この月9のヒロインの心的な変化は、まさに〈東京〉における希望格差の変容がもたらした結果であった。テレビはこうした格差社会論を後追いしつつ、ドラマでヒロインの心境を変化させ、ドキュメンタリーで「格差」を発見していくことになったのである。

2-2　東京の見えない格差

〈(見えなき) 異常〉

二〇〇〇年代以降のテレビのまなざしは、「格差」というテーマのもと、〈東京〉の残映へと向けられていくことになる。テレビは中流社会の切れ目を「格差」に求め、都市のなかの残映を発見する。以上の議論をまとめるために、先に挙げたテレビの歴史的な位置の変化に、新しくテレビのまなざしの変化を重ねると、（表4-2）のようになる。

一九五〇年代から六〇年代初頭、侵入者であったテレビは〈異常民〉に眼を向けていた。NHK『日本の素顔』が描いた都市下層は糾弾すべき対象

図 4-12　NHK『ドキュメント 72 時間』

として、東京の社会問題が強調された。それが一九六四年の東京オリンピックを経て、一九七〇年代から九〇年代に入ると同居人となったテレビは〈常民〉に眼を向けていく。このときＮＨＫ『新日本紀行』やＹＴＶ『遠くへ行きたい』では全国各地の市井の人びとを民俗学的に紹介し、一九九〇年代に入ってもトレンディドラマが描いたのは明るい中流社会だった。しかし、二〇〇〇年代における虚構後のテレビは〈（見えなき）異常〉へと眼を向けていく。これこそが「格差」であり、〈東京〉の残映であった。一見すると、二〇〇〇年代のテレビのまなざしは一九五〇から六〇年代初頭のそれに近いが、〈異常〉が見えないものへと向いている点に違いがあった。二〇〇〇年代以降のテレビのまなざしは、目に見えない階級構造をあぶりだし、そこに〈異常〉というレッテルを静かに貼っていくのである。

これは二〇〇〇年代に新しく登場した短期的な密着番組のいくつかを見てみるとより分かりやすい。例えば二〇〇五年に始まったＮＨＫ『ドキュメント72時間』は、ある場所に三日間（七二時間）定点観測をして、そこに訪れた人びとに次々にインタビューした番組である（図４-１２）。初期は〈東京〉が取材地として多く設定され、例えば、渋谷のコインロッカー、西銀座の宝くじ売り場、上野のマンガ喫茶、歌舞伎町の眠らない花屋、新宿の二四時間郵便局、鶯谷の大衆食堂、上野の多国籍地下マーケット、六本木のケバブ屋などが取りあげられた。この番組はドキュメンタリーとして特定の社会問題に切り込むことはなく、淡々と訪れる人びとのインタビューが並べられている。何か物語が始まりそうでも特定の人物を深追いすることはせず、番組を通して「入口」と「出口」が変わらない。

しかし、二〇〇〇年代はとくにジャーナリズムをもたなくても、定点観測するだけで番組が成り立つ事態に注目しなければならない。なぜ訪れる人びとの羅列だけで番組が成り立ってしまうのか。それは、七二時間定点観測するだけで、登場人物たちの「差」が浮き彫りになるからである。言い換えれば、番組では七二時間観察するだけで、東京に住む人びとの「格差」が見える。渋谷のコインロッカーにせよ、歌舞伎町の花屋にせよ、六本木のケバブ屋にせよ、そこに訪れる人びとを並べて見えてくるのは、人びとの「格差」であり、「人生劇場」であり、「希望と孤独の落差」である。たとえジャーナリズムがなくとも、定点観測し、短期的に密着するだけで番組が成り立つのは、二〇〇〇年代以降の東京の現実が「格差」を内包しているからにほかならない。

図4-13　テレビ東京『家、ついて行ってイイですか？』

この種の番組は二〇一〇年代以降も、増加傾向にある。他にも挙げれば、二〇一四年に始まったテレビ東京系列『家、ついて行ってイイですか？』がある。この番組は深夜の東京で、終電車を逃した人にタクシー代を支払って家について行くバラエティ番組だが、先の『ドキュメント72時間』と同様、淡々と取材した人物が羅列されていく（図4-13）。

何十年も息子に会えないがお年玉をため続ける男性、フィリピン女性と駆け落ちする男性、元彼に捨てられた渋谷のダンサー、クリスマスに一人で歩く仕事帰りのOL。みな一様にどこか寂しさをかかえ、〈東京〉で生きている。この番組の最大の特徴は、訪れていく家がきまって小さなアパート（たいてい1Kでひとり暮らし）であることである。豪邸や大家族もあるが、少ない。東京で終電車を逃した人びとは寂しく帰路につき、カメラの前で自分の過去を語る。ここにあるのも、テレビが東京に住む単身者の現実を映すだけで成立するようになった番組の構造がある。[7] テレビはそうした〈東京〉に隠された残映を発見する。

二〇〇〇年代から一〇年代の「テレビのなかの東京」では、格差社会論と共振しつつ、〈東京〉にある格差という現実を捉えていく。坂元裕二が東京を格差の物語へと変え、ドキュメンタリーやバラエティが東京の〈（見えなき）異常〉を捉えたとき、テレビは〈東京〉の残映を映すメディアとなった。[8] これはテレビによる空間戦略が瓦解して以後の、新しいテレビの遠視法であった。

タモリの観察眼

〈東京〉の残映は、さらに、二〇〇〇年代以降の散歩番組の隆盛からも確認できる。二〇〇〇年代後半以降、テレビは空前の散歩番組ブームとなった。ほとんどが〈東京〉を舞台に、タレントが気散じ的に街を歩き、街で見つけたものをレポートする。地井武男が歩くテレビ朝日系列『ちい散歩』（二〇〇六～二〇一二）、加山雄三の『若大将のゆうゆう散歩』（二〇一二～二〇一五）、高田純次の『じゅん散歩』（二〇一五～）が一人歩きの系譜であるならば、タレントの有吉弘行と女性アナウンサーが歩く『ぶらぶらサタデー』（二〇一二～二〇一五）や、お笑い芸人のさまぁ～ずと女性アナウンサーが歩く『モヤモヤさまぁ～ず』（二〇〇七～）などは集団的な散歩である。こうした東京を歩く散歩番組は、二〇〇〇年代後半以降、一気に増加した。

地井武男は「みなさん、最近歩いてますか～?」と散歩を肯定しながら歩き、女性アナウンサーは「有吉さん、ちょっと言い過ぎじゃないですか」と散歩よりも内輪の会話を楽しみながら歩いている。これらの散歩番組のすべてが、東京の特定の地区（例えば、田園調布、渋谷、秋葉原、浅草など）に絞り、各回、その周辺を散歩する。テーマはすべて「ぶらり」である（あらかじめ歩くルートや訪問先が決まっていたとしても、偶然を装っている）。

こうした東京の散歩番組のなかでも、とりわけ二〇〇〇年代後半に異彩を放ったのが、NHK『ブラタモリ』（二〇〇九～）であった。他の散歩番組は東京を歩きながらも食レポートをする趣があるが、同番組でのタモリは食に一切、目もくれない。『ブラタモリ』は単なる情報消費的な散歩番組とは一線を画したものとなっている。実は、ここでのタモリの観察眼（＝まなざし）こそ、二〇〇〇年代以降の〈東京〉の残映への視線ではなかったか。NHK『ブラタモリ』は第一回の「早稲田」（二〇〇九年一〇月一日放送）から始まり（これはタモリの出身校が早稲田大学であることに由来する）、「上野」（一〇月八日放送）、「二子玉川」（一〇月一五日放送）、「銀座」（一〇月二二日放送）、「三田・麻布」（一一月一二日放送）、「秋葉原」（一一月一九日放送）と続いていく。東京のある特定の地区ごとに散歩するという構図は、他の散歩番組と変わらない。

しかし、タモリが注目するのは「坂」である。番組で東京を歩きながら、微細に隆起した場所を

図4-14　タモリによる「坂」の発見
——「本郷台地」(2009年12月3日放送)

発見し、その意味を解こうとする。[9] 初回の「早稲田」の回ですでにタモリは「高低差」ファンであることを公言していた。東京でもっとも坂があると言われる文京区を扱った「本郷台地」(二〇〇九年一二月三日放送)では、タモリの観察眼は最高潮に達した。湯島天神から台地のキワを辿るタモリは、立爪坂では名前の由来どおりに爪を立てながら歩き、本郷通りの見返り坂と見送り坂では実際に江戸時代の別れを演じてみせた(図4-14)。タモリ自身、『ブラタモリ』を「ほとんど私の趣味だけでやっている」(二〇一五年一月三日放送)と語っている。

では、タモリが注目する「坂」とはなにか。この「坂」こそ、格差を示すアイコンであった。かつて坂の上には大名屋敷が立ち並び、坂の下には町人の住む街があった。

> 坂道は、格差によって隔てられた異なる世界を結ぶ架け橋でもあった。坂は格差を象徴し、格差を空間的に表現していた(橋本健二 2011: 182-3)。

坂道とは、社会的な格差が物理的な都市構造として表われた場所である。とくに東京の坂は「山の手」と「下町」の境界を区分し、階級構造を示している。少し大胆に言えば、タモリが発見していくのは、東京の地形を通した「格差」である。先に見た『いつ恋』でも、ドラマのなかで時折インサートされる東京の俯瞰図が印象的だったが、そこには坂道が作りだす超高層と低層に刻印された、風景としての格差が物語の進行を助けていた（図4 - 15）。タモリがサングラスを通してみる風景は、そうした〈東京〉の残映であった[10]。

たしかに『ブラタモリ』のプロデューサー尾関憲一が言うように、番組を立ち上げる際には地形というものをあまり意識せず、やっているうちにタモリがやたら地形に着目するようになったというのは事実だろう（『東京人』二〇一二年八月号）。しかし、『ブラタモリ』のまなざしを考えたとき、そこには明らかに都市空間のなかの隠されたものを可視化し、〈東京〉の残映を発見しようとする視線がある。二〇〇〇年代の散歩番組もまた、〈東京〉の見えない格差を発見するまなざしを内包した。これは格差社会論と共振しつつ、テレビ的に変換された「テレビのなかの東京」であった[11]。

図4-15　格差を示す「坂」（『いつ恋』）

3　残映を遠視するテレビ

二〇〇〇年代から一〇年代、〈東京〉の残映の背景にあったのは、格差社会論を内包したテレビの視線であった。しかし、この残映のまなざしは、一九五〇年代から六〇年代に〈東京〉を措定しようとした、かつての視線の幻影である。日常生活から疎外され、低成長期に入った二〇〇〇年代以降のテレビは、かつてのように〈東京〉を意味づけるメディアではもはやない。しだいに残映ではなくアニメから〈東京〉を描くようになったテレビは、東京表象のメディアとしての終わりを迎えていくことになる。

3-1 東京残映の論理

東京対地方の幻影

すでに見たように一九五〇年代~六〇年代の〈東京〉と、二〇〇〇年代から一〇年代の〈東京〉は構造が似ている。東京タワー(一九五八)という戦後復興の塔から、一九六四年の東京オリンピックへと連なる歴史を〈東京〉の措定の過程であったとするならば、東京スカイツリー(二〇一二)の建設から二〇二〇年の東京オリンピックへと連なる歴史もまた〈東京〉の措定の過程のように見える。では、二〇〇〇年代以降の「見えない格差」という残映へのまなざしは、東京を再び措定するための遠視法だったのか。〈東京〉の残映をテレビが記録し始めたことは何を意味しているのだろうか。

すでに第1章で見たように、一九五〇年代後半、例えばNHK『日本の素顔』では、バタヤや水上生活者、浮浪者といった都市下層の人びとを「東京の問題点」として言及し、彼ら/彼女らを〈異常民〉とみなすことで、「東京はこうあるべきだ」という視線があった。そこにはテレビという箱をもつ近代的な「われわれ」から、都市を徘徊する前近代的な「彼ら/彼女ら」を見下す視線があった。これは二〇〇〇年代のテレビにおいても同じで、ネットカフェ難民、老人漂流を「東京の問題点」として指摘し、『日本の素顔』ほど直截的でないにせよ、大都市・東京を啓蒙しようとする視線があった。ここでテレビが注目するのは〈(見えなき)異常〉であったが、同じく「東京はこうあるべきだ」という視線があったことは否めない。今の東京が抱える問題をテレビは社会問題化したのである。

この東京の残映へのまなざしを内包し始めたテレビは、東京措定の幻影のなかで、歴史を繰返すように、再び東京と地方を比較し始める。かつての高度経済成長期のように、テレビは「都会/地方」という二項対立を煽り、中央と周縁という空間秩序を生成し、「地域の格差」を強調しようとする。とくにこれは二〇〇〇年代以降のバラエティ番組に顕著であった。例えば日本テレビ『1億人に大質問!?笑ってコラえて!』(一九九六〜)内のコーナー「日本列島　ダーツの旅」は、司会の所ジョージが日本列島を的に見立てて矢を放ち、たまたま矢が刺さった場所へと向かうものである。一九九〇年代末の開始以降、二〇一〇年代まで放送され続けてきた人気コーナーで、向かう先はたいてい「僻地(周縁部)」であった。このとき番組は明らかに「地域の格差」の笑いに支えられ、そう仕向けられた会話のパターンがある。

まず、矢が刺さったところに向かうと、「第一村人発見」とナレーションとテロップが付され、取材スタッフが「何をしているんですか」と話しかける。突然話しかけられた村人は「どちら様ですか」と聞き返し、スタッフは「僕たち東京から来たんですよ」と得意げに言う。そこで、ある村人は「華のお江戸からねえ」「ありゃ〜お東京から」と驚く(図4-16)。当然、スタッフも(とりわけ東京にいる）視聴者も、村人たちが「東京」というワードに驚くことを期待しながら見ている。そして取材スタッフは間髪を入れず、自分たちがテレビ局の人間であることを明かすのである。「東京の日本テレビという所から来ました」。このときテレビと聞いて急に恥ずかしがる人、「それはめでたい」と語り始める人、「テレビだって！」と近所の人たちを集めだす人など、反応はさまざまである（図4-17）。

ここには物珍しいテレビという箱（ここではカメラがその役割を果たす）が、都市／地方という地域差を可視化する構図がある。お江戸東京からテレビカメラを持ってやってくる取材クルーから村人へと向けられる目線は、明らかに前近代的な農村へのまなざしであり、会話もそう仕向けられている。そして、これらのやりとりを「東京で」見るタレントたちは、ワイプのなかで嘲笑する。ここから見えてくるのは、依然として地方と対比することで東京を措定しようとするバラエティのまなざしである。

他にも、日本テレビ系列『秘密のケンミンSHOW』（二〇〇七〜）では、司会のみのもんた（東京都民）と久本雅美（大阪府民）のもと、各都道府県出身の「県民スター」と呼ばれるタレントが一同に会し、それぞれの県の隠れた特性をカミングアウトする。番組は各都道府県の変わった食べ方などを紹介し、基本的な構造は「ふつうの県はこうするが、〇〇県民は驚くことにこんなことをしている」として紹介される。例えば「豊橋市に住む愛知県民は、ざる蕎麦を食べる時ハサミを使う!?」（二〇〇九年八月二〇日放送）といった内容である。これをその地域出身の県民スターが必死に擁護するも、他の県民スターたちから非難にあい、それが笑いに変えられていく。ゆえに、この番組の構造も、他の県ではありえないローカルネタをあえて取りあげることで、「地域の格差」を笑いに変えている。この番組でも「地域差」を無理やり創りだし、対立構造を煽ることで、それぞれの地域の特徴を明らかにしようとする。そして、こうした「地域差」が暴かれれば暴かれるほど、〈東京〉は基準点となった。[12] 番組では〈東京〉は不動の中心地として、むしろ地域性が剥奪され、つねに他の都道府県をまなざす特権的な地位を与えられている。[13]

このように見てみると、とくに二〇〇〇年代以降のバラエティでは再び「地域差」に注目し、中央と周縁という空間秩序を創りだそうとしている。[14] かつてのテレビが「東京とはこうだ」と地方と

図 4-16 〈東京〉から来たことを驚かせる取材法——『笑ってコラえて！』(2009 年 8 月 19 日放送)

図 4-17 僻地とテレビ——『笑ってコラえて！』(2010 年 3 月 3 日放送)

比較しながら〈東京〉を措定していたように、笑いの表現を使って〈東京〉を再び誇示しようとしている。二〇一〇年代に入っても、地方から上京する若者に密着したバラエティが放送され続けていることもその証左である。しかし、すでに見てきたように、二〇〇〇年代以降のテレビは、高度経済成長期のテレビとは異なっている。こうした「地域差」を描くだけでは、テレビによる〈東京〉表象ができない時代へと突入した。テレビが東京の残映に注目し、「地域の格差」を笑いに変えて〈東京〉を描いたとしても、かつてのような措定のまなざしとは同型にはならない。ここにあるのは〈東京〉措定の時代の幻影である。なぜなら、そもそも、東京と地方の関係自体が崩れてきたからである。

東京と地方の関係の終焉

二〇一四年、日本創成会議において、元総務大臣の増田寛也による「成長を続ける二一世紀のために「ストップ少子化・地方元気戦略」」（通称「増田レポート」）が注目を集めた。出生率の低下を背景に人口減少が進み、「地方消滅」が語られ、具体的には二〇一〇年から二〇四〇年までに、二〇歳から三九歳の女性人口が半減する八九六の市町村が「消滅可能性都市」として名指しされ、地方が「消滅プロセス」に入ったことが指摘された。このとき想定されているのが、日本の人口減少は大都市への人口移動を生むという仮説であった。地方が消滅プロセスに入る一方で、東京への一極集中が進むと論じられた。

まるで、東京圏をはじめとする大都市圏に日本全体の人口が吸い寄せられ、地方が消滅していくかのようである。その結果現れるのは、大都市圏という限られた地域に人々が凝集し、高密度の中で生活している社会である。これを我々は「極点社会」と名づけた。（増田寛也 2014: 32）

増田によれば、これから大都市集中がますます進み、「人口のブラックホール現象」（増田寛也 2014: 34）が起こるという。たしかに山下祐介が反論したように、ここには「選択と集中」の論理が隠されており、「すべての町は救えない」という前提のもと、地方消滅が既定路線となっている（山下祐介 2014）。ただ、増田が言うように、人口減少のなかで東京一極集中が起こるとすれば、いままでの人口増加を前提として地方から東京へと人口流入していた「不均等な発展」がなくなることを意味していた。人口減少社会へと移行するなかで、東京と地方の関係自体が変わろうとしているのである。

これから起きるのは、不均等な発展ではなく、不均等な衰退なのだ。日本全体が生産力を失い、人口も減少していくなかで、それでも東京は地方の人口を吸い寄せ続ける。もう地方では東京に吐き出す人口は払底しているし、東京に集まっている人口もすっかり老いており、かつてのような眩さはまるでない。比喩ではなく、地方は死に絶え、東京にも死が迫っている。それでもなお、この集中は国が滅びるまで続くのだ。（吉見俊哉 2019a: 170）

こうしたなかでテレビは依然としてかつての輝かしい東京／貧しい地方の二項対立で語り続けている現状がある。日本全土で人口減少が進み、東京一極集中が起こると言われるなかで、かつてのような「東京はこうあるべきだ」「東京に行けば何かありそう」といったマス・イメージを創出し続けることは不可能である。そもそも人口減少のなかで地方と東京の質的な関係が変わっていく以上、たとえ東京スカイツリーを建設し、「地域差」を再び強調したとしても、一九五〇年代から六〇年代のように「同時性」の中心点として〈東京〉を全国に向けて措定する機能をテレビはすでに失っている。かつてと同じように〈東京〉と〈地方〉を対比しなければいけないという強迫観念のなかで〈東京〉の残映を探し求め始めたとき、テレビと東京の関係は静かに終わりの予感をみせていた。メディアとしての相対的な価値が徐々に下がるなかで、もはやテレビは単独で東京を意味づけるメディアではなくなり、次に見るように番組においても「他のメディアが描く東京」を通してしか〈東京〉を捉えきれなくなっていく。二〇一〇年代後半、テレビから東京を語ることはできなくなったのである。

3-2 テレビ史と東京史の乖離

アニメ化する〈東京〉

テレビと東京の関係の終焉の予感は、二〇〇〇年代後半より、徐々に「テレビのなかの東京」で起こり始めていた。本章を締めくくるにあたって、NHKで次々に制作された〈東京〉を描くドキュメンタリー番組から、テレビと東京の関係の終わりを見ていきたい。まず、終焉を予感させた番組の一つが、NHKスペシャル『沸騰都市 第8回「TOKYOモンスター」』(二〇〇九年二月一六日放送)であった。「沸騰都市」と題したNHKスペシャル(全八回)の最終回にあたる(図4-18)。シリーズ「沸騰都市」は、第一回のドバイに始まり、ロンドン、ダッカ、イスタンブール、ヨハネスブルグ、サンパウロ、シンガポールと続き、最終回の「TOKYOモンスター」まで放送された。番組は「国ではなく「都市」の時代が到来」したことをコンセプトに、ドバイではオイルマネーを背景とした超高層ビル建設を、ダッカでは無担保融資によって豊かな生活を手に入れる貧困層を、シンガポールでは多額の研究費で優秀な人材を世界中から集める誘致を描いていた。このなかで最終回の〈東京〉は、地下へ空へと伸びる巨大都市として、番組内で一部「アニメ」として描かれた。

図4-18 NHK『TOKYOモンスター』(2008)

アニメーションを制作したのは「沸騰都市」のオープニング映像も担当するProduction.I.G.である。〈東京〉をめぐるドキュメンタリーのなかで外部プロダクションによる完全新作アニメが発表されるのは初めてである。ドバイ、ダッカ、シンガポールに比べて、二〇〇〇年代後半の東京は、「アニメ」によってしか描けないという制作陣の判断があったのかもしれない。これがテレビから東京を語る限界を予告していた。

アニメで描かれる舞台は、二〇二九年の東京である。東京では原因不明の停電が起き、原因を追う二人の刑事は、この停電は東京そのものの意志であるという結論にいたる。東京の開発を突き動かしているのは、「TOKYOモンスター」という正体不明の生命体なのではないか。それが自らの意志で、東京の動きを決めているのではないか、とアニメの登場人物は語る。

二〇〇〇年代のドキュメンタリーにおいて、東京が「アニメ」から描かれた背景にはそれ以前からのSFジャパニメーションの隆盛があったことは言うまでもない。『うる星やつら2 ビューティフル・ドリーマー』(一九八四、押井守)、『AKIRA』(一九八八、大友克洋)、『機動警察パトレイバー the movie』(一九八九、押井守)、『新世紀エヴァンゲリオン』(一九九五〜九六、庵野秀明)、『GHOST IN THE SHELL 攻殻機動隊』(一九九五、押井守)、『音響生命体ノイズマン』(一九九七、森本晃司)、『イノセンス』(二〇〇四、押井守)、『鉄コン筋クリート』(二〇〇六、M・アリアス)、『パプリカ』(二〇〇六、今敏)など、挙げればきりがないほどのSFアニメが、一九八〇年代末から二〇〇〇年代にかけて最先端の都市表象(とりわけ東京表象)を提供し続けてきた。

とくに大友克洋が『AKIRA』で描く第三次世界大戦後の「ネオ東京市」、庵野秀明が『新世紀エヴァンゲリオン』で使途迎撃の舞台として用意した「第三新東京市」は、陰鬱な未来都市像を基底にしつつ、破壊と再生をモチーフに東京を鋭く切り取った。それゆえに、二〇〇〇年代後半のドキュメンタリーの「アニメ化」は、一九九〇年代のテレビ的虚構の流れにSFジャパニメーションが連動した結果であった。であればこそ、このテレビ番組では、押井守率いるProduction.I.G. に制作を依頼したのである。

この流れは、オリンピック招致決定後の二〇一〇年代後半になっても変わらない。NHKスペシャル『東京リボーン』（二〇一八年〜二〇年）は『AKIRA』の大友克洋がデザイン監修をしたドキュメンタリー番組である（図4-19）。オリンピック2020に向けて、およそ三〇〇に及ぶ大規模開発プロジェクトが進む東京の再開発を描いている。番組を貫く東京観は「戦争からの復興、高度成長期に続く、三度目の大変貌」である。空に地下に海に開発を続ける東京の改造を追う構成は、先の「TOKYOモンスター」と変わらない。この番組では案内役として『AKIRA』の主人公・金田が赤いバイクに乗り、現代の「ネオ東京」をCGとなって疾走する。なぜ『AKIRA』かと言えば、二〇一九年の東京を描き、翌年の二〇二〇年にオリンピックを控えた予言の物語だからである。

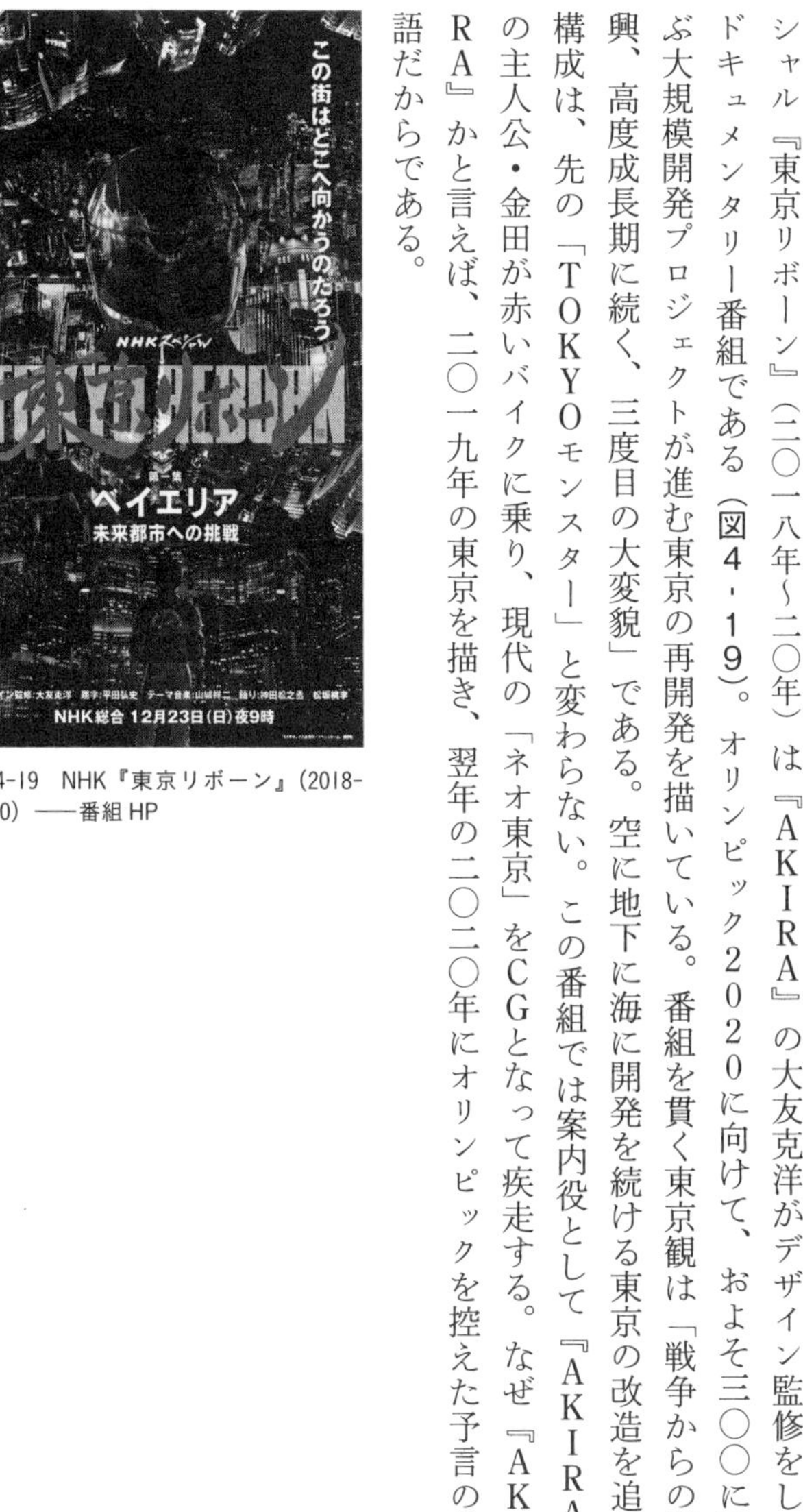

図 4-19　NHK『東京リボーン』（2018-2020）——番組 HP

ここで注目したいのが、テレビ自身がもはや東京を捉えなくなっていることである。もちろん、具体的な建設現場は描かれているが、それ自体はオリンピックに向けた建設の記録であって東京表象ではなく、前後に「アニメ」や「CG」を挿入することでしか〈東京〉を語ることができていない。テレビは他メディアの表象によってしか東京を捉えきれず、むしろ「アニメ=東京」という定式にのっている。アニメ化する〈東京〉が示すのは、東京の現実がもはやテレビから離れたところで成立してしまっているという事態である。[15] テレビによって〈東京〉を措定したり、喪失したり、自作自演するのではなく、もはや別のメディアのなかで東京の現実が的確に捉えられてしまっている。〈東京〉残映の時代の後に迎えたのは、テレビ史と東京史の乖離であった。もはやテレビから東京は語れなくなったのである。

ネット化する〈東京〉――テレビ都市の終焉

そして二〇一〇年代後半、テレビから離れたところで戦後東京史が歩みを始めたことを示す決定的な番組が放送された。それがNHK『東京ミラクルシティ』である（図4-20）。『東京ミラクルシティ』（二〇一七年三月二二日放送）は、視聴者が東京を映したスマートフォンのカメラ画像を集め、再編集することで〈東京〉を描こうとした。冒頭、ナレーションは次のように言う。「記録するのはあなたです。一般の人たちが撮影した映像を集め、東京の巨大な映像エンサイクロペディアを作ろうという試みです」。重要なことは、ここでは番組制作者のテレビカメラが一切介在しなくなったことである。テレビがこれまでも東京の空間を描けなくなった事態などは見てきたが、テレビ映像（テレビカメラ）がまったく介在しないのは、東京を描いたテレビ番組史のなかで初めてであった。

この事態が示すのは、テレビの東京表象においてインターネットに全面的に頼る事例がでたということ、そして、一億総レンズ化するなかで、テレビは遍在する個々人のカメラの波に呑み込まれ、あくまで視線の一つにすぎなくなったということである。これからはテレビだけで〈東京〉を捉えることがそもそも難しくなり、続く東京は、もはやスマートフォンのカメラによる都市表象へと変貌していくのだろうか。テレビを中心に〈東京〉を意味づける時代が終わりを迎え、戦後東京は他のメディアあるいはどのメディアでも規定できない都市となっていく。これはもう少し時代を経てからの検証となるかもしれないが、少なくとも二〇一〇年代、テレビ越しの東京史は幕を閉じたのである。

図 4-20　NHK『東京ミラクルシティ』(2017)
——番組 HP

結語　東京がテレビを求めた戦後

東京とは語りにくい都市である、と冒頭で書いた。とくに戦後の東京は一極集中がますます加速し、政治、経済、情報、文化の中心地であり続けてきた。ほぼすべてと言っていいくらいの中枢機能が、狭隘な東京に集中し、日々人びとがせわしなく蠢いている。戦後、多くの人びとが上京することで東京の人口は膨張し、東京は巨大化の一途を辿った。この戦後東京の構造は、人口動態や都市計画の変遷をみることで明らかにできる部分はあるだろう。また、東京における特定の空間の成り立ちを論じても明らかにできる部分はあるだろう。しかし、戦後東京をメディア史、とりわけテレビ史から考えてみると、この戦後東京の複雑さ／語りにくさを解明できるのではないか。なぜ一貫して戦後東京が日本におけるすべての中心地であり続けてきたのか、戦後首都学でも東京空間論でもない「メディア史的東京論」という立場から東京を考えてみれば、その隠れたメカニズムが明らかになるのではないか。こうして本書では、戦後東京は「テレビ都市」であったという主張のもと、その変遷を記述してきた。戦後、東京の一極集中にはテレビが必要だったである。

写真都市・パリからテレビ都市・東京へ

思えば、時代によって、都市が求めるメディアは変化してきた。メディアと都市をめぐって一定の成果を挙げたのが、一九世紀パリをめぐる考察だった。一九世紀パリは、「写真」というメディアから記述されることで都市が把握された。パリを「写真」から読み解く仕方と、東京を「テレビ」から読み解く仕方から、都市の読み方の変化について考えてみたい。

一九世紀パリは、戦後東京と同じく、人口膨張と労働者階級の増加によって、都市の過密化が問題視されていた。この過密都市パリの改造を担ったのが、ナポレオン三世下のジョルジュ・オスマンである。オスマンの目指した近代都市は、パリを直線状の街路が伸びた「遠近法」の都市空間に変えることであった。よく言われるように、このオスマンの都市計画は、表向きはパリを美しくすることであったが、内実は都市の叛乱を防ぐ狙いがあった（Benjamin 1935）。大通りをぶち抜くことで叛徒のバリケードを作りにくくし、軍隊をただちに出動できる「視線」を作りだしたのである。一九世紀のパリは、支配者の視線に貫かれ、遠近法的なまなざしに支えられた都市となった。

多木浩二は、このパリの都市空間の変貌を、一九世紀に登場した新しい「眼」の体験との関わりのなかで論じていく（多木浩二 1982）。一つは、気球の発明による都市を上から見下ろす鳥瞰的なまなざし。もう一つは、パノラマ、ジオラマからタゲレオタイプ、写真へといたる光学映像のまなざしである。とくに写真という新しい視覚体験は、一九世紀パリの遠近法的なまなざしと補完的な関係にあった。オスマンの近代都市計画と写真メディアとの間には、実は「視覚の近代化」という同じ原理が隠されていたのである。伊藤俊治は、この二つの相互性について次のように論じている。

ここでは写真が都市の描写のための道具となったというより、むしろ都市の構造や様式そのものとなっていったというほうが正確だろう。写真はまさに近代都市の変遷の枠組みから生みだされ、人々のなかに都市の感性としてすべりこみ、都市の形態となって刻まれていった。写真のなかに都市を成立させる機構がおさめられている。(伊藤俊治 1988: 22)

写真の誕生は人びとの空間の見方を変え、一九世紀パリの都市空間への視線を生んだ。一方、パリもまたその遠近的な構造ゆえに写真を必要とした。パリは写真によって発見され、写真はパリによって発見されたのである。一九世紀パリとは、言うなれば写真都市であった。かつてヴァルター・ベンヤミンがパリの街路を撮った写真から「都市の無意識」を読みとったように(Benjamin 1935)、ここで写真は単なる情報伝達の媒体を超え、それ自体の形式によって世界の見方を構成する視線のあり方として、都市を可視化するメディアとなった。こうして一九世紀パリは新しい「眼」で構成された都市として、写真というメディアから再記述されたのである。

ここでわれわれはいま、戦後の東京と比較してみなければならない。戦後東京は敗戦以降、オリンピックの開催、列島改造、規制緩和をめぐる土地投機、バブルの崩壊、というような激動の時代を過ごし、破壊と再生を繰り返してきた都市であった。この東京の街並みはパリのそれと同型であるとは言いがたく、パリのように「遠近法」の都市として論じることはできない。たしかに東京を写真から読み解く試みはあったが、無秩序に発展してきた東京を写真のもつ遠近法から論じることには限界があった。東京は遠近法によってまなざされることを拒み続けてきた都市にほかならないからである。東京はもっと別のメディアのまなざしに支えられた都市であった。

一九世紀パリが写真という新しい「眼」によって再記述されたように、二〇世紀東京、とりわけ戦後東京も新しい「眼」によって再記述されなければならない。それが本書で辿ってきたテレビによる「遠視法」であった。パリが「遠近法」に彩られた都市であるとするならば、東京は「遠視法」に彩られた都市である。都市の記述の仕方は「遠近法」から「遠視法」へと変わったのである。

テレビ都市・東京——遠視法の論理

戦後、東京がテレビに求めた機能が「遠視法」だった。高柳健次郎が開発時に名付けた「無線遠視法」は、テレビが「遠くを視る」ためのメディアであることを的確に表わし、東京はテレビの遠視法に支えられることで存在した。先の伊藤の言葉を借りれば、テレビのなかに東京を成立させる機構がおさめられていたのである。ここでいま一度、テレビのもつ「遠視」機能と「東京」との関わりを掘り下げてみる必要がある。この両者の関わりを端的に示した、一本のドキュメンタリー番組がある。ここにテレビが遠視法によって作ってきた〈東京〉の本質を見ることができる[1]。

NHK『山の分校の記録』は、一九六〇年四月二二日に放送されたドキュメンタリー番組である。この番組は「恵まれない僻地」の子どもたちが、テレビに触れることでどう変わるかを捉えた傑作である。栃木県栗山村土呂部部落は東京から約三五〇キロメートル、二七戸、一七〇人の小さな集落である。村の主な収入源は炭焼きで、木を伐採して木炭を製造することで人びとは生計を立てている。番組の舞台となるのは標高一〇〇〇メートルにある、全校生徒三一名の土呂部分校栗山小学校である。番組ではまず、この小さな分校を僻地における「取り残された教育」としてその劣悪さを強調し、授業でも先生は図を使って説明するも分かりにくく、大人たちも仕事で子どもたちの教育まで手が回らず、結果として、村にはいつもおどおどしている子や、めったに口をきかない子、勉強に集中できない子が多くなったことを解説する。

あるとき、先生は六年生を連れ、都会（宇都宮市）の小学校の理科の授業を見学に行く。そこでは「はい！　はい！」と手を挙げて競うように発言をする都会の子どもたちの姿があった。この宇都宮の小学校では、テレビを使った学習があったのである。村の子どもたちが体験する、初めての学校放送であった。村に帰った子どもたちは、ある日、黒板に「テレビほしい」と文字を書き残す。それを見た先生はＮＨＫに頼み、やがて分校に巡回テレビがやって来る。興味深いのはテレビが分校にやって来ることで変化する、子どもたちの視線である。

テレビが学校に来てから子どもたちの生活は精神的にも肉体的にも変化した。それまで注意散漫だった子どもたちは真剣になり、テレビで船の作り方を見た翌日には船の模型を作ってくる子どもまで現われた。とくに重要なのが、ＮＨＫ『テレビの旅』という社会科の番組を視聴した子どもたちの反応で、この学校放送を見た子どもたちは自主的に日本各地の地図を作り始めた。まさにここで子どもたちは、テレビという「窓」を通して外部の世界に触れたのである。僻地という閉鎖的な空間を超え、テレビを通して日本各地とつながることで、世界の広がりを知ったのである。

この瞬間こそ、テレビと都市の関わりの瞬間だった。テレビは生活空間に居ながらにして、外部世界をまなざす装置となったのである。とくに僻地の子どもたちにとって、テレビは知らない外部世界を見せてくれる魔法の箱だった。テレビの返却が決まった日、ある女の子はテレビの画面をきれいに掃除しながら独白する。「家で飼っている馬が売られていくようだ。テレビがなくなったら、私はスイッチを入れる真似をする。ああ、あのときは良かったなあと思うだろう。まるで愛のようだった」。

この番組はここからが重要である。ある日、ある子どもの父親が炭焼き中に転落する事故を起こしてしまう。この事故現場では以前も同様の事故が起きていた。そのことを知った子どもたちは、土呂部部落の産業の現状と改善点について学校の発表会で語りだす。「テレビの旅」を真似て「土呂部の旅」と題した発表を聞いた村人たちは、涙を流した。この発表会における子どもたちの立ち振る舞いは、テレビを通して外部世界に触れたことで、そのまなざしが反転し、自らの置かれた環境と比較し始めたことを意味していた。外部の世界を見たことで、自分たちの劣悪な生活を疑い始め、相対化するようになったのである。つまり、テレビで遠くを視たことによって、世界の見え方が変わったのである。

この番組を通じて分かるのは、「遠視法」とは、第一に「外部に広がる世界を視聴者に見せる」ことによって、第二に「視聴者自らがいる世界を相対化する」方法論であるということである。そして何よりも重要なのは、戦後日本社会において、多くの場合、視聴者の外部に広がる世界とは東京であったということである。戦後、テレビは多くの人びとに〈東京〉を見せるだけでなく、視聴者のいる世界を〈東京〉と比較させ、相対化し続けてきた。なぜなら、序論で述べたように、テレビは、東京を中心として構築されたネットワークをもち、電波という広範性を用いながら、東京発の番組を全国に供給し続けてきたからである。テレビとは、東京にキー局が立地し、東京の情報を全国に配信し続け、視聴者の棲む世界を視覚的に相対化し続けた戦後最大のメディアであった。言い換えれば、テレビとは、遠視法によって「戦後日本の空間秩序を編制するメディア」であった。戦後東京はテレビのまなざしに支えられることによって、存在したのである。

これは東京に住む子どもたちにとっても基本的には変わらない。この番組と同時期、小津安二郎は映画『お早よう』（一九五九）のなかで、東京郊外に住む子どもたちのテレビの渇望を物語にした。林家の兄弟は、近所の住人がテレビをもっていることを知り、自分たちの家にもテレビが欲しいとねだる。けれども両親にかたく反対され、テレビを買ってもらうまで一言も口をきかないと意地を張り、家庭でも学校でも話さなくなってしまう。この微笑ましい物語で小津が描こうとしたのは、東京の子どもたちも熱望したテレビという箱のもつ魔力であった。僻地に住む子どもたちは学習に、東京に住む子どもたちは娯楽に重きを置く相違はあったものの、知らない世界を見せてくれるテレビという箱を所有したいという願望は共通していた。テレビとは僻地でも都会でも外界との接点を作りだし、人びとの経験を同一化する魔法の装置であった。

戦後、その画面の中心点であり続けたのが〈東京〉であった。僻地にいようが、東京にいようが、テレビはつねに日本の中央としての〈東京〉を意味づけてきた。第1章から第4章まで見てきたように、時代によってテレビはまなざしを変化させながら、あるいは描くジャンルを巧みに変化させながら、戦後日本において東京を中央へと押し上げ、その中心点を人びとに知らせ続けてきたのである。かつて多木浩二は次のように述べていた。

おそらくさまざまなメディアの役割はたんに情報を媒介するにない手ではなくそれ自体の形式によって世界を変えていくものだと理解することができる。(多木浩二［1982］2008:160)

かつて一九世紀パリが写真のもつ遠近法の都市として認知されたように、戦後東京はテレビのもつ遠視法によって認知された。この意味で言えば、テレビというメディアは、戦後、単に番組を作っていただけでなく、戦後日本の空間秩序を編制し、〈東京〉を成立させてきた。そして、その形式によって生まれる「世界」とは、絶えざる〈東京〉との比較によって人びとの間に共有されていく「東京の一極集中」という共同意識だった。テレビは〈東京〉を中央に押し上げ、人びとに〈東京〉を語り続けた。なぜおびただしい数の人びとが東京に憧れをもち、上京するのか。それは戦後日本社会にテレビが存在し、テレビを通して東京を望遠してきたことが影響していたことは間違いない。ここに日本におけるテレビ都市の論理があるのである。

テレビのあとに東京を語れるか

いま、戦後続いてきたこのテレビと東京の関係が終わろうとしている。第4章で述べたように、テレビはしだいに生活の中心ではなくなり、遠視の機能が役割を終え、〈東京〉を単独で意味づけるメディアではなくなっている。二〇二〇年の東京オリンピックが、テレビを中心に〈東京〉を創出する最後の機会となる。もちろん、これ以降もテレビ局自体が消え去ることはなく、東京に関する番組も作られ続けるが、放送と通信が融合し、そもそもインターネットで瞬時に外界の情報が手に入る世の中で、いままでのようなテレビと東京の関係性を維持することはできない。時代によって都市は、求めるメディアを変えていくのである。

では、東京を記述するためのメディアは「インターネット」となるのだろうか。たしかにスマートフォンが普及し、人びとは掌のなかのインターネットを用いて都市空間を歩いている。スマートフォン片手にオンライン地図で目的地まで辿りつき、オーグメンテッド・リアリティ（AR）を使ってゲーム感覚で都市を練り歩く。そして人びとは都市空間を簡単に切り取り、短い動画や写真を共有して、氾濫する。もはや東京の物語を創出する場はテレビからインターネットへと移行し、第4章の最後にみたように、テレビすらネットの断片を借りて、東京を描くことを放棄する。東京は「テレビ都市」から「ネット都市」へと移行しつつあるのか——。

しかし、ここで立ち止まって考えなければいけないのは、果たして「ネット都市」などありうるのかという点である。たしかにスマートフォン片手に遊歩したり、オーグメンテッド・リアリティとして現実の都市に情報を重ねる経験は、人びとの都市感覚を変化させたことは間違いない。しかし、本書がテレビで行なったように、インターネットを通して都市を記述することがどこまで有効な方法論となりうるのか、即答するのは難しい。人びとがスマートフォンで切り取る都市の断片は、容易に加工され、合成されていく。そもそもそれが本当に撮影されたものであるかの真偽さえ分からないままに共有されていく。あまたに分断され、加工され、拡張され、無限に増殖したコンテンツは、それ自体に表象としての重みをもたない。たとえインターネットで「東京」と検索してみても、そこにあるのは都市イメージですらない。個々にダウンロードされた無思想の断片である。ここには都市に対する思想も、集合的記憶もない。

かつて江戸の地図から「思想としての東京」を読み解いた磯田光一（1978）は、地図の表記方法から東京の「深層構造」を抽出した。居住者の名前や屋号が御城に対して足を向けないように書かれていること、神社仏閣の表記が民家とは逆の書き方をされ、幕府が諸神諸仏の加護のもとに成立していることなどを読みとり、地図というメディアから当時の江戸の集合的記憶をあぶりだした。この操作は、本書で辿ってきたテレビであっても変わらない。戦後のテレビは〈東京〉というマス・イメージを、制度としても、産業としても、番組としても創出した。ゆえにテレビから東京を読み解くことは、そうした遠視に支えられた東京の思想を発見することであった。これはもちろん文学から東京を読み解いた前田愛も同じで、東京の隠れた思想を文学から抽出していた。

しかし、インターネット時代にあるのは、分断された無思想の数々である。ここに無理やり、何かの集合的記憶を読みとってみても、それに反する言説が増殖する世界である。テレビが遠視的であるとすれば、インターネットは近視的である。フィルターバブルに囲まれた都市空間の断片の記録は、いくら積み重ねても思想を形成することはなく、それ自体で都市のイメージを形成しない。そこには記録の主体がない。あったとしても知らぬ間に書き換えられ、消されていく。ゆえに、インターネットだけで都市を記述できるのかと問われたとき、躊躇せざるをえないのは、そこから思想を読みとる操作ができないからである。

この意味で言えば、もはや都市を記述するための方法論は失効したのかもしれない。少なくとも、人口減少が進むなかでも一極集中をやめない東京にとって、必要なのはマス・イメージであり、インターネット上にある無思想の断片ではない。本書で辿ってきたように、東京はあくまでマス・イメージを創出されることによって、テレビという「共通のアリーナ」のなかで発展してきた都市だからである。一九世紀のパリが写真から読みとられたように、二〇世紀の東京は放送、とりわけ戦後の東京はテレビから読みとられた。では、二一世紀は東京ではなく、また別の都市がインターネットから読みとられ、無思想の集合体として語られるのかもしれない。テレビという共通のアリーナの衰退の先にあるのは、「戦後東京」の終焉である。

あとがき

私はかつて建築学科の学生だった。将来、建築家になることを志し、入学を決めた。大学では設計課題に明け暮れ、模型作りに追われる毎日を送った。一人暮らしのアパートは模型のクズで溢れ、たびたび昼夜も逆転した。なんとか完成した模型をもって大学に行き、同級生たちの模型と見比べてみると、しばしば愕然とした。みなの模型は奇抜で、ある意味で「カッコいい」ものだったが、私が思い描く建築とは大きな隔たりがあった。しだいに「ああ、ついていけない」と思い始めるようになった。もともと芸術的な要素を含む建築の世界は、私には合わなかったのだと思う。私は、早々に設計の道を諦めることにした。

その代わり、大学時代は社会学や都市論の基礎文献をよく読んだ。建築は都市社会学やメディア論とも親和性が高い。大学の講義でもたびたび言及され、馴染みがあった。なかでも「都市とメディア」に興味をもつようになり、これを機に、社会学、とりわけメディア論を学べる大学院に進学しようと決めた。理系から文系への転身は、私のなかで賭けだった。大学院入試のために書いた研究計画書のテーマは、映画『ブレードランナー』における未来都市表象について。今にして思うと稚拙で恥ずかしく、よくこれで合格できたなと思う。

大学院に入って「映画と都市」を研究しようと思っていたとき、「テレビ」という研究対象に出会った。いままで映画しか考えてこなかったので、「テレビを研究する」という意識はまったくなかった。そもそもテレビが研究されていることも知らなかった。けれども、自分が生まれる前の番組を見てみると、圧倒的に面白かった。テレビってこんなすごい番組があったんだと感動し、テレビを再評価してみたいと思い始めるようになった。さらに調べてみると、テレビには不思議と「東京」に関する番組が多かった。「都市とメディア」からは外れないようにしようと思っていたので、大学院での研究テーマを「東京とテレビ」にすることに決めた。

吉田直哉、村木良彦、工藤敏樹、相田洋といったテレビ史を飾るディレクターたちはみな「東京」についてのドキュメンタリーを作り、向田邦子、山田太一、鎌田敏夫、倉本聰、坂元裕二といった脚本家たちもみな「東京」を舞台にドラマを作っている。テレビを通すことで東京という正体が分かるのではないか。逆に、東京を通すことでテレビというメディアが分かるのではないか。「東京とテレビ」というテーマで論文を書けると確信した。さらにこれまで歌や映画、文学からみる東京論はたくさんあったが、テレビに関するものはなかった。

思えば、戦後これほど普及した巨大メディアなのに、日本ではテレビ研究が発展してきたとは言いがたい。もちろん、マス・コミュニケーション研究の一部として効果研究などは行なわれてきたが、そもそもテレビが何を伝えてきたのかという番組や歴史を俯瞰した研究はあまりない。これはそもそも過去のテレビ番組にアクセスしづらいという事情が決定的に大きい。幸運なことに、大学院ではさまざまな研究会に参加し、多くの放送人と知り合いになったことで、腰を据えてテレビ研究に当たることができた。

本書は、二〇一八年に東京大学大学院学際情報学府に提出した博士学位論文「テレビ都市・東京――戦後首都の遠視法」に加筆・修正したものである。大きな論旨は変わっていないが、一部読みやすいように修正し、提出後に放送された番組なども加えた。修士論文からのテーマだったので、足掛け一〇年かかったことになる。長い長い道のりだった。

本書には、多くの番組が出てくる。放送制度や産業にも触れたので、さらに記述の幅は広がっている。このうちどれか一つを深堀りするだけでも、十分に論考になっただろう。広い範囲を論じた自覚はもちろんある。各記述の浅さは、ひとえに私の至らなさゆえである。けれども、対象が大きすぎるという批判を承知のうえで、テレビの通史を書いてみたいという思いが勝った。いままであまり書かれてこなかったテレビ史を巨視的に書き、さまざまな番組や事例を串刺しにしながら論じてみたいと思った。そこからまた新しいテレビ研究が生まれるのではないか。そう自分に言い聞かせながら、書きあげた。

論文の審査にあたっていただいた、丹羽美之先生、石田英敬先生、吉見俊哉先生、成田龍一先生、藤田真文先生には深く感謝を申し上げたい。メディア論や歴史学、社会学の一流の先生方から審査を受けた経験は、若手研究者としての財産である。とくにいつも大風呂敷を広げがちな私に対し、的確な助言を数多くいただいた。それらがすべて反映できたかは分からない。力不足で反映できていないところも多々ある。もちろん、本書の責任はすべて私にある。

とくに私をテレビ研究に導いてくださったのは、主査の丹羽美之先生である。大学院で丹羽研究室に入っていなかったら、間違いなくアカデミズムの世界に進んでいないし、本書を執筆することもなかった。丹羽研1期生としてあらゆるプロジェクトに立ち会わせていただき、さまざまな放送人や研究者をご紹介いただいた。先生からテレビを研究することの面白さ、奥深さ、新しさを学び、そして何よりも、研究者として生きる姿勢を学んだ。感謝してもしきれない。

また、関西大学社会学部メディア専攻の同僚の先生方からは、日々、あらゆる知的刺激を受けている。感謝したい。さらに修士課程の頃からお世話になっているNHK放送文化研究所のみなさま、記録映画保存センターのみなさま、そして大学院の同期のみんなにも深く感謝したい。他にもここでは書ききれない多くの先生方や研究仲間に、厚く御礼を申し上げたい。

今回、青土社の加藤峻さんと出会わなかったら、本書は実現していない。多くの助言をいただいただけでなく、無名の研究者に出版の機会をいただいたことを、感謝したい。

私は大学時代を宮城、大学院時代を埼玉に住み、そして現在、大阪に居を移したことは、都市経験として大きかった。いつも東京との距離感のなかで生きてきたように思う。とくに二〇一七年から大阪に住んではじめて見えた東京もあった。逆に、住んでみてはじめて知った大阪の魅力もある。これからも「テレビ」や「都市とメディア」について考えていきたいと思う。

最後に、いままで支えてくれた父、母、姉、そして妻に感謝を伝えたい。

二〇一九年九月

松山秀明

註

序論

(1) 前田はさらにメタテクストを「アナログ型」と「ディジタル型」に分類している（前田愛 1989: 407）。アナログ型とは、空間的な広がりをもったテクスト、ディジタル型とは時間軸に沿って展開するテクストである。前者は「地図」「写真」「絵画」などがあり、後者は「文学作品」などがある。そして、この両方をもつのが「映画」であり、この意味において前田は「都市というものを読み解いたメタ＝テクスト」として「文学作品」よりも「映画」が有効であると述べていた。ゆえに、メタテクストとしての文学作品は「ディジタル型」のみという限界をもっていたことになる。本書で扱うテレビもまた、この分類でいえば映画と同様、「アナログ型」と「ディジタル型」の両方をもつものである。

(2) 第一の枠組みは、メディア制度や環境と都市を関連づける立場である。これはメディア・テクノロジーによる都市感覚の変容を論じるもので、主にメディア論の系譜に位置づけられる。われわれはふだん都市のなかを遊歩しつつ、一方で、メディアが創りだす仮想的な空間（間接経験）を生きている。この相互補完的な関係を捉えるために頻繁に論じられてきたのが、電子メディアによる脱都市化であった。電子メディアが都市の空間的な障壁をなくすことは、例えばマーシャル・マクルーハンが「都市は（…）もう実在しない」（Mcluhan 1960=2003: 101）と論じてみたり、ポール・ヴィリリオが「都市はいたるところに存在してどこにも局限され」ていない「ハイパー都市」であると論じてみたり（Virilio 1996=1998: 84）、クリスティーヌ・ボイヤーが「サイバー都市」の生成を論じてみたり（Boyer 1996）、さまざまである。これらの議論は、メディアが創りだす「没場所性」や「汎世界的な景観」（Relph 1976）に着目し、メディアによる「身体の代補」（内田隆三 1982）を読み解こうとする点で共通している。これを本書の文脈に置き換えると、テレビの電波（技術）による東京、そしてそれを形作る放送制度による東京、への着目にほかならない。なお、本書では原則として地上波テレビ放送の制度を扱っている。

(3) 第二の枠組みは、都市空間のなかにメディアを位置づける立場である。これはメディアの産業としての側面を論じるもので、主に地政学やメディア産業論の系譜に位置づけられる。例えば、都市空間のなかの映画館や写真館、本書の文脈で言えば、放送局舎の位置などに関する研究である。これまで都市空間のなかのメディアに関する本格的な研究は少なく、まとまった研究が確立していないのが現状である。テレビに限って言えば、例えば一九五〇年代の街頭テレビの設置場所について論じた吉見俊哉（2016）などを挙げることができる。

（4）第三の枠組みは、都市をメディアテクストから読み解く立場である。これは都市というテクストを、メディア作品というメタテクストの分析を通して描きだそうとする試みで、主に表象文化論の系譜に位置づけられる。このテクスト論的都市論は、エッセイまで含めればきりがなく、これまで文学、写真、映画、漫画のなかの都市の解読が試みられてきた。東京との関連で言えば、先に挙げた前田愛（1982）や松山巖（1984）などの文学研究以外に、写真研究では牛腸茂雄や荒木経惟ら一〇人の写真家を手がかりに東京を論じた飯沢耕太郎（1995）、写真を通して都市の無意識に着目した田中純（2000）の一連の論考が挙げられ、映画研究では映画のなかの東京をエッセイ的に論じた川本三郎（1999）や佐藤忠男（2000）、映画の運動形式を通して小津安二郎『東京物語』を論じた中村秀之（2005）を挙げることができ、雑誌（タウン情報誌）研究では『ぴあ』や『シティロード』を手がかりに一九七〇年代の東京を読み解いた若林幹夫（2005）などを挙げることができる。

（5）この都市とメディアをめぐる三つの視点を理論化すれば、アンリ・ルフェーヴルによる「空間の生産」論が参考になる。ルフェーヴルは空間を社会的に構築されたものとみなし、同じく三つに分類していた。第一に、人間の活動や経験による「空間的実践」。第二に、空間の規範や秩序を思考する「空間の表象」。第三に、表象を通して経験する「表象の空間」である（Lefebvre 1974=2000）。それぞれ本書の枠組みと対応させれば、「テレビによる東京」を問う空間の表象、「東京のなかのテレビ」を問う空間的実践、「テレビのなかの東京」を問う表象の空間となる。ルフェーヴルは、空間をメディア的な発想で分類した一人であった。

（6）各章の2節と3節の一部は、NHK共同研究（東京大学・NHK放送文化研究所）、番組eテキストシステム：Visualizing Postwar Tokyo（東京大学・NHK放送文化研究所）、記録映画アーカイブプロジェクト（東京大学）の成果に基づいている。

第1章

（1）テレビ制度史の文脈で見れば、この田中角栄による権力の行使は、電波三法の一つであった電波管理委員会設置法が一九五二年に廃止されたことが大きく関係していた。電波管理委員会は一般放送事業者、すなわち民間放送局に免許を与えることを役目とした、政府から独立した機関であった。しかし占領後、政府へと行政権を再び戻したい吉田茂内閣が、GHQが遺した委員会制度を廃止したことをきっかけに放送行政の権限が郵政省に移管され、放送の許認可権が郵政大臣の自由裁量となった。電波管理委員会の消失が、一人の元土建屋社長に権力を握らせ、テレビ・ネットワークを成立させたのである。なお、民放テレビ・ネットワークの成立過程については、村上聖一(2010)に詳しい。

(2) テレビによる「同時性」空間の成立は、もちろんラジオからの連続性をもつものである。ラジオと東京の関係については、松山秀明(2015)を参照。また、戦前のラジオについては、竹山昭子(2002)に詳しい。

(3) 第一二回東京大会の開催返上の経緯については、橋本一夫(2014)に詳しい。また同大会におけるテレビ放送未完計画については、松山秀明(2015)を参照。第一二回オリンピックでは、テレビ放送局を東京、大阪、名古屋の三大都市に設け、公衆受像所を各地に約九〇ヵ所完備することを予定していた。

(4) 一九六四年のテレビ・オリンピックが成功した背景には当時のテレビ技術の飛躍的な進歩も大きい。オリンピックによって実現した技術の第一は「衛星中継」である。一九五七年にソ連が世界初の人工衛星スプートニク一号を打ち上げて以降、東京五輪に向けた日米での受信実験が行なわれ、開催直前に静止通信衛星シンコム三号の打ち上げに成功し、開会式の模様が世界に同時配信された。実現した技術の第二は「中継時間」の拡大である。オリンピックのために移動撮像車とヘリコプター中継装置が開発され、初めてマラソンの全コース中継が実現した。コースに沿って七台の中継車、二三台のテレビカメラとともに、移動撮像車やヘリコプターによる中継によって全コース約二時間四五分を切れ目なく画をつなぐことに成功した(テレビジョン技術史編集委員会 1971: 315)。そして実現された技術の第三が「カラーテレビ」である。オリンピックのために、分離輝度二撮像管式カラーカメラが開発され、開会式などで初のカラーテレビ中継が行なわれた。正力松太郎はオリンピックのために早くも一九六〇年九月にカラーテレビの正式免許を取得し、「今年の東京オリンピック大会には、世紀の祭典を世界一のこのカラーテレビで放送できるものと期待しているのであります」(『月刊 日本テレビ』一九六四年二月号)と述べていた。こうして、衛星中継、中継時間の延長、カラーテレビの誕生というテレビ技術の躍進によって、一九六四年のテレビ・オリンピックは成功した。

(5) もちろん、東京タワーを「テレビの象徴」として描いたものもある。例えば、一九五八年に放送されたKR

T『マンモスタワー』である。同年の芸術祭奨励賞を受賞したこのテレビドラマでは、凋落していく映画産業に対するテレビ産業の未来として、その冒頭のシーンで東京タワーが画面からはみだすように描かれていた。

（6）ここでの記述は「逓信委員会（一九六三年三月一九日）議録」における前田義徳（当時NHK専務理事）の発言を参考にした。また、逓信委員会の場で畑和は、このNHK移転について「世間では、放送の重要性ということは別問題であるけれども、たまたまオリンピック開催を機会に、NHKの方でそれに割り込んだといったような印象が非常に深い」（一九六三年三月六日）と語っている。

（7）当時、岸田は次のようにはっきりと声明文を発表した。「NHKがオリンピックの選手村になる代々木原（ワシントン・ハイツ）の一角に約一〇万平方メートルの放送センターを建設することには何としても賛成できない」（『朝日新聞』一九六三年一月一五日朝刊）。その後、一九六三年一月二六日に開催された第一三回施設特別委員会においても「ワシントンハイツ内に建設予定のNHK放送センターに関する岸田日出刀氏の反対声明書についての検討」がされている（『東京オリンピック大会資料7　施設部』）。

（8）ただし、都議会ではこれを条件付きで認め、その条件は、①NHKに譲った土地に見合う国有地を公園用地として政府は都に無償で譲る、②NHK以外には森林公園予定地を譲渡しない、③NHKは放送センター予定面積を要請している約一〇万平方メートルから約八万二五〇〇平方メートル以内にせばめる——というものであった（『朝日新聞』一九六三年二月二六日朝刊）。以上の経緯は、片木篤（2010）にも詳しい。

（9）放送の勘所を競技場近郊に確保し、国内の放送権も一手に掌握したNHKは、オリンピック放送では「独り勝ち」した。NHKはテレビ放送権の一括契約を行なったため、民放はNHKに集められた映像を選択し、これに自局のアナウンサーの解説をつけて放送するにすぎなかったからである（『NHK年鑑』一九六五年度）。民放にとっては「半月におよぶビッグイベントの、これだけの放送時間量を、すべてNHKの画像に頼り、CM挿入やコメントなど民放独自の処理をして、NHKとチャンネルを争う——これは異例中の異例のケース」（『CBCレポート』一九六四年一二月号）であった。

（10）その象徴的な出来事が「プロレスごっこ」であった。テレビがしだいに家庭空間に浸透し始めたころ、子どもたち同士がテレビの「プロレス」を真似て、死亡事故に発展するケースが増える。例えば群馬県前橋市の小学校では、六年生の間でプロレス遊びが大流行し、クラスの出入り口からA君が覗いているのを見てドアを閉めようとしたところ、突然A君に「飛びけり」で蹴られ、一一歳の男子児童が死亡した（『朝日新聞』一九五五年一一月二三日夕刊）。後日、彼の死因は脳出血であることが分かった。また、神奈川県横浜市では、一四歳の男子中学生が学校の屋上で猛烈な「空手チョップ」を頭に食らい、衛生室で手当てをして自宅に帰ったが、その後容体が急変して死亡した（『読売新聞』一九五五年三月三日朝刊）。この他にも、当時の新聞には多くの児童の負傷記事が載り、「プロレスごっこ」が問題視された。小中学校の校長、県の教育課、父兄が中心となって、死亡事故や負傷事故が起きるたびに再発防止を訴え、力道山が新聞紙上（『朝日新聞』一九五五年一一月三〇日夕刊）で「プロレス遊びはやめましょう」と訴えた。

（11） NHK『日本の素顔』において、副題タイトルに「東京」および「東京の地名」が含まれている番組は六つある。「ガード下の東京」（一九五八年六月一日放送）、「停車場人生模様（東京駅の二四時間）」（一九五九年五月二四日放送）、「川に映った東京」（一九五九年一〇月一一日放送）、「東京の大学生」（一九六〇年九月二五日放送）、「上野～裏窓の世相」（一九六〇年一一月一三日放送）、「東京農民」（一九六四年一月一九日放送）である。以下では、このうち東京の都市空間そのものに焦点を当てている三番組を取りあげたい。

（12） 改訂前の『東京都』は、一九六二年四月九日制作、土本典昭監督、吉原順平企画／脚本、奥村祐治撮影。改訂後の『東京都』は、一九六二年五月一五日制作、各務洋一監督、吉原順平企画／脚本、田村勝志撮影である。なお、ここでの考察は、二〇一〇年一〇月一一日に開催された、記録映画アーカイブ・プロジェクト第四回ワークショップ「高度経済成長と地域イメージ―岩波映画『日本発見』を見る―」の内容を参考にしている。

（13） これは当時、磯村英一とともに日本都市社会学を牽引した、鈴木栄太郎の存在をみることでも分かる。鈴木は、主著『都市社会学原理』（一九五七）において、都市を「正常人口による正常生活」から読み解いた。ここで鈴木は異常民を排し、都市の正常な部分のみに焦点を当てた。一九五〇年代後半から六〇年代初頭、磯村英一と鈴木栄太郎という視線の異なる都市社会学者がいたことは、都市社会学でも「異常民」を取りあげるか否かというテレビのまなざしと同型にあったことの証左であった。

（14） この放送台本は、豊川斎赫氏が丹下健三の遺族より譲り受けたものをお借りした。豊川氏に厚く御礼を申し上げたい。なお、この放送台本については、NHKBS『幻の東京計画～首都にありえた三つの夢』（二〇一四年一〇月一一日放送）でも紹介されている。

(15) 加納構想とは一九五八年四月に発表された計画である。日本住宅公団総裁の加納久朗が、千葉の鋸山を切り崩し、東京湾を半分埋め立てる計画案として提出した。丹下の「東京計画1960」は、この加納構想に大きく影響を受けていたと言われている（丹下健三・藤森照信 2002）。

(16) 例えば、日本住宅公団による緑町団地（一九五七年、武蔵野市）や多摩平団地（一九五八年、日野市）、久米川団地（一九五八年、東村山市）など、一九五〇年代後半から東京の郊外には多くの集合住宅が建設された。東京の住宅地は西へ西へと拡大し、郊外から仕事場へ向かうサラリーマン世帯が、職住分離を推進した。当時、彼らは「ダンチ族」と呼ばれ、こうした東京の西側への拡大を可能にしたのが、テレビの電波による空間の拡大であったというのは言い過ぎではない。人口の郊外への移動は電波の拡大と不可分であり、電波によって郊外のドメスティックな空間においてもテレビ番組が消費できるようになったのである。「郊外に孤立した不透明な住宅は、テレビと電話によって都市と接続されたおかげで、かろうじて人間が住める空間になっていた」（隈研吾 1994: 45）。

(17) 当時、記録映画でも「東京」は題材となっていた。例えば一九六一年に岩波映画製作所が制作した『ＴｈｉｓｉｓＴｏｋｙｏ』（時枝俊江監督）は、オリンピックの開催を控え、東京の文化を海外に紹介し、訪日を促すために製作された観光映画（ＰＲ映画）である。全編英語によるナレーションが付され、東京は芸者・歌舞伎といった旅行者が思い描くイメージではなく、近代都市としての変貌をとげたことが強調されていた。この記録映画と比較しても、『特集　ＴＯＫＹＯ』は〈東京〉の措定することの困難を自覚したテレビ番組であったことが分かる。

第2章

(1) 一九六〇年代後半、編成について初めて体系的に論じたのが後藤和彦であった。後藤によれば編成とは「なにを・いつ・いかに」を決定する行為であり、「情報を扱う組織の意思決定の問題」であるという（後藤和彦 1967）。そのうえで後藤はいままでのように個々の番組を論じるのではなく、これからは編成批評を確立していくべきだと主張した。「放送の批評が既成のなんらかのジャンルの批評家の気楽なサイドワークの限界を越えて、放送を送り出す企業の心臓部に突きささるものとなり、送り出されるもの自体の変改をもたらすためには、編成批評が行なわれなければならない。編成批評とは、個々の特定の番組の趣味的な批評を超えて、縦にはそのチャンネルの番組編成を批評の対象とし、横にはいくつかのチャンネルの番組編成全体を批評の対象とするもので、その批評のためには組織を必要とする」(後藤和彦 1967:3)。この後藤による考えは、編成という「枠」そのものへの批判の眼を向けることの重要性を説いたものであり、時間編成に対するまなざしの確立でもあった。このような思考は一九六〇年代半ば以降、新しく「編成」という時間が可視化されたことによって生まれた、認識のパラダイムシフトの結果にほかならない。

(2) 日本のCATVは一九五〇年代半ばに山間僻地の難聴解消のための共同受信施設としてスタートしたのが始まりである。日本のCATVを大きく分類すると、①辺地の難視聴対策として始まった「共聴施設型」、②都市の高層ビルなどによる電波障害対策として建設された「補償施設型」、③地元以外のテレビ局番組をサービスとした「区域外再送信型」、そして、④多チャンネル・サービスをキャッチフレーズにして登場した「都市型CATV」がある(土谷精作 1995)。

(3) テレビ・ドキュメンタリーにおける「人間」への注目は、同時期にNHK『ある人生』(一九六四〜七一)というヒューマン・ドキュメンタリーが誕生したことからもうかがえる。『ある人生』もまた、近代都市からこぼれ落ちる問題を「人間」から描いたシリーズであった。詳しくは、松山秀明(2011)を参照。

(4) これは第1章で見た丹下健三による「東京計画1960」への明確な否定でもあった。事実、近代都市計画批判を基軸として、日本ではポスト丹下健三世代が、メタボリズム運動を展開した。『現代の映像』のなかでも、例えば、『破壊と再生〜未来都市への道』(一九六八年九月二〇日放送)において、黒川紀章が「再生のための破壊」を画面のなかで語っている。そこにはかつてあった未来を語る建築家ではなく、オリンピック以後、東京への未来のまなざしが確実に変容しつつあったことが確認できる。

(5) 村木の「状況感覚」から数年後、同じような手法で〈東京〉を描いたのが、龍村仁のNHK『人間列島 18歳男子』(一九七一年六月一〇日放送)だった。この番組は、上京してラーメン屋でアルバイトをする青年(ビーちゃん)を通して、映像のコラージュから当時の近代都市・東京を批判的に描いていた。

(6) TBSの実験的な試みはテレビ自身の変化でもあった。多くのテレビ史や手記が明らかにするように、一九六〇年代後半のTBSの実験の源流となったのはAD(アシスタント・ディレクター)たちである。ADと言えば演出の補佐として、ディレクターの下で職人的に働くのが常だった。しかし、当時のTBSのADだった六人のメンバー（実相寺昭雄、高橋一郎、並木章、村木良彦、今野勉、中村寿雄）は、彼らの演出論を載せた同人誌『dA』を発行し、消極的なADイメージを徹底的に否定した。村木によれば、『dA』の掲げた目標は、次の三点に集約される（『テレビ映像研究』第一〇号）。第一に、テレビ・ディレクターの主体性の確立。第二に、茶の間の温度を変えよう。第三に、大衆への挑戦による大衆の獲得。その結果、彼らが辿りついたのが「番組（作品）」という概念からの脱却であった。こうしたTBSの実験場として、当時の新宿は最適であったことは想像に難くない。

（7）『あなたは…』もまた、番組冒頭で「この番組は東京の街で出会った老若男女八二九人に同じことを質問しその答によって構成したテレビドキュメンタリー」と説明されていたように、〈東京〉に関するドキュメンタリー番組であった。とくに一七項目あった質問のうち、最後から二番目は「東京」に関する質問で、「東京はあなたにとって住みよい街ですか？」、もし「はい」と答えたら、「空がこんなにも汚れていてもですか？」と続いたことは、〝あなたにとって東京とは何か〟を視聴者に問いかける狙いもあったことが分かる。

（8）『ハプニング・ショー』では、放送前から新聞広告を出し、「木島則夫と話そう」と聴衆を煽った（『読売新聞』一九六八年五月一三日朝刊）。当時、『木島則夫モーニング・ショー』で「朝の顔」として知られていた木島と、ベトナム戦争論議も含めた新宿論議を人びとは期待し、局側もそのハプニングを期待した。しかし、ここでもまた制作者や木島の予想は大きく裏切られ、午後一〇時半の放送開始前までに、若者や酔っ払いなどが二〜三〇〇〇人集まり、中継車のいる新宿コマ劇場前の小公園を埋め、一番多いときには五〇〇〇人にもなった。このため木島はマイクに向かうことができず、放送開始後一五分で近くの東宝パーラーに逃げこみ、その後も、テレビカメラの前で日本人青年たちの喧嘩が始まり、木島も若者に話しかける言葉づかいが「おれ」などと乱れ、放送は混乱した。結局、この夜、警視庁から一二〇人の警察官が出動し、鎮圧にあたった（『朝日新聞』一九六八年五月一九日朝刊）。放送後、木島は次のように述べている。「新宿の混乱は、ボクとしてはどうしようもなかった。自分の意志にかかわらず、体が動いていっちゃったのだから。ただ、せっかく話をしようと思って来た人には申し訳ない」（『朝日新聞』一九六八年五月二九日夕刊）。

（9）工藤敏樹が制作したNHK『ドキュメンタリー　新宿』（一九七〇年一一月三日放送）もまた、当時の秀逸な〈新宿〉論であった。工藤は一九七〇年前後に劇的に変貌する新宿を、さまざまな人びとの言葉の集まりによって、多声的（ポリフォニック）に描いた。例えば、家出少年や新宿西口広場での喧騒、高層ビルの竣工式などから〈新宿〉を捉えている。とりわけ番組の最後に登場する、地下の元防空壕に住む九〇歳の老婆は、膨れあがった東京に対するアンチテーゼでもあった。工藤敏樹によれば、激変する一九七〇年の新宿という都市を、テレビによって「調査・予測」しようとしたという。詳細な番組のシナリオは、『工藤敏樹の本』を刊行する会（1995）を参照。

(10) この番組の制作背景には、一九七三年に行政管理庁（現総務省）によって統一的な地域区分の作成方法などを定めた「統計に用いる標準地域メッシュおよび標準地域メッシュ・コード」（一九七三年七月一二日行政管理庁告示第一四三号）が公示されたことも影響していた。『メッシュマップ東京』を制作した相田洋は筆者のインタビューに対して、一九七三年前後に新聞記事でメッシュマップが売られていることを知ったのが制作のきっかけだったと述べている（二〇一〇年一〇月一九日、NHK放送文化研究所にて実施）。

(11) これは日本における都市社会学の流れとも一致する。一九五〇年代における磯村英一によるスラム調査などの「都市問題研究」が、一九六〇年代に「都市化の理論（メガロポリス）」、「都市構造研究」へと展開し（第1章で見た丹下健三による「東京計画1960」などの未来都市計画もその典型である）、一九七〇年代になると、奥田道大をはじめとする「コミュニティ研究」へと移行した。一九七〇年代の都市社会学は、フィールドワークなどによって都市空間のなかのコミュニティにおける生きた現実を捉えようとする視点へと転換したのである。これは近代都市の崩壊後のアカデミズムの形であり、マクロな都市社会学（巨大都市論）からミクロな都市社会学（地域主義）への移行を示していた。

(12) NHK『新日本紀行』では、シリーズ途中で「カラー化」したことも大きい。初めて放送がカラー化されたのは一九六七年三月二〇日放送の「南房総〜千葉」で、房総半島の南端に咲く満開の菜の花をカラー画面で撮影できるようになったことは、従来のモノクロームからカラー画面へと転換するなかで、〈地方〉を移す画面構成に少なからず変化をもたらした。

(13) 以上のような「地方の時代」とテレビの関係は、テレビCMにおいても確認することができる。例えば、富士ゼロックスの企業CM『モーレツからビューティフルへ』（一九七〇）が提示した「ビューティフル」もまた、ディスカバー・ジャパン・キャンペーンとの連動で生まれたものであった。さらに、杉山登志が監修したモービル石油『旅立ち』（一九七一）ではどこかの地方で自動車を押して歩く二人の男を映し、こう歌っていた。「気楽にいこうよ。俺たちは。焦ってみたって、同じこと。のんびりいこうよ。俺たちは。なんとかなるぜ。世の中は。気楽にいこう。のんびりいこう」。

(14) 一九七〇年代後半から一九八〇年代にかけて、現実の東京の郊外でも家庭内の事件が次々に起こっていたことは重要である。一九七七年一〇月三〇日、四七歳の父親が、名門高校に通う一六歳の長男を絞殺し、その翌年、母親は自殺した。一九七九年一月一四日、私立高校一年の少年が祖母を殺して、数キロ離れたビルから飛び降り自殺した。そして、一九八〇年一一月二九日、田園都市線沿線の宮前平で、受験生が両親を金属バットで撲殺した。のちに藤原新也は「もし、写真家としての私に、八〇年代の日本を一発ワンショットで撮れ、という乱暴な注文が与えられたとするなら、迷わずに、一柳展也が両親の額めがけて振り降ろした、あの金属バットを撮る」（藤原新也［1983］1995: 278）と述べた。藤原によれば、一九八〇年代とは「人間対人間の確執の時代」であり、「競争社会のもと、自閉的な環境や家に育ち、社会管理され、記号化された人間同士の意思や感情の疎通が断たれ」（藤原新也［1983］1995: 93）た時代であったという。

(15) TBS『金曜日の妻たちへ』における「東京の郊外の視覚化」、「第二次郊外化」については、藤田真文「鎌田敏夫が描く八〇年代日本社会」『GALAC』（二〇一三年一一月号）を参照。なおほかにもニュータウンを描いたドラマとして、TBS『毎度おさわがせします』（一九八五年一月八日～三月二六日放送）などが挙げられる。

(16) 一九七〇年代へと向かうホームドラマの歴史を簡単に示せば、例えば、TBS『七人の孫』（一九六四～六五）、TBS『ただいま一一人』（一九六四～六七）を皮切りにドラマでは「大家族化」が進行し、ABC『月火水木金金金』（一九六九）では父親の不在、TBS『肝っ玉かあさん』（一九六八～七二）では夫の不在といった「家族の不在」がテーマになるようになる。この流れは『肝っ玉かあさん』の舞台のソバ屋から、TBS『時間ですよ』（一九七〇）のフロ屋へと展開し、家庭空間が特殊化するようになった。NHK『となりの芝生』（一九七六）ではマイホームにおける嫁と姑の確執が生まれ、念願のマイホームに転がり込んでくる姑が邪魔者として描かれ、しだいに近代家族の幻想が見えてくる。そして決定打が、TBS『岸辺のアルバム』（一九七七）で、家族がバラバラとなって多摩川の氾濫によってマイホームが決壊した。この番組が放送されるにいたって ホームドラマは決定的な変化を迎え、娘の非行を扱った TBS『積木くずし』(一九八二)など「家族の崩壊」の物語が増え始め、いままで理想化されてきたホーム像が消滅した。これにともない浮上したのが「ともだち家族」であり、TBS『金曜日の妻たちへ』(一九八三)ではそうした郊外の疑似家族の物語が描かれた。

(17) もっとも、向田をはじめとするTBS『寺内貫太郎一家』(一九七四)の制作陣も、このホームドラマの変質には気がついていた。向田脚本による演出を多く手がけた久世光彦は、『寺内貫太郎一家』を演出しながら、当時、ホームドラマは袋小路に迷い込んだことを述べていた。「本当を言うと判っているのです。ホームドラマには、もう行きどころがないのです。明日は間違いなく宿無しなのです。『寺内貫太郎一家』はその巨体を、袋小路目ざして突っ走らせているのです」(『調査情報』一九七四年三月号)。久世は『寺内貫太郎一家』のような、ドラマの「大家族制度への挽歌」に嫌気がさし始めていた。本当は寺内家でも家族がどんどん離れ、最後には夫婦二人で仏壇の前に座った背に、夏の日の黄昏が忍び寄るところでドラマを終えたいのだという。興味深いことに、久世は『寺内貫太郎一家』の解体を願っていた。「一家の解散式までしっかり見とどけて、めでたく手拍子で〆めて、ホームドラマにお別れしたいものです」(『調査情報』一九七四年三月号)。一九七〇年代、久世はホームドラマの袋小路をすでに認め、その変形を生み出せずに悩んでいた。小林亜星という素人の起用も、当時できうる演出としての最大限のものであったが、事後的に見れば、久世はこのホームドラマの変質を、テレビの内部からしか捉えきれていなかった。戦後東京において、近代家族が揺らぎ始めていたことそのものに気がつかなかったのである。言い換えれば、ホームドラマの変質を生み出した、東京の都市としての変化に気がつかなかった。第二次郊外化が進み、住宅というハコと家族という現実が適応できなくなったことに気がついたのは、久世光彦ではなく山田太一だった。

(18) 大阪では開局当初から、朝日放送=ラジオ東京(TBS)、毎日放送=日本教育テレビというネットワークの関係が続いてきた。一九七〇年代、新聞社主導のもと、この「ねじれ」の解消が検討され、一九七五年四月、毎日放送はTBS系列に、朝日放送は日本教育テレビ系列にネットワークが整理されることになった。こうして「大阪での『腸捻転解消』」がなされたことによって、それぞれのキー局と朝日・毎日・読売・産経・日経という全国紙との結びつきが明確になった」(村上聖一 2010: 30)のである。つまり、この大阪の持株整理はさらなるネットワークの強化につながり、キー局の発言権が増した事例であった。

第3章

(1) 一九九〇年代に入ると、日本のテレビ文化はさらにいくつかの展開を迎える。第一に、ワイドショー化が急速に進み、それ以前から続くフジテレビ系『おはよう!ナイスデイ』、日本テレビ系『ルックルックこんにちは』、TBS系『モーニングEYE』に加え、一九九〇年代にテレビ朝日系『スーパーモーニング』、日本テレビ系『ザ・ワイド』などが放送を開始し、ワイドショー番組は芸能スキャンダルやコーナーものなど、硬軟を取り混ぜた形態が主流となって「総ワイドショー化現象」が起こった(『放送文化』一九九五年一〇月号)。こうした一九九〇年代のワイドショーは、オウム真理教をめぐる加熱報道で頂点を迎えることになる。第二に、リアリティ・ショーが流行し、日本テレビ系『天才・たけしの元気が出るテレビ!!』(一九八五~九六)以降、日本テレビ系『進め!電波少年』(一九九二~九八)、フジテレビ系『あいのり』(一九九九~二〇〇九)、テレビ東京系『ASAYAN』(一九九五~二〇〇二)など、一九九〇年代以降に隆盛したリアリティ・ショーは、外側の社会的現実には目を向けず、視聴者の関心に合わせてテレビのなかの自閉的な世界を映しだした。

(2) この一月七日の昭和最後の日の特別編成を見てみると、日付が変わる瞬間の「切り替え」に気がつく。それは八日午前〇時、NHKで「映像でつづる昭和史」(午前〇時~三時まで)が始まっていることである。つまり、テレビは日付が変わる瞬間に天皇の回顧を始め、生涯を基軸とした昭和史を映像でつむぎ始めたのである。これは長時間の特別編成に耐えるためという以上に、「過去」へのまなざしの誕生として理解できる。まさに平成へと変わった瞬間に、「過去」が描かれ始めたことは、テレビによる「遠視」の変形を意味していた。これはNHKに限った話ではない。日本テレビ系列では七日一九時から二三時に「昭和史と天皇」を四時間放送。フジテレビ系列は八日午前二時三五分から六時に「天皇激動の八七年」を四時間弱放送。TBS系列も八日一二時から一三時四五分に「亡き天皇を悼む~陛下と昭和史」、一九時から二一時「それぞれの昭和~検証・昭和という時代」を放送。テレビ朝日系列は七日一九時二〇分から二二時に「激動の昭和史・天皇語録」、八日午前三時から六時に「天皇と昭和史」を放送した。各局が足並みを揃えたように、天皇の映像資料をつなぎ合わせ、「昭和史(過去)」を語り始めた。昭和から平成へ移行するなかで、テレビは新しい現実を描くのではなく、自らの内に眠る映像群を使って、「アーカイブ・ドキュメンタリー」を放送したのである。

(3) 一九八〇年代半ば、日本でも「ドキュメンタリーの終わり」を予告するような番組が放送された。NHK『ドキュメンタリー　ブラウン管の一万日〜テレビは何を映してきたか』(一九八三年一月三一日放送)である。テレビ誕生三〇年目の節目に制作されたこのドキュメンタリー番組は、テレビがこれまで捉えてきた映像を掘り起こしながら、ラストシーンでテレビがとうとう「地球上最後の秘境・シルクロード」にカメラを向け始めたことを伝えて終わる。この番組は、テレビが遠視する「外部」がとうとう「最後の秘境」に到達したことを伝えていた。

(4) 東京テレポート構想にいたるまでの経緯は、佐々木信夫(1991)に詳しい。佐々木によれば、一九八四年一月、第一回世界テレポート会議がニューヨークで開かれた際、第二回テレポート会議の開催に手を挙げたのが東京だった。これを機に、鈴木の「臨海副都心計画」は急速に動き出していくことになった。テレコミュニケーション・ポート(Telecommunication port)の略である「テレポート」が、鈴木の多心型都市構造に組み込まれ、臨海副都心の巨大開発へとつながり、〈お台場〉の完成へとつながっていった。

(5) 丹下健三は一九七九年と一九八三年の都知事選で「マイタウンと呼べる東京をつくる会」の会長を務めて鈴木の選挙後援を行ない、一九九一年には新都庁舎でのコンペで競り勝ち、西新宿に東京都庁を建設したため、当然、鈴木俊一との関係は深い。この丹下が座長となって、新たに臨海副都心で「世界都市博覧会」が構想された。

(6) 平本一雄(2000)は当時の丹下の「執念」を次のように述べている。「鈴木俊一氏や堺屋太一氏が東京で大規模イベントを開催したいという思いをもっていたのに対し、丹下健三氏はイベントそのものよりも、それを手段にして臨海副都心開発のゴッドファーザーとしての地位を得ようとしたのに違いなかった。世界の各地で都市設計の実績をもちながら本家本元の東京でその機会を得ていない。しかも、その東京都の知事は自分が選挙参謀となって恩を売ってある鈴木俊一氏であり、産油国の国王代わりにパトロンになる力を有しているはずだったのだ。東京での都市設計への執念がそこにあった」(平本一雄 2000: 100)。

(7) 臨海副都心計画への批判は、当時の報道型のテレビ・ドキュメンタリー番組でも行なわれていた。テレビのジャーナリズムでも、バブル崩壊後の臨海副都心の巨大開発が批判されたのである。例えば日本テレビ系列『NNNドキュメント'91 ビバ鈴木!アンチ鈴木!〜どうなる疑惑の臨海部開発』(一九九一年四月八日放送)では、鈴木俊一の四選をめぐる都知事選を前に都政の失敗を描いているが、革新派の女性たちは新都庁舎を前に「こんな豪華なものを」と呆れ、臨海部開発では近くの銀座などへの大気汚染の影響が番組内で指摘されていた。また、続く、日本テレビ系列『NNNドキュメント'94 巨大開発の誤算〜臨界副都心は今』(一九九四年七月一七日放送)でも、バブル経済の崩壊で計画が狂い始めた臨海副都心の現状を取りあげ、大気汚染や、東京湾からの風を遮断することで生じる温暖化などの都市問題、さらには当初四兆円を見込んでいた開発事業費が八兆円へと肥大したこと、住民訴訟、賃貸料により大会臨海副都心はいずれゴーストタウンになるのではないかという懸念が指摘されていた。同番組のラストコメントは、負の側面を次のように語った。「臨海副都心の建設工事は、連日、急ピッチで進んでいます。しかし、バブル経済のなかで計画されたこの都市づくりは、財政的に破綻し、次の世代に大きなマイナスの遺産を残すことにもなりかねません」。

(8) 当時、たしかに癒着が疑われるような要素が多々あった。第一に、選考過程の不透明さである。台場F地区の競争倍率は一一倍であったが、これを射止めたフジサンケイグループの評価は必ずしも高くなかった。進出企業の選定方法は、学識経験者を加えた「都市づくり委員会」がデザイン面の評価を、東京都庁内組織の「臨海副都心用地管理運用委員会」が事業経営面を評価・選考し、一九九〇年一一月九日に鈴木俊一も加わった「臨海副都心開発・東京フロンティア推進会議」(委員長・鈴木俊一)で当選企業を決定するというものであった(岡部裕三 1993)。都市づくり委員会の評価は「◎○×」の三段階で、フジサンケイグループは○。用地管理運用委員会の評価は四段階評価で三ランク目の△だった。三菱信託銀行はいずれも◎であったが、落選した(『朝日新聞』一九九一年三月六日朝刊)。総合的に決めたとは言え、最終的に都知事が判断する、やや不自然な結果であった。この評価の逆転を生んだのがフジテレビによる跡地の提供であったとされている。フジテレビでは新宿区河田町の跡地を都に提供することを事前に約束していた。この跡地の提供の見返りとして、フジサンケイグループの進出を有利にさせた。第二に、フジサンケイグループと鈴木俊一との関係も見逃せない。鹿内信隆と鈴木俊一が懇意にしていただけでなく、そこに丹下健三が設計者となることで媒介の役割を担った。丹下と鈴木の関係は古く、深い。一九六四年の東京オリンピックの際は、鈴木が副知事を務め、丹下は代々木の屋内総合競技場を設計した。また、一九七九年と一九八三年の都知事選挙の際には、鈴木都知事の誕生のために「マイタウンと呼べる東京をつくる会」の会長を務めた。鈴木の就任後も、丹下は各種諮問機関の委員を務め、東京世界都市博覧会基本構想懇談会のメンバーでもあった。この意味で言えば、新宿都庁とフジテレビの建設は連続性があった。

(9) 一九九七年、「お台場ドドンパ」として始まり、二〇〇〇年から二〇〇三年に「お台場どっと混む!」、二〇〇三年から二〇〇八年に「お台場冒険王」、二〇〇九年から二〇一三年に「お台場合衆国」とイベント名を変えて継続された。

(10) 都庁移転のプロセスは佐々木信夫(1991)に詳しいが、経緯を簡単に示せば、一九五七年二月、東京都庁[有楽町都庁]は丹下健三の設計によって、千代田区丸の内三丁目に建てられた。しかし、多くの職員で窮屈になり、早々から建て替えが論じられた。建て替えが議論され始めたのは一九七一年で、都庁舎の建設を検討する審議会が設置された。東京都は丸の内地区に引き続き留まるか、新宿地区に移転するかで揉めたが、美濃部達吉(当時知事)が丸の内のほうが交通の要衝で過去の伝統があると認め、「丸の内建て替え構想」が現実化した。しかし、一九七九年、美濃部から鈴木俊一へと都知事が交代することで、ここから新宿へと一気に方向転換することになる。鈴木は、丸の内は長く都政の本拠地であり続け、ビジネス街や官公署に近い利点があるが、一方で、新宿は「多心型都市構造」の展開に積極的役割を果たせ、高層化もできる利点があると主張した。結局、鈴木の判断にゆだねられ、かねてより抱いていた新宿移転で話を進めることになった。都議会は反対派(丸の内残留派)と賛成派(新宿移転派)に割れ、とくに千代田区、江東区など、東京の東側の議員が、西側への移動を反対した。ここで鈴木は新宿に都庁を建設する代わりに、東京の東部に公共施設を作ることを約束し、結果として墨田区に江戸東京博物館、江戸川区に臨海水族園などのハコモノが完成した。結局、都議会の三分の二以上の賛成で可決し、一九九一年、新宿に東京都庁舎が完成した。

(11) 当時、他にも新宿を描いたテレビ・ドキュメンタリー番組はいくつかあった。例えば、NHK特集『新宿・歌舞伎町〜何が街を変えるのか』(一九八五年一二月二〇日放送)や、NHK特集『新宿異邦人〜歌舞伎町の新しい住人たち』(一九八八年七月三日放送)などである。前者は「性風俗のメッカ」へと急激に変貌を遂げた新宿・歌舞伎町に焦点をあて、後者は歌舞伎町でクリニックを開業する韓国人医師とそこに集う外国人たちを通して、人種の坩堝化した新宿・歌舞伎町を描いている。

当時、〈新宿〉は東京におけるグローバル・シティの代表的な街として表象され、テレビのなかでは「超高層化する新宿」とともに、「坩堝化する新宿」としてのイメージが付与された。

(12) 他にも、テレビ・ドキュメンタリーにおいて東京の「アーカイブ」を描いた番組として、NHK『関東 映像の20世紀 東京都』(一九九九年三月一日・二日放送)などが挙げられる。この番組は、各地に点在した東京に関する映像を収集し、歴史を描いた番組で、使用された映像は、東京国立近代美術館フィルムセンター、UCLA Film & Television Archive、アメリカ国立公文書館といった大規模なアーカイブ施設に保管されているものから、『現代の映像』『ドキュメンタリー』といった過去にNHKで放送された番組、あるいは、個人が所蔵していた映像まで、多岐にわたっている。前編は、明治後期から関東大震災を経て、太平洋戦争直前までの東京が描かれ、後編は、太平洋戦争から高度経済成長を経て、一九七〇年までの東京が描かれている。

(13) トレンディドラマの第一の変質は、フジテレビ『ひとつ屋根の下』(一九九三)など、「純粋もの」から「家族愛」への変質である。第二の変質は、TBS『ずっとあなたが好きだった』(一九九二)やTBS『高校教師』(一九九三)など「純愛もののタブー」への挑戦で、教師と女子生徒の禁断の恋や狂気的な愛への変形である。そして第三の変質は、フジテレビ『眠れる森』(一九九八)などのミステリーへの展開である。この流れを脚本家に即して言えば、野沢伸司や野沢尚などによる脱トレンディドラマ(ポスト・トレンディドラマ)への転換であったと言うことができる。

(14) この渋谷とパルコの蜜月については、パルコ自身が自覚的に解説していたことでもある。坂道が多く立地が悪いと言われた渋谷だが、パルコは坂道という条件をランドスケープに変えていく。一九七三年のオープニングキャンペーンのコピーも「すれちがう人が美しい——渋谷=公園通り」だった。アクロス編集室は次のように書いている。「パルコというビルの中に入るまでもなく、その建物が目の前に見えた瞬間から、その人は何気なく背筋を伸ばし、そこに相応しい自分の姿を演出している。気持ちがだんだん高ぶってくる。ファッションしたくなる。もっとエンジョイしたくなる。そんなウキウキできるスペースを創出するのがパルコだ。この理想をかなり高いレベルで実現しているのが、渋谷・公園通りのパルコだ。時代の空気や、ファッションの新しいインパクトに敏感な人々が求める〝にぎわい空間〟がそこにある」(月刊アクロス編集室 1984: 16)。

第4章

（1） 新興産業に狙われたテレビ局は、フジテレビだけではない。二〇〇五年一〇月、TBSもインターネット関連企業の楽天から共同持ち株会社方式による経営統合を打診された。結果、フジテレビと同様に、資本・業務提携に向けた協議で両社は合意した。思えば、こうしたキー局の危機はそれ以前にもあり、一九九六年、ソフトバンクによるテレビ朝日株の買収騒動は「メディア王」と名高いルパード・マードックと組んだ外資による放送局株取得の動きとして当時話題を呼んだ。

（2） このテレビの変化は、かつて北村日出夫と中野収が一九五〇年代から一九八〇年代までの日本のテレビ体験の社会史を三期に分け、テレビによる①日常生活の撹乱期、②日常生活への浸透期、③日常化、として読み解いたことを参考にしている（北村日出夫・中野収編 1983）。

（3） NHKニュース『おはよう日本』（二〇一〇年一月三〇日放送）では、押上に住む地元の人びとがタワーに寄せる好意的な期待を次々と紹介した。

（4） テレビ東京『ガイアの夜明け　日本の〝新名所〟が生まれる～新タワーの野望とテーマパーク再生』（二〇一〇年六月八日放送）では、スカイツリーと駅を連動させて観光戦略を練る東武鉄道が描かれているが、ここでスカイツリーは本来の目的であった電波障害の解消という以上に、東京の下町を活性化する放送装置としてみなされていることを明確に知ることができる。

（5） 東京オリンピック招致が決定して以後は、一九六四年の東京オリンピックの回顧番組が次々に制作されていく。かつて何があったのか、どんな物語があったのか、その知られざる物語を語る「オリンピックの稗史」が放送された。例えばNHK『1964東京オリンピック　第一回「平和の炎が灯った日～開会式の舞台裏」』（二〇一三年八月一九日放送）では当時の聖火ランナー、聖火台をつくった鋳物職人、ブルーインパルスで五輪を描いた男たちなど「舞台裏」を紹介する。また、NHK大河ドラマ『いだてん～東京オリムピック噺～』（二〇一九年）は、日本初のオリンピック選手・金栗四三と、一九六四年オリンピック招致の立役者・田畑政治を通したオリンピックの「舞台裏」が描かれる。これらの舞台裏の語り口は、かつての有名無名の人びとが尽力したナショナル・イベントを誇示するものであった。招致決定から急に語られ始める東京オリンピックの稗史は、テレビによる〈東京〉措定の幻想の典型である。

（6） 坂元裕二との関連で言えば、坂元がオリジナル脚本をつとめた日本テレビ系列『anone』（二〇一八年一月一〇日～三月二一日放送）の主人公・辻沢ハリカ（広瀬すず）もまた、ネットカフェ難民であった。

（7）『家、ついて行ってイイですか?』のプロデューサー・高橋弘樹は、この番組唯一のメッセージは「あるがままのその人の人生をあくまで肯定する」ことにあると述べている。そのうえでこの番組を、即興的で偶然で、超短期的な密着ドキュメンタリーであるとした（高橋弘樹 2018）。

（8）二〇〇〇年代以降に人気が出始める深夜ドラマもまた、〈東京〉の残映の記録の一つと見ることができる。とくにTBS系列『深夜食堂』（二〇〇九）やテレビ東京系列『孤独のグルメ』（二〇一二）といったグルメドラマの流行は、「食」を通した「都会の孤独」がテーマであった。例えば『孤独のグルメ』は東京を中心に移動しながら「ひとり」で食事をする主人公の物語であり、「食を軸に都市の生活様式を切り取った、すぐれた都市論」（南後由和 2018: 28）となっている。

（9）タモリは日本坂道学会の副会長として（会員数二名）、以前から度々「坂」マニアであることを喧伝していた。自著でタモリは「東京に初めて来て感じたのは、なんと坂の多い所だということだった」（タモリ 2004: 4）と述べ、坂道の鑑賞ポイントを4つ挙げている。①勾配の具合、②湾曲のしかた、③まわりに江戸の風情をかもしだすものがある、④名前に由来、由緒がある（タモリ 2004: 4-5）。

（10）もっとも、この『ブラタモリ』では、タモリというテレビ的なアイコンも重要である。とくに『ブラタモリ』の視線は、テレビ朝日『タモリ倶楽部』（一九八二〜）からの連続性があることは見逃せない。かつて『タモリ倶楽部』に「東京トワイライトゾーン」という番組内コーナー（一九八七年二月〜八九年三月）があったように、タモリのサングラスの奥には一九八〇年代から微細な東京へのまなざしを内包していた。このコーナーでは、主に奇異な家を中心に歩いて回り、全面タイルで敷き詰められた「タイルの家」と「続タイルの家」、落書きで覆われた「サイケの家」、南向きにこだわり凸凹になった「ノコギリの家」などを発見した。このタモリの視線は、当時、藤森照信や赤瀬川原平らによる路上観察学に影響を受けたものであろう。

（11）タモリの後を引き継いだのが、マツコ・デラックスであった。二〇一〇年代に入り、タレントとしてのマツコ・デラックスがどの放送局でも出演し始めたことは重要である。性的少数者であり、元ひきこもりを自称するタレントが、マイノリティを自認しつつ、バラエティ番組を中心に世間の「差」について次々と大胆に物申していくことになったからである。そして興味深いのは、マツコもまた東京という都市の「差」に敏感であった。マツコ・デラックスの場合、観察眼は「東京の周縁部」に向けられていた。例えば、日本テレビ系列『月曜から夜ふかし』（二〇一二〜）において、足立区竹の塚が取りあげられた際（二〇一七年七月一〇日放送）、埼玉県と隣接するこの東京二三区の周縁部において、番組では酒を飲んで骨を折ったという男性、中学三年生で妊娠した女性、眠かったと路上で寝ている男性、自動販売機から空のペットボトルが出てくるなど「足立区あるある」を住民たちに語らせ、東京に住んでいても知らない情報を紹介し、マツコがそのVTRに応答していく。ここにある視線も、基本的には一般的に〈見えない異常〉の発見であるが、マツコの観察眼がタモリのそれと異なっているのは、その街に住む人びとをまとめて性格づけ、笑いをとる手法である。タモリは古地図を片手に東京の歴史の痕跡を探し、超微視的な差を発見していた。タモリが「どの分野をとっても庭のことをとっても、地形のことをとっても、歴史をとっても、ほんとに東京は面白いですよ」（二〇〇九年一〇月一日放送）といきいきと語るとき、そこには東京という混沌のなかの「隠れた秩序」（芦原義信 1994）を発見し、あるいは「路上観察」（赤瀬川原平ほか 1986）しようとしたかつての東京論ブームが背後にあった。しかし、マツコもまた都市に自覚的だが、地形や歴史に興味はなく、「地域差」を「人間差」と置き換え、それを笑いに変えていく。テレビ朝日系列『夜の巷を徘徊する』（二〇一五〜）でもマツコは街の特徴を地域住民の性格に結びつけ、笑いに変えていく。これは言わば「地域差別ネタ」の確立である。二〇〇〇年代のタモリの「格差」へのまなざしは、やや変形しつつ、二〇一〇年代のマツコの「地域差」へのまなざしへと引き継がれた。

（12）例えば、番組内のコーナー「連続転勤ドラマ〜辞令は突然に…」では、主人公・東京一郎（あずま きょういちろう）が辞令を受けて、各都道府県を転勤してまわる。鳥取に転勤になった回では、鳥取県はラッキョウが盛んなこと、鳥取は砂丘だけではなく海もあることなどを、鳥取の部長に案内されながら紹介していく。ここには東京から地方へ転勤するという空間秩序とともに、「不動の中心点＝東京」を暗示する。東京とはつねに地方をまなざし、それゆえにこそ、東京都民である司会のもんたは、「県民スター」たちが意見を闘わせていても、客観的にさばくことが要求されている。

（13）『秘密のケンミンSHOW』の番組構造を、より大胆にしたものとして、TBS『水トク！東京vs46道府県』（二〇一二〜一三）が挙げられる。この番組は「やっぱり東京で食べた方が旨いなんて絶対言わせないぞSP」と題してシリーズ化され、すべてのものが揃う東京の有名店と、発祥のご当地の名店の味を競わせる。

番組のキャッチコピーは「何でもNo．1の東京に地方が挑戦状！」とある。例えば、味噌ラーメン発祥の地・北海道と東京の店を対決させてみたり、餃子をめぐって栃木と東京を対決させてみたり（二〇一二年一一月七日放送）、長崎ちゃんぽんをめぐって長崎と東京を対決させたり（二〇一三年二月二〇日放送）といった形である。言うまでもなく、この番組で〈東京〉はすべての県と闘うことができる特権的な立場が与えられ、東京は何とでも勝負できる網羅性と中心性をもっている。番組の冒頭では「東京にすべてがそろっている」「地方に行っても美味しいと思わない」という街の声をあえて配置させ、「地方の皆さ〜ん、このままでいいんですか〜」と煽り、「だったら白黒つけてやる！」と「東京vs46道府県」へと続いていく。これは一見、地域主義的な地方の自立性を匂わせつつも、この流れの背後にあるのは〈東京〉と〈地方〉という二項対立図式を煽るテレビの姿であった。何とでも勝負できる巨大都市・東京を基準点として、そこに闘いを挑む小都市・地方という構造があった。

(14) テレビをはじめとして「格差」や「地域差」が強調されるようになった背景には、二〇一一年三月一一日に起こった東日本大震災の影響も大きい。視聴者の側面からみるならば、本章の冒頭で述べたように、東日本大震災を契機としてソーシャル・メディアの有用性が議論され、テレビの虚構が暴かれるきっかけとなった。これをまた別の側面から見れば、東日本大震災は結果として〈東京〉を中心としたテレビ・ネットワークを再確認する出来事にもなり、意図せずして、東北と東京の「地域差」を浮き彫りにするきっかけにもなった。例えば、東日本大震災におけるテレビ報道は、〈東京〉中心とする報道の構造を浮き彫りにし、たびたび震災報道で批判されるように、「被災地のための情報」が少なかった。震災報道では、被災地の人びとが求める「安否情報」や「生活情報」を、テレビ局が適切に報道できていなかったために、震災報道が地域によって偏り、重点的に報道された地域とそうでない地域がはっきりと分かれ、テレビ報道は〈東北〉の「地域偏在」を生みだしたのである（松山秀明 2013）。東日本大震災報道が見せたのは、テレビが生みだす地域的な偏差であり、とりわけ〈東京〉との距離感における「地域の格差」であった。

(15) 「アニメ化する〈東京〉」の同型として、NHKスペシャル『戦後ゼロ年　東京ブラックホール』（二〇一七年八月二〇日）、続く『東京ブラックホールII　破壊と創造の1964年』（二〇一九年一〇月一三日）がある。この番組は、東京の記録映像のなかに俳優・山田孝之を合成して〈東京〉を描いたものだが、この手法もまた、テレビ自身が東京を描くのではなく、他メディア（記録映像＋ＶＦＸ）の助けを借りることで成り立つ東京の表象であった。

結語

（1）ここでの考察は、丹羽美之「マス・メディア論」（東京大学）の講義内容を参考にした。

［著者］ 松山秀明（まつやま・ひであき）
1986年生まれ。東北大学工学部建築•社会環境工学科卒業。東京大学大学院情報学環•学際情報学府博士課程単位取得退学。博士（学際情報学）。現在、関西大学社会学部准教授。共著に『メディアが震えた――テレビ・ラジオと東日本大震災』（東京大学出版会、2013年）、『新放送論』（学文社、2018年）、『転形期のメディオロジー――一九五〇年代日本の芸術とメディアの再編成』（森話社、2019年）などがある。

テレビ越しの東京史

戦後首都の遠視法

2019年11月22日 第1刷印刷
2019月12月 9 日 第1刷発行

著者――松山秀明

発行者――清水一人
発行所――青土社

〒101-0051 東京都千代田区神田神保町1-29 市瀬ビル
［電話］03-3291-9831（編集）03-3294-7829（営業）
［振替］00190-7-192955

組版――フレックスアート
印刷・製本――シナノ印刷

装幀――六月

ISBN978-4-7917-7232-2 C0036

索引

あ行

か行

さ行

た行

な行

は行

ま行

や行

ら行

わ行

ＡＢＣ

引用・参考文献

赤瀬川原平・藤森照信・南伸坊編，1986，『路上観察学入門』筑摩書房.

Alexander, Christopher, 1965, *A city is not a tree.*（=2013, 稲葉武司・押野見邦英訳『形の合成に関するノート／都市はツリーではない』鹿島出版会.）

青木貞伸，1976，『かくて映像はとらえられた――テレビの 50 年』世界思想社.

荒俣宏，1997，『TV 博物誌』小学館.

芦原義信，1994，『東京の美学――混沌と秩序』岩波書店.

東浩紀・北田暁大，2007，『東京から考える――格差・郊外・ナショナリズム』日本放送出版協会.

Barthes, Roland, 1964, *La Tour Eiffel*, Paris: Delpire.（=1997，宗左近・諸田和治訳『エッフェル塔』筑摩書房.）

――, 1970, *L'empire Des Signes*, Skira: Genève.（=[1974] 1996, 宗左近訳『表象の帝国』筑摩書房.）

――, 1971, "Sémiologie et urbanisme", Paris: Du Seuil（=1984，篠田浩一郎訳「記号学と都市の理論」前田愛編『テクストとしての都市』学燈社.）

Baudrillard, Jean, 1991, *La Guerre du golfe n'a pas eu lieu*, Paris: Galilee.（=1991, 塚原史訳『湾岸戦争は起こらなかった』紀伊國屋書店.）

Benjamin, Walter, 1935, "Paris, die Hauptstadt des XIX. Jahrhunderts".（=1995, 浅井健二郎編訳・久保哲司訳「パリ――十九世紀の首都」『ベンヤミンコレクション 1――近代の意味』筑摩書房，325-356.）

――, 1936, "Das Kunstwerk im Zeitalter seiner technischen Reproduzierbarkeit".（=1995，浅井健二郎編訳・久保哲司訳「複製技術時代の芸術作品」『ベンヤミン・コレクション 1――近代の意味』筑摩書房，583-640.）

――, 1938, "Kleine Geschichte der Photographie".（=1998，『図説　写真小史』筑摩書房.）

Bignell, Jonathan, 2005, *Big Brother: Reality TV in the Twenty-first Century*, New

York: Palgrave Macmillan.
Boorstin, Daniel, 1962, *The Image: or, What Happened to the American Dream*, New York: Atheneum.（=1964, 星野郁美・後藤和彦訳『幻影の時代――マスコミが製造する事実』東京創元社.）
Boyer, Christine, 1996, *CyberCities*, New York: Princeton Architectural Press.（=2009, 田畑暁生訳,『サイバーシティ』NTT 出版.）
Brunsdon, Charlotte, 1998, "What is the 'Television' of Television Studies?," Christine Geraghty and David Lusted eds., *The Television Studies Book*, London: Edward Arnold, 95-113.
――, 2009, "Television criticism and the transformation of the archive," *Television & New Media*, 10(1): 28-30.
Caughie, John, 1984, "Television criticism: 'A discourse in search of an object'," *Screen*, 25(4,5): 109-120.
「地方の時代」映像祭実行委員会事務局編, 2003,『「地方の時代」映像祭――22 年のあゆみ』「地方の時代」映像祭実行委員会.
Dhoest, Alexander, 2004, "Breaking Boundaries in Television Historiography: Historical Research and the Television Archive," *Screen*, 45(3): 245-249.
Eco, Umberto, 1972, "Towards a Semiotic Inquiry into Television Message," *Working Papers in Cultural Studies*, 3: 103-121. Reprinted in Toby Miller ed., 2003, *Television: Critical Concepts in Media and Cultural Studies*, Volume II, London and New York: Routledge, 3-19.
――, 1985, "TV: La transparence perdie", LaGuerre du faux, Grassert（＝西兼志訳, 2008,「失われた透明性」水島久光・西兼志『窓あるいは鏡――ネオ TV 的日常生活批判』慶應義塾大学出版会.）
Fiske, John, 1987, *Television Culture: Popular Pleasure and Politics*, Methuen, Hutschon.（=1996, 伊藤守・藤田真文・常木暎生・吉岡至・小林直毅・高橋徹訳『テレビジョンカルチャー――ポピュラー文化の政治学』梓出版社.）
――, 1991, "Postmodernism and Television," James Curran and Michael Gurevitch eds., *Mass Media and Society*,（=1995, 相田敏彦訳「ポストモダニズムとテレビ」児島和人・相田敏彦監訳『マスメディアと社会――新たな理論的潮流』勁草書房, 77-102.）
深作光貞, 1968,『新宿考現学』角川書店.

藤森照信，1986[1989]，『建築探偵の冒険　東京篇』筑摩書房.
藤竹暁，1965，「調査からみた東京オリンピックの展開過程」『NHK放送文化研究年報』10: 39-95.
――, 1968,『現代マス・コミュニケーションの理論』日本放送協会出版.
――, 1969，『テレビの理論――テレビ・コミュニケーションの基礎理論』岩崎放送出版社.
――, 1974,「有線都市構想のコミュニケーション研究へのインパクト」『放送学研究』26: 5-21.
――, 2004，『環境になったメディア――マスメディアは社会をどう変えているか』北樹出版.
フジテレビ50年史編修委員会編，2009，『フジテレビジョン開局50年史』フジ・メディア・ホールディングス.
布留武郎，1962，「テレビと児童の生活――前後比較による研究」『文研月報』12: 45-66.
藤原新也，[1983] 1995，『東京漂流』朝日新聞出版.
古池田しちみ，1999，『月9ドラマ青春グラフィティ――1988-1999』同文書院.
古川隆久，1998，『皇紀・万博・オリンピック――皇室ブランドと経済発展』中央公論社.
月刊アクロス編集室編，1984，『パルコの宣伝戦略』PARCO出版.
――, 1986，『いま揺れ動く，東京』PARCO出版.
――, 1987，『「東京」の侵略』PARCO出版.
後藤和彦，1967，『放送編成・制作論』岩崎放送出版社.
後藤伸一, 2011,『都市へのテクスト／ディスクールの地図――ポスト・グローバル化社会の都市と空間』建築資料研究社.
萩元晴彦・村木良彦・今野勉，[1969] 2008，『お前はただの現在にすぎない――テレビになにが可能か』朝日新聞出版.
浜松電子工学奨励会，1987，『静岡大学　テレビジョン技術史』（非売品）.
橋爪紳也，2012，『ニッポンの塔――タワーの都市建築史』河出書房新社.
橋本一夫，1992，『日本スポーツ放送史』大修館書店.
――, 2014，『幻の東京オリンピック――1940年大会　招致から返上

まで』講談社.
橋本健二，2011，『階級都市――格差が街を侵食する』筑摩書房.
――, 2013,『「格差」の戦後史――階級社会日本の履歴書』河出書房新社.
日高勝之，2014，『昭和ノスタルジアとは何か――記憶とラディカル・デモクラシーのメディア学』世界思想社.
平本一雄, 2000,『臨海副都心物語――「お台場」をめぐる政治経済力学』中央公論新社.
堀江貴文，2015，『我が闘争』幻冬舎.
堀明子，1965，「東京オリンピックはどのくらい聴視されたか」『文研月報』164: 22-29.
市川哲夫編，2015，『70年代と80年代――テレビが輝いていた時代』毎日新聞出版.
五十嵐敬喜・小川明雄，1993，『都市計画――利権の構図を超えて』岩波書店.
飯沢耕太郎，1995，『東京写真』INAX出版.
池田信，2008，『1960年代の東京――路面電車が走る水の都の記憶』毎日新聞社.
今村創平，2013，『現代都市理論講義』オーム社.
猪瀬直樹，[1990] 2013，『欲望のメディア』小学館.
石田英敬，2003，『記号の知／メディアの知――日常生活批判のためのレッスン』東京大学出版会.
石田頼房，1987，『日本近代都市計画の百年』自治体研究社.
石田頼房編, 1992,『未完の東京計画――実現しなかった計画の計画史』筑摩書房.
石塚裕道，1977，『東京の社会経済史――資本主義と都市問題』紀伊國屋書店.
石塚裕道・成田龍一，1986，『東京都の百年』山川出版社.
石川栄耀，1946，『都市復興の原理と実際』光文社.
磯田光一, 1978,『思想としての東京――近代文学史論ノート』国文社.
磯村英一, 1980,『地方の時代――創造と選択の指標』東海大学出版会.
――, 1989a,『磯村英一都市論集 I』有斐閣.
――, 1989b,『磯村英一都市論集 II』有斐閣.

――, 1989c,『磯村英一都市論集 III』有斐閣.
磯村英一編, 1961,『東京』有斐閣.
磯崎新, [1967] 2013,「見えない都市」『磯崎新建築論集 2　記号の海に浮かぶ〈しま〉』岩波書店, 167-187.
伊藤俊治, 1988,『写真都市――CITY OBSCURA 1830 → 1985』トレヴィル.
泉麻人, 1988,『東京 23 区物語』新潮社.
Jacobs, Jane, 1961, *The Death and Life of Great American Cities*, New York: Vintage.（=2010, 山形浩生訳『アメリカ大都市の死と生』鹿島出版会.）
陣内秀信, 1985,『東京の空間人類学』筑摩書房.
貝島桃代・黒田潤三・塚本由晴, 2001,『メイド・イン・トーキョー』鹿島出版会.
片木篤, 2010,『オリンピック・シティ 東京 1940・1964』河出書房新社.
加藤秀俊, 1958,『テレビ時代』中央公論社.
――, 1962,「放送功罪論の系譜略々史」『放送朝日』94: 29-34.
――, 1965,『見世物からテレビへ』岩波書店.
――, 1969,『都市と娯楽』鹿島研究所出版会.
加藤秀俊・前田愛, 2008,『明治メディア考』河出書房新社.
川本三郎, 1984,『都市の感受性』筑摩書房.
――, 1999,『銀幕の東京――映画でよみがえる昭和』中央公論新社.
――, 2008,『向田邦子と昭和の東京』新潮社.
川本三郎・田沼武能, 1992,『昭和 30 年東京ベルエポック』岩波書店.
木村荘八, [1949] 1978,『東京の風俗』冨山房.
北田暁大, 2005a,『嗤う日本の「ナショナリズム」』日本放送出版協会.
――, 2005b,「舞台としての都市／散逸するまなざし」吉見俊哉・若林幹夫編『東京スタディーズ』紀伊國屋書店, 238-245.
――, 2011,『増補　広告都市・東京――その誕生と死』筑摩書房.
北村日出夫・中野収編, 1983,『日本のテレビ文化――メディア・ライフの社会史』有斐閣.
Kittler, Friedrich A., 1995a, “Die Stadt ist ein Medium,” *Telepolis: Das Magazin der Netzkultur*.（=1998, 長谷川章訳「都市はメディアである」『10+1』13: 78-87.）

——, 1995b, "Internet: Postsystem, Emanation und Stadt," *Telepolis: Das Magazin der Netzkultur*.（=1998, 神尾達之訳「インターネット——郵便システム／流出／都市」『10+1』13: 88-93.）
講談社編,［1964］2014,『東京オリンピック——文学者の見た世紀の祭典』講談社.
今野勉, 1976,『今野勉のテレビズム宣言』フィルムアート社.
——, 2009,『テレビの青春』NTT 出版.
Koolhaas Rem and Hans Ulrich Obrist, 2011, *Project Japan: Metabolism Talks...*, Cologne: TASCHEN Books.（=2012, 太田佳代子ほか編『プロジェクト・ジャパン——メタボリズムは語る…』平凡社.）
越澤明, 2001,『東京都市計画物語』筑摩書房.
——, 2014,『東京都市計画の遺産——防災・復興・オリンピック』筑摩書房.
『工藤敏樹の本』を刊行する会, 1995a,『工藤敏樹の本 I メモワール』.
——, 1995b,『工藤敏樹の本 II フィルモグラフィ』.
隈研吾, 1994,『建築的欲望の終焉』新曜社.
久米宏, 2017,『久米宏です。——ニュースステーションはザ・ベストテンだった』世界文化社.
倉沢進, 1974,「有線都市と社会的統合」『放送学研究』26: 25-39.
倉沢進編, 1986,『東京の社会地図』東京大学出版会.
倉沢進・浅川達人編, 2004,『新編 東京圏の社会地図　1975-90』東京大学出版会.
Le Corbusier, 1947, *Maniére de Penser L'urbanisme*.（=1968, 板倉準三訳『輝く都市』鹿島研究所出版会.）
Lefebvre, H., 1974, *La Production de l'espace*, Anthropos.（=2000, 齋藤日出治訳『空間の生産』青木書店.）
Lippmann, Walter, 1922, *Public Opinion*, New York: Macmillan.（=1987, 掛川トミ子訳『世論（上）』岩波書店.）
MacAloon, J. John, 1981, *This Great Symbol: Pierre de Coubertin and the Origins of the Modern Olympic Games*, Chicago: The University of Chicago Press.（=1988, 柴田元幸・菅原克也訳『オリンピックと近代——評伝クーベルタン』平凡社.）
町村敬志, 1993,『世界都市「東京」の構造転換——都市リストラク

チュアリングの社会学』東京大学出版会.
前田愛, [1982] 1992, 『都市空間のなかの文学』筑摩書房.
——, 1989,「都市を解読する」『前田愛著作集　第5巻』筑摩書房, 401-419.
——, 2006, 『幻景の街——文学の都市を歩く』岩波書店.
前田久吉傳編集委員会編, 1980, 『前田久吉傳——八十八年を顧みて』日本電波塔.
槇文彦ほか, 1980, 『見えがくれする都市——江戸から東京へ』鹿島出版会.
増田寛也, 2014, 『地方消滅——東京一極集中が招く人口急減』中央公論新社.
松田浩, 1980, 『ドキュメント放送戦後史I——知られざるその軌跡』双柿舎.
——, 1981, 『ドキュメント放送戦後史II——操作とジャーナリズム』双柿舎.
——, 2005, 『NHK——問われる公共放送』岩波書店.
松居桃楼, 1958, 「バタヤ」小林珍雄・H. エルリンハーゲン編『職業の倫理』春秋社.
松山秀明, 2011, 「ヒューマン•ドキュメンタリーの誕生——NHK「ある人生」と1960年代」NHK放送文化研究所編『放送メディア研究 No.8』丸善プラネット, 121-154.
——, 2012, 「テレビ・ドキュメンタリーのなかの東京——1950・60年代の番組を中心に」『マス・コミュニケーション研究』80: 153-170.
——, 2013,「テレビが描いた震災地図——震災報道の「過密」と「過疎」」丹羽美之・藤田真文編『メディアが震えた——テレビ・ラジオと東日本大震災』東京大学出版会, 73-117.
——, 2015, 「拡がるラジオの「同時性」空間——放送による帝都への集権化」『放送研究と調査』65(7), 64-81.
——, 2017a, 「日本のテレビ研究史・再考——これからのアーカイブ研究に向けて」『放送研究と調査』67: 44-63.
——, 2017b, 「テレビドラマ「月9」に見る、東京の四半世紀」『東京人』381: 116-123.

――, 2019,「テレビにみる高度成長期の東京――放送と首都の1964年」『放送研究と調査』69(1), 44-61.
松山巖, 1984,『乱歩と東京――1920都市の貌』PARCO出版.
――, 1993,『都市という廃墟――二つの戦後と三島由紀夫』筑摩書房.
――, 1995,『百年の棲家』筑摩書房.
――, 2003,「東京――4割のモダン, 6割のぬかるみ」荒このみ編『7つの都市の物語――文化は都市をむすぶ』NTT出版, 1-34.
McLuhan, Marshall, 1962, *The Gutenberg Galaxy: The Making of Typographic Man*, Toronto: University of Toronto Press.（=1986, 森常治訳『グーテンベルクの銀河系――活字人間の形成』みすず書房.）
――, 1964, *Understanding Media: The Extensions of Man*, New York: McGraw-Hill.（=1987, 栗原裕・河本仲聖訳『メディア論――人間の拡張の諸相』みすず書房.）
―― and Quentin Fiore, 1967, *The Medium is the Massage: An Inventory of Effects*, New York: Bantam Books.（=1995, 南博訳『メディアはマッサージである』河出書房新社.）
―― and Edmund Carpenter eds., 1960, *Exploration in communication*, Boston: Beacon Press.（=2003, 大前正臣・後藤和彦訳『マクルーハン理論――電子メディアの可能性』平凡社.）
Meyrowitz, Joshua, 1985, *No Sense of Place: The Impact of Electronic Media on Social Behavior*, New York: Oxford University Press.（=2003, 安川一・高山啓子・上谷香陽訳『場所感の喪失　上――電子メディアが社会的行動に及ぼす影響』新曜社.）
御厨貴編, 1994,『都政の五十年――シリーズ東京を考える　1』都市出版.
皆川典久, 2012,『東京「スリバチ」地形散歩――凹凸を楽しむ』洋泉社.
三澤美喜, 1991,『これでいいのか東京臨海部開発』自治体研究社.
見田宗介, [1965] 2011,「新しい望郷の歌」『定本　見田宗介著作集VI』岩波書店, 67-81.
――, [1995] 2011,「夢の時代と虚構の時代」『定本　見田宗介著作集VI』岩波書店, 98-121.
――, 1995,『現代日本の感覚と思想』講談社.
――, 2001,「親密性の構造転換」『思想』925: 2-6.

――, 2008,『まなざしの地獄――尽きなく生きることの社会学』河出書房新社.
Mittell, Jason, [2001] 2004, "A Cultural Approach to Television Genre Theory," Allen. C. Robert and Annette Hill eds., *The Television Studies Reader*, London and New York: Routlege, 171-181.
――, 2004, *Genre and Television: From Cop Shows to Cartoons in American Culture*, New York: Routledge.
――, 2010, *Television and American Culture*, New York and London: Oxford University Press.
森川嘉一郎, 2003,『趣都の誕生――萌える都市アキハバラ』幻冬舎.
Mumford, Lewis, 1961, *The City in History: Its Origins, its transformations, and its prospects*, New York: Harcourt, Brace & World.（=1969, 生田勉訳『歴史の都市　明日の都市』新潮社.）
村上勝彦, 2019,『政治介入されるテレビ――武器としての放送法』青弓社.
村上聖一, 2010,「民放ネットワークをめぐる議論の変遷――発足の経緯, 地域放送との関係, 他メディア化の中での将来」『NHK 放送文化研究所年報』54: 7-54.
――, 2015,「戦後日本における放送規制の展開――規制手法の変容と放送メディアへの影響」『NHK 放送文化研究所年報』59: 49-127.
村木良彦, 1971,『ぼくのテレビジョン――あるいはテレビジョン自身のための広告』田畑書店.
――, 1975,「これからのテレビ制作者を考える」『テレビ映像研究』2: 53-58.
――, 1977,「テレビの履歴書　私の 100 人②－３」『テレビ映像研究』13: 73-82.
――, 1984,『創造は組織する――ニューメディア時代への挑戦』筑摩書房.
――, 2012,『映像に見る地方の時代』博文館新社.
内閣総理大臣官房広報室, 1965,『世論調査報告書　オリンピック東京大会について』.
中川一徳, 2005,『メディアの支配者　下』講談社.
中村秀之, 2005,「映画のなかの東京」吉見俊哉・若林幹夫編『東京

スタディーズ』紀伊國屋書店，166-173.
仲村祥一・津金沢聡広・井上俊・内田明宏・井上宏，1972，『テレビ番組論――見る体験の社会心理史』読売テレビ放送.
中沢新一，1989，『雪片曲線論』中央公論社.
――, 2005，『アースダイバー』講談社.
夏目漱石，[1908] 1938，『三四郎』岩波書店.
成田龍一，1998，『「故郷」という物語――都市空間の歴史学』吉川弘文館.
――, 2001，『歴史学のスタイル――史学史とその周辺』校倉書房.
――, 2006，『歴史学のポジショナリティ――歴史叙述とその周辺』校倉書房.
――, 2012，『歴史学のナラティヴ――民衆史研究とその周辺』校倉書房.
――, 2016，『「戦後」はいかに語られるか』河出書房新社.
南後由和，2018，『ひとり空間の都市論』筑摩書房.
根岸豊明, 2015,『誰も知らない東京スカイツリー――選定・交渉・開業・放送開始…10 年間の全記録』ポプラ社.
NHK アーカイブス番組プロジェクト編，2003，『NHK アーカイブス 1 夢と若者たちの群像』双葉社.
――, 2004，『NHK アーカイブス 2　山の分校の記録――子どもたちの目が輝いていた時代』双葉社.
日本電波塔株式会社編, 1968,『東京タワー 10 年のあゆみ』日本電波塔.
――, 1977，『東京タワーの 20 年』日本電波塔.
日本放送協会，2007，『NHK は何を伝えてきたか　新日本紀行――放送番組全記録一覧 + 番組公開ライブラリーリスト』.
日本放送協会編，1968，『放送夜話――座談会による放送史』日本放送出版協会.
――, 1970,『続・放送夜話――座談会による放送史』日本放送出版協会.
――, 1977a，『放送 50 年史』日本放送出版協会.
――, 1977b，『放送 50 年史　資料編』日本放送出版協会.
――, 2001a，『20 世紀放送史　上』日本放送出版協会.
――, 2001b，『20 世紀放送史　下』日本放送出版協会.
日本放送協会放送史編修室編，1965a，『日本放送史　上』日本放送出

版協会.
——, 1965b, 『日本放送史　下』日本放送出版協会.
日本放送協会放送文化研究所，1961，「放送文化研究所 15 年の歩み」『NHK 放送文化研究所年報』6: 285-310.
——, 1996, 『文研 50 年のあゆみ』日本放送出版協会.
——, 2011, 『放送メディア研究　8 号』丸善出版.
日本放送協会放送世論研究所，1967a,『東京オリンピック』(非売品).
——, 1967b, 『テレビと生活時間』日本放送協会出版.
——, 1971, 『日本人の生活時間　1970』日本放送協会出版.
日本放送協会総合放送文化研究所編，1976,『放送学研究——日本のテレビ編成』28.
日本民間放送連盟，1961,『民間放送十年史』日本民間放送連盟.
日本民間放送連盟編，1966,『東京オリンピック　放送の記録』岩崎放送出版社.
——, 2007, 『放送ハンドブック［改訂版］』日経 BP 社.
日本テレビ放送網株式会社，1959,『皇太子御成婚奉祝特別番組（訂正版）』.
——, 1984, 『テレビ塔物語——創業の精神を、いま』日本テレビ網.
日本テレビ放送網株式会社社史編纂室編，1978,『大衆とともに 25 年——沿革史』日本テレビ放送網株式会社.
西兼志，2017,『アイドル／メディア論講義』東京大学出版会.
丹羽美之，2001,「テレビ・ドキュメンタリーの成立——NHK『日本の素顔』」『マス・コミュニケーション研究』59: 164-177.
——, 2002, 「1960 年代の実験的ドキュメンタリー——物語らないテレビの衝撃」伊藤守編『メディア文化の権力作用』せりか書房，75-97.
——, 2003a, 「テレビが描いた日本——ドキュメンタリー番組 50 年」『AURA』157: 24-29.
——, 2003b, 「ポスト・ドキュメンタリ——文化とテレビ・リアリティ」『思想』956: 84-97.
——, 2005, 「イベント・メディア化するテレビ——「ウォーターボーイズ」論」石坂悦男・田中優子編『メディア・コミュニケーション——その構造と機能』法政大学出版局，91-111.

——, 2009,「アーカイブが変えるテレビ研究の未来」『マス・コミュニケーション研究』75: 51-66.
野地秩嘉, 2013,『TOKYO オリンピック物語』小学館.
野崎茂, 1970,『第 2 世代テレビの構想——VP、CATV、空中波』現代ジャーナリズム出版会.
小田桐誠, 1994,『テレビ業界の舞台裏』三一書房.
小木新造, 2005,『江戸東京学』都市出版.
小木新造・芳賀徹・前田愛編, 1986a,『東京空間 1868-1930　第 1 巻　東京時代』筑摩書房.
——, 1986b,『東京空間 1868-1930　第 2 巻　帝都東京』筑摩書房.
——, 1986c,『東京空間 1868-1930　第 3 巻　モダン東京』筑摩書房.
岡部裕三, 1993,『臨海副都心開発——ゼネコン癒着 10 兆円プロジェクトドキュメント』あけび書房.
奥田道大, 1987,「「東京集中」の都市社会学的文脈」『都市問題』78(9): 33-45.
大内秀明, 1987,「世界都市・東京問題と 4 全総」『都市問題』78(9): 3-16.
大澤真幸, 2008,『不可能性の時代』岩波書店.
——, 2009,『増補　虚構の時代の果て』筑摩書房.
太田省一, 2013,『社会は笑う・増補版——ボケとツッコミの人間関係』青弓社.
——, 2018,『マツコの何が "デラックス" か?』朝日新聞出版.
——, 2019,『平成テレビジョン・スタディーズ』青土社.
大宅壮一, 1958,「"一億総白痴化" 命名始末記」『CBC レポート』2(4): 10-13.
小沢信男, 1986,『書生と車夫の東京』作品社.
Pratt, Louise. Mary, 1992, *Imperial eyes: travel writing and transculturation*, London: Routledge.
Relph, Edward, 1976, *Place and Placeless*, Pion: London.（=1999, 高野岳彦・阿部隆・石山美也子訳『場所の現象学——没場所性を超えて』筑摩書房.）
佐田一彦, 1987,『放送と時間——放送の原点をさぐる』文一総合出版.
堺屋太一編, 日本電波塔株式会社監修, 2008,『東京タワーが見た日

本　1958-2008』日本経済新聞出版社.
佐々木基一, 1959, 『テレビ芸術』パトリア書房.
佐々木信夫, 1991, 『都庁――もうひとつの政府』岩波書店.
佐藤忠男, 1977, 『日本記録映像史』評論社.
――, 2002, 『映画の中の東京』平凡社.
佐藤俊樹, 2000,『不平等社会日本――さよなら総中流』中央公論新社.
――, 2010,『社会は情報化の夢を見る――［新世紀版］ノイマンの夢・近代の欲望』河出書房新社.
佐藤洋一, 2006, 『図説　占領下の東京』河出書房新社.
Schvelbusch, Wolfgang, 1977, *Geschichte Der Eisenbahnreise: Zur Industrialisierung von Raum und Zeit im 19*, München: Hanser Verlag.（=1982, 加藤二郎訳『鉄道旅行の歴史――19 世紀における空間と時間の工業化』法政大学出版局）
Seidensticker, Edward, 1990, *Tokyo Rising: The City since the Great Earthquake*, New York: Knopf.（=1992, 安西徹雄訳,『立ちあがる東京――廃墟、復興、そして喧騒の都市へ』早川書房.）
社団法人日本放送協会, 1939, 『日本放送協会史』日本放送協会.
柴田徳衛, 1959, 『東京――その経済と社会』岩波書店.
清水幾太郎, 1958, 「テレビジョン時代」『思想』413 号, 2-22.
――, 1960, 「テレビ時代のマス・コミュニケーション」『講座　現代マス・コミュニケーション「1 マス・コミュニケーション総論」』河出書房新社, 7-14.
塩沢茂, 1967, 『放送をつくった人たち――愛宕山から宇宙中継まで』オリオン出版社.
――, 1968,「番組を担う人たち――『現代の映像』と制作者の態度」『キネマ旬報』317.
――, 1977, 『放送エンマ帳――テレビは曲り角にきている』オリオン出版社.
塩田幸司, 2019, 「放送の自由・自律と BPO の役割――放送番組の自主規制活動の意義と課題」『NHK 放送文化研究所年報』63: 195-237.
Spigel, Lynn, 2005, "Our Heritage: Television, the Archive, and the Reasons for Preservation," Janet Wasko eds., *A Companion to Television*, 2005, Malden

and Oxford: Blackwell, 67-99.
鈴木栄太郎, 1941,「地方文化の振興と放送」『放送』11(2): 7-13.
――, 1957,『都市社会学原理』有斐閣.
鈴木俊一, 1990,『東京――21世紀への飛翔』ぎょうせい.
高木教典, 1960,「産業としてのテレビジョン――その「社会化」の実態について」『新聞学評論』10: 50-76.
――, 1963,「マス・メディア産業論と放送研究」『新聞学評論』13: 10-14.
高橋徹・稲葉三千男・金圭煥・中西尚道・竹内郁郎・林伸郎・岡田直之・本間康平, 1957,「マス・メディアとしてのテレビ――調査報告」『東京大学新聞研究所紀要』6: 1-40.
高橋徹・藤竹暁・岡田直之・由布祥子, 1959,「テレビと"孤独な群衆"――皇太子ご結婚報道についての東大・新聞研究所調査報告」『CBCレポート』3(6): 3-13.
高橋弘樹, 2018,『1秒でつかむ――「見たことないおもしろさ」で最後まで飽きさせない32の技術』ダイヤモンド社.
高橋信三, 1970,『"第三のテレビ"CATV』現代ジャーナリズム出版会.
竹山昭子, 1989,『玉音放送』晩聲社.
――, 1994,『戦争と放送――史料が語る戦時下情報操作とプロパガンダ』社会思想社.
――, 2002,『ラジオの時代――ラジオは茶の間の主役だった』世界思想社.
多木浩二, [1982] 2008,『眼の隠喩――視線の現象学』筑摩書房.
――, 1994,『都市の政治学』岩波書店.
――, 2000.「溶解する東京」『現代思想』28(11): 50-53.
玉野井芳郎, 1990,『玉野井芳郎著作集第3巻　地域主義からの出発』学陽書房.
タモリ, 2004,『タモリのTOKYO坂道美学入門』講談社.
田中純, 2000,『都市表象分析I』INAX出版.
――, 2004,『死者たちの都市へ』青土社.
田中角栄, 1972,『日本列島改造論』日刊工業新聞社.
田中哲男, 2008,『東京慕情――昭和30年代の風景』東京新聞出版局.
高柳健次郎, 1953,「テレビ研究の思い出」『放送文化』8(4):24-27.

――, 1986, 『テレビ事始――イの字が映った日』有斐閣.
Taut, Bruno, 1936, *Japans Kunst mit europäischen Augen gesehen*.（=1936, 森儁郎訳『日本文化私観』明治書房.）
丹下健三, 1987, 「「世界都市東京」に向う大改造」『文藝春秋』102(1), 226-236.
――, 2011, 『復刻版　建築と都市』彰国社.
丹下健三・藤森照信, 2002, 『丹下健三』新建築社.
テレビジョン技術史編集委員会編, 1971, 『テレビジョン技術史』テレビジョン学会.
テレビマンユニオン, 2005, 『テレビマンユニオン史　1970-2005』.
東郷尚武編, 1995, 『都市を創る――シリーズ東京を考える5』都市出版.
東京放送局編纂委員会・越野宗太郎編, 1928, 『東京放送局沿革史』.
東京百年史編集委員会編, 1971, 『統計からみた戦後東京の歩み』古今書院.
東京市役所編, 1939, 『第12回オリンピック東京大会東京市報告書』.
東京都, 1965, 『第18回オリンピック競技大会　東京都報告書』.
――, 1979a, 『東京百年史　第一巻』.
――, 1979b, 『東京百年史　第二巻』.
――, 1979c, 『東京百年史　第三巻』.
――, 1979d, 『東京百年史　第四巻』.
――, 1979e, 『東京百年史　第五巻』.
――, 1979f, 『東京百年史　第六巻』.
――, 1994, 『東京都政五十年史　事業史 I』東京都.
東京都江戸東京博物館編, 2012, 『ザ・タワー――都市と塔のものがたり：東京スカイツリー完成記念特別展』.
東京都現代美術館編, 2015, 『"TOKYO"――見えない都市を見せる』青幻舎.
東京都公害研究所編, 1970, 『公害と東京都』東京都広報室.
豊川斎赫, 2012, 『群像としての丹下研究室――戦後日本建築・都市史のメインストリーム』オーム社.
土本典昭, 1988, 「私論・ドキュメンタリー映画の30年」『講座 日本映画7　日本映画の現在』岩波書店, 248-269.

土本典昭・石坂健治，2008，『ドキュメンタリーの海へ――記録映画作家・土本典昭との対話』現代書館.
土谷精作，1995，『放送――その過去・現在・未来』丸善.
綱沢満昭，1979，『農本主義と近代』雁思社.
内田隆三，1982，「都市のトポロジー序説――メディアのなかの都市」『現代思想』10(9): 150-161.
――, 1997，『テレビＣＭを読み解く』講談社.
――, 2002，『国土論』筑摩書房.
内田隆三・若林幹夫，1998，「東京あるいは都市の地層を測量する」『10+1』12: 62-79.
海野弘，1983[2007]，『モダン都市東京――日本の一九二〇年代』中央公論社.
瓜生忠夫，1959，「ホーム・ドラマと社会性」『放送ドラマ』1(3): 12-19.
――, 1965，『放送産業――その日本における発展の特異性』法政大学出版局.
Virilio.Paul, 1996, *Cybermonde, la politique du pire,* Paris:Textual.（=1998，本間邦雄訳『電脳世界――最悪のシナリオへの対応』産業図書.）
ワールドフォトプレス編，1985，『東京占領 1945』光文社.
和田博文，1999，『テクストのモダン都市』風媒社.
若林幹夫，1991，「都市空間の現在――メディアとしての都市」『放送学研究』41: 153-167.
――, 2003，『都市への／からの視線』青弓社.
――, 2005，「『シティロード』と 70 年代的なものの敗北」吉見俊哉・若林幹夫編『東京スタディーズ』紀伊国屋書店，221-236.
――, 2007，『郊外の社会学――現代を生きる形』筑摩書房.
――, 2010，『〈時と場〉の変容――「サイバー都市」は存在するか？』NTT 出版.
――, 2013，『熱い都市　冷たい都市・増補版』青弓社.
山田昌弘，[2004] 2007，『希望格差社会――「負け組」の絶望感が日本を引き裂く』筑摩書房.
山田宗睦，1964a，「編成研究のための一つの視点――TV 伝達における「時間」論の試み〈上〉」『CBC レポート』8(7): 3-7.

――, 1964b,「編成研究のための一つの視点――TV 伝達における「時間」論の試み〈下〉」『CBC レポート』8(8): 28-31.
――, 1984,「文化の変容――反映論的文化から記号論的文化へ」『新聞学評論』33: 75-84.
山鹿誠次, 1967,『東京大都市圏の研究』大明堂.
山口昌男, 1979,『知の祝祭』青土社.
山下祐介, 2014,『地方消滅の罠――「増田レポート」と人口減少社会の正体』筑摩書房.
矢崎武夫, 1954,「東京の生態的形態」『都市問題』45(4,5).
吉田直哉, 1973,『テレビ、その余白の思想』文泉.
――, 2003,『映像とは何だろうか――テレビ制作者の挑戦』岩波書店.
吉見俊哉, 1987,『都市のドラマトゥルギー――東京・盛り場の社会史』弘文堂.
――, 1996,『リアリティ・トランジット――情報消費社会の現在』紀伊國屋書店
――, 2003,「テレビが家にやって来た――テレビの空間　テレビの時間」『思想』956 号, 26-48.
――, 2016,『視覚都市の地政学――まなざしとしての近代』岩波書店.
――, 2019a,『平成時代』岩波書店.
――, 2019b,『アフター・カルチュラル・スタディーズ』青土社.
吉見俊哉・若林幹夫編, 2005,『東京スタディーズ』紀伊國屋書店.
吉本隆明, 1989,『像としての都市――吉本隆明・都市論集』弓立社.
――, 1991,『情況としての画像――高度資本主義下の「テレビ」』河出書房新社.
放送番組センター編, 1990,『TELEVISION ARCHIVES――テレビ番組記録 Vol.1［1953-1970］』.
――, 1992,『TELEVISION ARCHIVES――テレビ番組記録 Vol.2［1971-1980］』.
――, 1995,『TELEVISION ARCHIVES――テレビ番組記録 Vol.3［1981-1985］』.
――, 1998,『TELEVISION ARCHIVES――テレビ番組記録 Vol.4［1986-1987］』.
――, 2000,『TELEVISION ARCHIVES――テレビ番組記録 Vol.5［1988-

1989]』.
――, 2002,『TELEVISION ARCHIVES――テレビ番組記録 Vol.6［1990-1991］』.

参考資料

東京を描いた番組一覧（研究対象番組）

	放送日	番組名		制作局
1950 年代	1958/4/7 1963/3/30		バス通り裏	NHK
	1958/6/1	日本の素顔	ガード下の東京	NHK
	1958/11/16	東芝日曜劇場	マンモスタワー	KRT
	1959/7/12- 1963/4/28		ママちょっと来て	NTV
	1959/8/23	日曜劇場	カミさんと私	KRT
	1959/10/11	日本の素顔	川に映った東京	NHK
1960 年代	1960/4/22		山の分校の記録	NHK
	1960/5/2- 1963/6/29		水道完備ガス見込	NET
	1960/11/13	日本の素顔	上野　～裏窓の世相	NHK
	1960/12/11	日本の素顔	繁栄の谷間 ～京浜工業地帯のある断面	NHK
	1961/1/1		新しい東京「夢の都市計画」	NHK
	1961/8/30	日本発見	鹿児島県	NET
	1961/10/2- 1963/12/30		咲子さんちょっと	KRT
	1961/11/26	東芝日曜劇場	すりかえ	TBS
	1962/1/14	日本の素顔	狂った速度計 ～ダンプカーの事故とその背景	NHK
	1962/4/7	現代の記録	コンクリートのある風景	NHK
	1962/4/9	日本発見	東京都 1	NET
	1962/5/15	日本発見	東京都 2	NET
	1962/7/14	現代の記録	広場	NHK
	1962/8/18	現代の記録	緑陰喪失	NHK
	1962/8/25	現代の記録	都会っ子	NHK
	1962/11/30	特集	一千万人の東京	NHK
	1962/12/22	現代の記録	地方色	NHK
	1963/3/2	現代の記録	駅の顔	NHK
	1963/5/4	現代の記録	幻の故郷	NHK
	1963/6/1	現代の記録	銀座	NHK
	1963/7/1	特集	TOKYO	NHK
	1963/9/7	現代の記録	ターミナル	NHK

	放送日	番組名		制作局
	1963/10/7- 1982/3/10	新日本紀行		NHK
	1963/12/7	現代の記録	新都市誕生	NHK
	1963/12/28	テレビ指定席	ドブネズミ色の街	NHK
	1964/5/31	現代の映像	出かせぎの村	NHK
	1964/7/5	特別番組	オリンピック都市東京	NHK
	1964/7/29	東京レポート	高速1・4号線	東京12 チャンネル
	1964 （放送日不明）	東京レポート	新東京の顔	東京12 チャンネル
	1965 （放送日不明）	東京レポート	東京の新しい顔　～新橋・有楽町	東京12 チャンネル
	1965/2/28		出かせぎ東京	山形放送
	1965/5/14	現代の映像	ビルの中の童話	NHK
	1965/7/25	ある人生	すり係警部補	NHK
	1965/8/27	現代の映像	塵芥都市	NHK
	1965/11/28	ドラマ	東京見物	TBS
	1965/12/3	現代の映像	33.3分の1	NHK
1960年代	1965/12/4	テレビ指定席	駅	NHK
	1966/4/29	現代の映像	銀座地下駅	NHK
	1966/6/3	現代の映像	110PPM大気汚染と東京	NHK
	1966/9/9	現代の映像	都市孤老	NHK
	1966/11/20	現代の主役	あなたは…	TBS
	1967/1/28	ある人生	新宿駅長	NHK
	1967/2/10	現代の映像	新橋駅前西東	NHK
	1967/6/5	マスコミQ	私は…〈新宿編〉	TBS
	1967/6/26	マスコミQ	私は…〈赤坂編〉	TBS
	1967/8/3	現代の主役	わたしのトゥイギー　～67年夏・東京	TBS
	1967/8/21	マスコミQ	フーテン・ピロ　～67年夏・東京	TBS
	1967/9/14	現代の主役	クール・トウキョウ　～67年秋・東京	TBS
	1967/9/15	現代の映像	閉山と老人	NHK
	1967/11/24	現代の映像	人か鳥か　～東京湾新浜開発の論理	NHK
	1968/1/19	現代の映像	首都の道　～過密とハイウェー	
	1968/9/20	現代の映像	破壊と再生　～未来都市への道	NHK
	1969/11/1	ドキュメンタリー	富谷国民学校	NHK
1970年代	1970/2/13	現代の映像	24時間都市	NHK
	1970/4/18		東京の山賊	NHK

	放送日	番組名		制作局
1970年代	1970/10/4	遠くへ行きたい	岩手山・歌と乳と　（第1回）	読売テレビ
	1970/11/3	ドキュメンタリー	新宿　～都市と人間に関するリポート	NHK
	1971/6/4	ドキュメンタリー	東京0番地	NHK
	1971/11/7	遠くへ行きたい	信長に捧げるポップス・コンサート（第57回）	読売テレビ
	1972/1/7	ドキュメンタリー	村の女は眠れない	NHK
	1972/6/18	遠くへ行きたい	遠い海に来てしまった！（第89回）	読売テレビ
	1973/1/8	新日本紀行	東京・山川草木	NHK
	1973/2/15	私がつくった番組	LOOK！東京にも空がある	東京12チャンネル
	1973/2/25	遠くへ行きたい	天が近い村　伊那谷の冬	読売テレビ
	1973/6/29	ドキュメンタリー	老人危険地図	NHK
	1973/12/7	ドキュメンタリー	村は今…	NHK
	1974/1/16-10/9	寺内貫太郎一家	（第1話）～（第39話）	TBS
	1974/4/5	ドキュメンタリー	ビルとばっちゃたち	NHK
	1974/11/13	ドキュメンタリー	メッシュマップ東京	NHK
	1975/3/28	ドキュメンタリー	最後の集団就職列車	NHK
	1975/9/19	ドキュメンタリー	東京墓物語	NHK
	1977/6/24-9/30	岸辺のアルバム	（第1回）～（第15回）	TBS
	1977/12/3	ドキュメンタリー	高層ビル・5万人の町	NHK
	1978/3/9	NHK特集	東京大空襲	NHK
	1978/12/24	NNNドキュメント'78	李礼仙の新宿　～この気がかりな町	日本テレビ
1980年代	1981/10/6-1982/3/26	北の国から	（第1回）～（第24回）	フジテレビ
	1984/7/13	NHK特集	21世紀は警告する　第4集　都市の世紀末　（第II部TOKYOへの警鐘）	NHK
	1983/2/11-5/13	金曜ドラマ 金曜日の妻たちへ	（第1話）～（第14話）	TBS
	1984/5/20	NHK特集	皇居	NHK
	1985/12/20	NHK特集	新宿・歌舞伎町 ～何が街を変えるのか	NHK
	1987/10/22	首都圏スペシャル	ウチの隣は超高層ビル ～西新宿少年日記	NHK
	1988/1/4-3/21	君の瞳をタイホする！	（第1話）～（第12話）	フジテレビ
	1988/7/3	NHK特集	新宿異邦人 ～歌舞伎町の新しい住人たち	NHK
	1988/12/13	ETV8	東京・近代都市計画の100年	NHK

	放送日	番組名		制作局
1980年代	1988/12/14	ETV8	東京・その批判の系譜 〜幸田露伴からアキラまで	NHK
	1989/1/16-3/20	君の瞳に恋してる!	(第1話) 〜 (第10話)	フジテレビ
	1989/3/12	NHK特集	東京百年物語	NHK
	1989/10/16-12/18	愛しあってるかい!	(第1話) 〜 (第10話)	フジテレビ
	1989/11/19	NHKスペシャル	TOKYOスピード 〜21世紀への実験都市	NHK
1990年代	1991/1/7-3/18	東京ラブストーリー	(第1回) 〜 (第15回)	フジテレビ
	1991/4/8	NNNドキュメント'91	ビバ鈴木!アンチ鈴木! 〜どうなる疑惑の臨海部開発	日本テレビ
	1990/10/7-12/16	逢いたい時にあなたはいない… P.S. I miss you	(第1話) 〜 (第11話)	フジテレビ
	1994/7/17	NNNドキュメント'94	巨大開発の誤算 〜臨界副都心は今	日本テレビ
	1995/4/15-	出没!アド街ック天国		テレビ東京
	1996/2/5	ETV特集	写真で読む東京 第1回　変貌する街角で　桑原甲子雄と長野重一	NHK
	1996/2/6	ETV特集	写真で読む東京 第2回　大都会の光と闇　内藤正敏と荒木経惟	NHK
	1996/7/3-		1億人の大質問!? 笑ってコラえて! (日本列島　ダーツの旅)	日本テレビ
	1997/1/7-3/18	踊る大捜査線	(第1話) 〜 (第11話)	フジテレビ
	1997/10/13-12/22	ラブジェネレーション	(第1話) 〜 (第11話)	フジテレビ
	1998/4/14-6/30	With Love	(第1話) 〜 (第12話)	フジテレビ
	1999/3/1	関東 映像の20世紀	東京都　前編	NHK
	1999/3/2	関東 映像の20世紀	東京都　後編	NHK
2000年代	2000/9/5	プロジェクトX 挑戦者たち	東京タワー　恋人たちの戦い　〜世界一のテレビ塔建設・333mの難工事	NHK
	2006/4/3	ちい散歩		テレビ朝日
	2005/4/30	プロジェクトX 挑戦者たち	首都高速　東京五輪への空中作戦	NHK
	2006/10/10	ドキュメント72時間	東京・山谷　バックパッカーたちのTokyo	NHK
	2007/1/28	NNNドキュメント'07	ネットカフェ難民　漂流する貧困者たち	日本テレビ
	2007/4/13-	モヤモヤさまぁ〜ず2		テレビ東京
	2007/10/11-	秘密のケンミンSHOW		読売テレビ
	2009/2/16	NHKスペシャル	沸騰都市　第8回「TOKYOモンスター」	NHK

	放送日	番組名		制作局
2000年代	2009/5/23	NHKアーカイブス	集団就職列車　15歳の旅路〜高度経済成長を支えた若者たち	NHK
	2009/10/1-	ブラタモリ		NHK
2010年代	2010/1/13	NHKスペシャル	無縁社会 〜"無縁死"3万2千人の衝撃	NHK
	2010/6/18	ガイアの夜明け	日本の"新名所"が生まれる 〜新タワーの野望とテーマパーク再生	テレビ東京
	2012/4/9-	月曜から夜ふかし		日本テレビ
	2012/11/7	水トク！	東京VS46道府県	TBS
	2012/12/8	にっぽん紀行	"世界一"の日時計 〜東京スカイツリー界隈	NHK
	2013/1/20	NHKスペシャル	終の住処はどこに　〜老人漂流社会	NHK
	2013/2/20	水トク！	東京VS46道府県	TBS
	2013/8/7	水トク！	東京VS46道府県	TBS
	2013/8/19, 20,21		1964東京オリンピック　第1回「平和の炎が灯った日」、第2回「俺たちの"夢"がかなった」、第3回「"1億人"に勝利を」	NHK
	2014/1/6-	家、ついて行ってイイですか？		テレビ東京
	2014/10/19	NHKスペシャル	カラーでよみがえる東京 〜不死鳥都市の100年	NHK
	2015/4/3	夜の巷を徘徊する		テレビ朝日
	2016/1/18- 3/21	いつかこの恋を思い出してきっと泣いてしまう	（第1話）〜（第10話）	フジテレビ
	2017/3/22		東京ミラクルシティ	NHK
	2017/8/20	NHKスペシャル	戦後ゼロ年 東京ブラックホール1945-1946	NHK
	2018/12/23	NHKスペシャル	東京リボーン　第1集	NHK
	2019/1/13	NHKスペシャル	東京ミラクル　第1回	NHK
	2019/1/16-	いだてん 〜東京オリムピック噺〜		NHK
	2019/4/6	NHKスペシャル	平成史スクープドキュメント　第6回 東京 超高層シティー　光と影	NHK
	2019/7/28	BS1スペシャル	ラストトーキョー "はぐれ者"たちの新宿・歌舞伎町	NHK
	2019/10/13	NHKスペシャル	東京ブラックホールII 破壊と創造の1964年	NHK